分 析 化 学

主　编　张雪梅　汪徐春
副主编　李子荣　唐　婧　程年寿　姚　悦
参　编　章本天　张二辉　魏开远　张　强

华中科技大学出版社
http://press.hust.edu.cn
中国·武汉

内 容 提 要

　　本书是为适应我国应用型大学建设的形势,结合多年的教学实践经验编写而成的。全书共8章,包括绪论、定量分析的误差及数据处理、滴定分析法概论、酸碱滴定法、配位滴定法、氧化还原滴定法、重量分析法和沉淀滴定法、吸光光度法。章末附有阅读材料、思考题和习题,还配有"扫码做题",便于学生自测本章内容以评估知识掌握的程度。另外,通过扫码可以看到与本章内容相关的实验视频资料。

　　本书可作为应用型高等院校应用化学、化工、材料、医药、畜牧、生物、环境、农业等专业的本科生教材及考研参考书,也可供相关专业的教师、分析测试工作者和自学者阅读参考。

图书在版编目(CIP)数据

分析化学 / 张雪梅,汪徐春主编. -- 武汉 : 华中科技大学出版社,2024. 12. -- ISBN 978-7-5772-1456-6

Ⅰ. O65

中国国家版本馆 CIP 数据核字第 20258BT977 号

分析化学
Fenxi Huaxue

张雪梅　汪徐春　主编

策划编辑:王新华
责任编辑:王新华
封面设计:原色设计
责任校对:朱　霞
责任监印:周治超
出版发行:华中科技大学出版社(中国·武汉)　　电话:(027)81321913
　　　　　武汉市东湖新技术开发区华工科技园　　邮编:430223
录　　排:武汉市洪山区佳年华文印部
印　　刷:武汉市洪林印务有限公司
开　　本:787mm×1092mm　1/16
印　　张:11.5
字　　数:292 千字
版　　次:2024 年 12 月第 1 版第 1 次印刷
定　　价:36.00 元

前　　言

　　本书是根据应用型高等院校化学系列课程教学基本要求和教学大纲,结合编者多年的教学实践,并借鉴国内外分析化学教材编写而成的。本书注重理论联系实际和立德树人,体现素质教育和学识教育相结合的特点。本书立足于基本原理,精选应用实例,使学生理解分析条件,掌握分析方法,培养学生的实践应用能力,以满足应用型高等院校分析化学教学的需要。

　　本书为适应教学改革的需要,精选内容,压缩篇幅,在保持知识系统性的基础上,力求深度和广度相适宜。本书着重介绍化学分析方法,根据需要简单介绍常用的仪器分析方法——吸光光度法。本书由安徽科技学院张雪梅、汪徐春担任主编。各章编写分工如下:第1章由安徽科技学院张雪梅编写,第2章由安徽科技学院李子荣编写,第3章由安徽科技学院章本天编写,第4章由安徽科技学院唐婧、张二辉编写,第5章由安徽科技学院程年寿编写,第6章由安徽科技学院汪徐春编写,第7章由安徽科技学院魏开远编写,第8章由安徽科技学院姚悦和安徽省石英砂及制品质量监督检验中心张强编写。

　　本书编写过程中,得到了安徽科技学院教务处、化学与材料工程学院领导和安徽省石英砂纯化与光伏玻璃工程研究中心许多专家的关心、支持与帮助,在此表示感谢。感谢安徽省质量工程《基础化学实验》线上课程项目的大力支持,为本教程提供视频资源(https://mooc1.chaoxing.com/course/247450381.html)。

　　由于编写仓促,加之编者水平有限,书中不足之处在所难免,恳请读者批评指正。

编　者

2024 年 9 月

目　　录

第1章 绪 论

基本要求

- 理解分析化学的任务和作用。
- 掌握分析方法的种类及分类依据。
- 了解分析化学的发展与展望。
- 熟悉定量分析的一般过程。

1.1 分析化学的定义、任务和作用

1.1.1 分析化学的定义

分析化学是化学学科的一个重要分支,是帮助人们获得物质化学组成和结构信息的一门学科,即以物质表征与测量为主的一门学科。分析化学是发展和应用各种理论、方法、仪器和策略以获得有关物质在特定时间和空间内组成和性质信息的分支科学。国家自然科学基金委员会发布的分析化学学科发展战略调研报告中称"分析化学是人们获得物质化学组成和结构信息的科学"。简而言之,分析化学是测量物质的组成和结构的学科,也是研究分析方法的学科,这是它的内涵所在。

1.1.2 分析化学的任务和作用

20 世纪 50—60 年代的教科书按任务不同将分析化学分为定性分析(qualitative analysis)和定量分析(quantitative analysis)两部分。20 世纪 90 年代以后,将结构分析(structure analysis)归入分析化学。定性分析的任务是鉴定物质的化学组成,定量分析的任务是测定物质各组分的含量,结构分析的任务则是研究物质内部的分子结构或晶体结构。在对物质进行分析时,通常先进行定性分析以确定其组成,然后进行定量分析以确定其各组分的含量。

分析化学是人们认识自然、改造自然的工具。工业生产中,原料的选择,中间产品、成品的检验,新产品的开发,以至于生产过程中的"三废"(废水、废气、废渣)的处理和综合利用都需要分析化学。在农业生产方面,从土壤成分、肥料、农药的分析到农作物生长过程的研究都离不开分析化学。分析化学是打击犯罪、保卫国家安全的特殊武器:在国防和公安方面,从武器装备的生产和研制、应用到刑事案件的侦破都需要分析化学。分析化学为新药研究和应用提供强有力的支撑:新药跟踪等与分析化学息息相关。分析化学是医疗卫生、人民健康的技术保障:肿瘤标记物的发现及临床应用、人体生化指标的检验、食品中有害物及添加剂的检测等都离不开分析化学。

1.2　分析方法的分类

分析化学是由很多分析方法构成的,而分析方法是根据被测物质在某种变化或某种条件下所表现的性质建立的实验方法。分析方法根据分析任务的不同,可分为定性分析、定量分析和结构分析;根据分析对象的不同,可分为无机分析和有机分析;根据分析原理的不同,又分为化学分析和仪器分析;根据分析试样的用量不同,可分为常量分析、半微量分析、微量分析和痕量(超微量)分析;还可根据分析结果使用的目的不同而分为常规分析、快速分析和仲裁分析。

1.2.1　定性分析、定量分析和结构分析

定性分析的任务是鉴定物质由哪些元素、离子、基团或化合物组成,定量分析的任务是测定物质中某组分的含量,结构分析的任务是分析、鉴定物质的分子结构或晶体结构。

1.2.2　无机分析和有机分析

无机分析的对象是无机物,它主要是鉴定试样由哪些元素、离子、基团或化合物组成,测定各组分的相对含量;有机分析的对象是有机物,它主要测定有机物的碳、氢、氧、氮、硫等元素的组成及含量,更重要的是进行官能团分析及结构分析。

1.2.3　化学分析和仪器分析

1. 化学分析

化学分析法是以物质的化学反应为基础的分析方法。化学分析法是分析化学的基础,又称为经典分析法。当已知试样与未知试样发生化学反应时,根据化学反应的现象和特征鉴定物质的化学组成,称为化学定性分析;根据化学反应中试样和试剂的用量,测定物质中各组分的相对含量,称为化学定量分析。化学定量分析是分析化学课程的主要学习内容。

化学定量分析法又分为滴定分析法和重量分析法。

(1)滴定分析法又称为容量分析法,即根据滴定所消耗标准溶液的浓度和体积以及被测物质与标准溶液所进行的化学反应的计量关系求出被测物质的含量。由于反应类型不同,滴定分析法可分为酸碱滴定法、沉淀滴定法、配位滴定法和氧化还原滴定法等。滴定分析法具有仪器简单、操作简便、分析速度快、准确度高、相对误差较小等特点,故在工农业生产和科学研究中广泛应用。

(2)重量分析法是将被测组分转化为一种组成固定的沉淀形式,经过纯化、干燥、灼烧或吸收剂的吸收等处理后,精确称量以求出被测组分的含量。重量分析法所用的仪器设备简单,不需要标准试样进行比较,并且有较高的准确度,其相对误差一般小于 0.1%,常作为国家或行业颁布的标准分析方法。但此方法操作烦琐,分析速度较慢。

2. 仪器分析

以物质的物理性质和物理化学性质为基础的分析方法称为物理和物理化学分析法。这类分析法都需要使用较特殊的仪器,所以称为仪器分析法。根据分析原理和使用仪器的不同,仪

器分析法可分为光学分析法、电化学分析法、色谱分析法及其他仪器分析法等。

（1）光学分析法：利用物质的光学性质所建立的一类分析方法。光学分析法主要包括紫外-可见吸光光度法、红外吸收光谱分析法、原子吸收光谱法、原子发射光谱法、火焰光度法、荧光分析法等。

（2）电化学分析法：利用物质的电学及电化学性质所建立的一类分析方法。电化学分析法主要包括电位分析法、电导分析法、极谱分析法、库仑分析法、伏安分析法等。

（3）色谱分析法：利用组分随流动相经固定相时由于作用力差异导致移动速度不同而分离的分析方法。色谱分析法主要包括薄层色谱法、经典柱色谱法、气相色谱法、液相色谱法、超临界流体色谱法、毛细管电色谱法与多维色谱法等。

（4）其他仪器分析法：除上述三大类型外，其他仪器分析法还包括质谱分析法、核磁共振波谱分析法、电子探针和离子探针微区分析法、放射分析法、差热分析法、光声光谱分析法以及各种联用技术分析法等。

分析方法很多，每种分析方法各有其特点，也各有一定的局限性，通常要根据被测组分的性质、组成、含量和对分析结果准确度的要求等来选择最适宜的分析方法进行测定。

1.2.4　常量分析、半微量分析、微量分析和超微量分析

根据试样的用量和被测组分的相对含量不同，分析方法可分为常量分析、半微量分析、微量分析和痕量分析，如表 1-1、表 1-2 所示。

表 1-1　各种分析方法的取样量

分 析 方 法	试样用量/g	试液体积/mL
常量分析	>0.1	>10
半微量分析	0.01～0.1	1～10
微量分析	0.0001～0.01	0.01～1
痕量分析	<0.0001	<0.01

表 1-2　分析方法按被分析组分在试样中的相对含量分类

分 析 方 法	被测组分的含量/(%)
常量组分分析	>1
微量组分分析	0.01～1
痕量组分分析	<0.01

1.3　定量分析的一般过程

定量分析的任务是确定试样中有关组分的含量。完成一项定量分析任务通常包括以下步骤。

1. 取样

所谓试样（样品），是指在分析工作中用来进行分析的物质体系，从整体中取出可代表全体

组成的一小部分的过程就是**取样**(sampling)。试样可以是固体、液体或气体。分析化学对试样的基本要求是其在组成和含量上具有一定的代表性,为此工农业生产中常采用"四分法"等缩分方法来取样。否则,即使测定结果再准确也毫无意义,甚至可能导致错误的结论。实际工作中分析对象可能均匀,也可能不均匀,不同试样的采样方法视具体条件而定。合理的取样是分析结果准确可靠的基础。

2. 预处理

预处理(pertreatment)包括试样的分解和预分离富集。

由于试样的性质不同,试样的分解方法也有所不同,一般有湿法分解法和熔融分解法两种。将试样分解后制成溶液,然后进行测定。正确的分解方法应使试样分解完全,分解过程中待测组分不应损失,应尽量避免引入干扰组分。操作时可根据试样的性质和分析的要求选用适当的分解方法。

在定量分析中,当试样组成比较简单时,将它处理成溶液后便可直接进行测定。但在实际工作中常遇到组分比较复杂的试样,测定时各组分之间往往相互干扰,这不仅影响分析结果的准确性,有时甚至无法进行测定,因此必须选择适当的方法消除干扰。控制分析条件或采用适当的掩蔽剂是消除干扰的简单而有效的方法,但并非任何干扰都能消除。许多情况下需要选用适当的分离(separation)方法使待测组分与其他干扰组分分离。

有时试样中被测组分含量极微,而测定方法的灵敏度不够,这时必须先将被测组分进行富集(preconcentration),然后进行测定。例如,汞及其化合物属剧毒物质,我国饮用水标准规定 Hg^{2+} 的含量不能超过 $1\ \mu g \cdot L^{-1}$,这样低的含量时常因含量低于测定方法的检测限而难以测定,因此需通过适当的方法分离富集后才能进行测定。富集过程往往也就是分离过程。

在分析化学中常用的分离和富集方法有沉淀分离法、液-液萃取分离法、离子交换分离法、色谱分离法、蒸馏和挥发分离法、超滤法、浮选吸附法等。

选用分离方法时需要有一定的经验和灵活性,要在扎实的专业知识基础上积累分离技术和经验。分离时通常需要考虑:①测定的目的是定性分析还是定量分析,是组成分析还是结构分析,是全分析还是主成分分析;②试样的数量、来源难易及某些组分的大致含量,大批试样中痕量成分的分离,首先要进行萃取、吸附等富集处理,再进行分离;③分离后得到产品的数量、纯度是否满足测定要求;④分离对象和性质,是亲水型还是疏水型,是离子型还是非离子型,挥发性和热稳定性如何,对亲水型极性大的离子型化合物,一般可选择萃取法、离子交换法、电泳法以及薄层色谱法等方法,对于复杂体系色谱法是首选,对挥发性、热稳定性好的物质可选择蒸馏或气相色谱法。近年发展起来的超临界流体萃取技术具有传质速度快、萃取效率高、取样量少、无毒等优点,在复杂试样的预处理和制备规模的试样分离中应用效果甚佳。

沉淀分离(precipitation separation)法是利用沉淀反应进行分离的方法。在试液中加入适当的沉淀剂使被测组分沉淀出来,或将干扰组分以沉淀的形式除去,从而达到分离的目的。沉淀分离法的主要依据是溶度积原理。

液-液萃取(liquid-liquid extraction)分离法又称溶剂萃取(solvent extraction)分离法,是应用广泛的分离方法之一。这种方法是利用混合物中各组分在两种不同溶剂中分配系数的不同达到分离混合物的目的。

3. 测定

根据试样的性质和分析要求选择合适的方法进行测定(determination)。一般对于标准物和成品的分析要求准确度较高,应选用标准分析方法(如国家标准);对生产过程的中间控制分析则要求快速简便,宜选用在线分析。对常量组分的测定常采用化学分析法,从而达到分离富集的目的;对微量组分的测定常采用灵敏度较高的仪器分析法。

4. 分析结果的处理与表达

对于测定的有关数据,首先要对其可靠性进行判断,然后运用建立在统计学基础上的误差理论来进行计算和处理,并对计算出的分析结果的可靠性进行分析,最后确定被测组分的含量,并按要求给出分析报告。

固体试样中组分含量常用物质的质量分数 $w(B)$ 表示。质量分数是指待测组分的质量与试样质量之比(常以百分数形式表示)。例如,某试样中铜的质量分数 $w(Cu)=1.1\times10^{-2}$,也可表示为 $w(Cu)=1.1\%$。

溶液中被测组分含量常用质量浓度 $\rho(B)$ 或物质的量浓度 $c(B)$ 表示,气体试样以体积分数表示。

1.4　分析化学的发展简史与发展趋势

分析化学是最早发展起来的化学分支学科。分析化学与人类活动关系密切,涉及社会生活的各个方面。早在古代的青铜冶炼及酿造等工艺中就已经蕴含简易的分析鉴定手段。分析化学在早期一直处于化学发展的前沿,被称为"现代化学之母"。它对元素的发现、相对原子质量的测定、定比定律的确立及矿物资源的勘察等都作出了重要贡献。20 世纪初,物理化学溶液理论的发展为分析化学提供了理论基础,使分析化学由一种技术发展成一门科学。20 世纪中叶,物理学和电子学的发展促进了各种新型分析仪器的诞生和发展,改变了经典分析化学以化学分析为主的局面。20 世纪 70 年代以来,随着计算机科学、生命科学、环境科学、新材料科学等的发展,基础理论及测试技术的完善,分析化学在光、电、磁、热、声等领域研究成果的基础上进一步采用数学、计算机科学、生命科学等新成就,形成一门综合性的科学。现代分析化学的发展趋势主要体现在提高分析方法的灵敏度和选择性、扩展时空多维信息、对物质进行价态和状态分析、仪器微型化和微型环境分析、生物分析和活体分析等方面。

阅读材料

"嫦娥五号"实施无人月球采样

"嫦娥五号"由国家航天局组织实施研制,是中国首个实施无人月面取样返回的月球探测器,为中国探月工程三期的收官之作。

2020 年 11 月 24 日,"长征五号"遥五运载火箭搭载"嫦娥五号"探测器成功发射升空并将其送入预定轨道。11 月 24 日,"嫦娥五号"完成第一次轨道修正。11 月 28 日,"嫦娥五号"进入环月轨道飞行。11 月 29 日,"嫦娥五号"从椭圆环月轨道变为近圆形环月轨道。11 月 30 日,"嫦娥五号"合体分离。12 月 1 日,"嫦娥五号"在月球正面预选着陆区着陆。12 月 2 日,"嫦娥五号"着陆器和上升器组合体完成月球钻取采样及封装。12 月 2 日,"嫦娥五号"完成月面自动采样封装。12 月 3 日,"嫦娥五号"上升器将携带样品的上升器送入预定环月轨道。12 月 6 日,"嫦娥五号"上升

月球背面的
五星红旗
(百度百科)

器与轨道器和返回器组合体交会对接,并将试样容器转移至返回器中。12 月 6 日 12 时 35 分,"嫦娥五号"轨道器和返回器组合体与上升器分离,进入环月等待阶段,准备择机返回地球。12 月 8 日,"嫦娥五号"上升器受控离轨降落在预定落点。12 月 12 日,"嫦娥五号"轨道器和返回器组合体实施第一次月地转移入射。12 月 16 日,"嫦娥五号"探测器顺利完成第二次月地转移轨道修正。12 月 17 日凌晨,"嫦娥五号"返回器携带月球样品着陆地球。

"嫦娥五号"任务是中国探月工程的第六次任务,也是中国航天较复杂、难度较大的任务之一,实现了中国首次月球无人采样返回,有助于月球成因和演化历史等科学研究。

采样是分析化学工作的第一步,关系到分析结果的可靠性。2020 年 12 月 17 日,"嫦娥五号"返回器携带月壤样品成功着陆地球,探月任务获得圆满成功。这是人类时隔 44 年再次成功采集到月壤,中国也就此成为继美国和苏联之后第三个采集月壤的国家。而采集的月壤样品,将主要被用来研究月球的起源和演化。基于样品的重要性与珍贵性,它的物质组成与成分研究应尽可能采取无损分析的方法和策略,这就需要用到分析化学的一些手段如 X 射线荧光分析、电子探针、扫描电镜、显微红外光谱分析、显微拉曼光谱分析等先进的表面与微区分析技术。可见,对宇宙奥秘的探索离不开分析化学。探月任务的圆满完成为我国成为航天强国,实现中华民族伟大复兴,为和平利用太空,推动与构建人类命运共同体作出了开拓性的贡献。我国青年要为国之发展而自豪,同时也要为国之发展继续奋斗。

思　考　题

扫码做题

1. 分析化学的主要任务是什么?请你谈谈为何说"分析化学是科技人员的眼睛"。
2. 化学分析和仪器分析有何不同之处?两者之间有什么联系?
3. 定量分析的全过程一般包括哪几个主要的环节?
4. 欲测定硅酸盐中 SiO_2 的含量,应选用什么方法分解试样?

第2章 定量分析的误差及数据处理

基本要求

- 了解误差的种类,理解产生误差的原因,掌握误差对分析结果的影响规律以及准确度、精密度与系统误差、随机误差的关系。
- 掌握误差和偏差的常用表示方法及特点。
- 掌握提高分析结果准确度的方法。
- 理解有效数字的意义,掌握并熟练运用其运算规则。

2.1 误差的种类和来源

定量分析的任务是准确测定试样中有关组分的含量,但在实际分析过程中误差是客观存在的,因此应该了解分析过程中误差产生的原因及其出现的规律,以便采取相应措施减小误差。另一方面,还须对分析结果进行评价,判断其准确性。

2.1.1 系统误差

系统误差(systematic error)又称可测误差,是由某种固定原因按确定方向起作用而造成的,具有重复性、单向性和可测性。系统误差在一定条件下重复测定时会重复出现,使测定结果系统地偏高或偏低,其正负和大小也有一定规律。因为产生原因固定,所以可设法测出其数值大小,并通过校正的方法予以减小或消除。根据产生的具体原因,系统误差可分为以下几种。

1. 方法误差

方法误差是由分析方法自身不足所造成的误差。例如,重量分析法中,沉淀的溶解度大,沉淀不完全引起的分析结果偏低;滴定分析法中,指示剂选择不适合,滴定终点与化学计量点不符合引起的误差;光度分析法中偏离朗伯-比尔定律、发生副反应等这些系统自身原因都能导致分析结果系统地偏高或偏低。

2. 仪器误差

仪器误差是由测量仪器自身的不足所造成的误差。例如,天平两臂不等长,砝码锈蚀磨损质量改变;量器(容量瓶、滴定管等)和仪表刻度不准确等,在使用过程中都会引起仪器误差。

3. 试剂误差

试剂误差是由于所用试剂不纯或蒸馏水中含有微量杂质所引起的误差。它对痕量分析造成的影响尤为严重。

4. 操作误差

在正常操作情况下,操作误差是由于分析人员的某些主观原因或操作过程控制不当造成的误差。例如,分析人员掌握的分析操作与正确的分析操作有差别、对颜色的敏感度不同、称量时忽视了试样的吸湿性、沉淀洗涤不充分或过分等均会引入操作误差。

2.1.2 随机误差

随机误差(random error)又称偶然误差,是由某些不确定的偶然因素引起的误差,它使测定结果在一定范围内波动,大小、正负不定,难以找到原因,无法测量,如测量时环境温度、湿度和气压的微小波动,仪器电源电压的微小波动,分析人员对各份试样处理的微小差别等。

随机误差的大小、正负都不可预见,无法控制,属不可测误差。随机误差从单次测量结果来看没有任何规律性,但是在消除系统误差后,对同一试样进行多次平行测定时,各次结果的随机误差分布呈现一定的规律,利用统计学方法处理发现随机误差遵从正态分布规律。

如图 2-1 所示,当测量值个数 n 趋近于无穷大,组距 ΔS 趋近于无穷小,频率分布曲线趋近于一条正态分布的平滑曲线,称为概率密度曲线。

正态分布的概率密度函数式是

$$y = f(x) = \frac{1}{\sigma \sqrt{2\pi}} e^{-\frac{(x-\mu)^2}{2\sigma^2}}$$

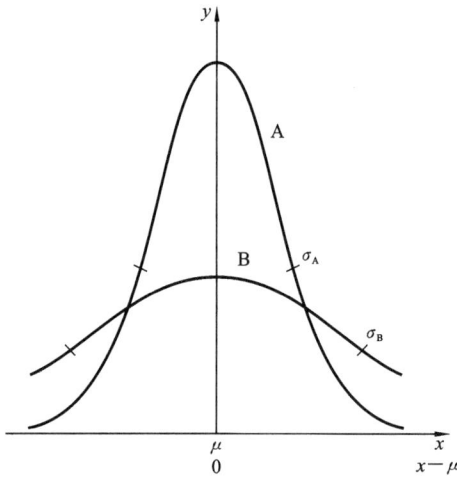

图 2-1 随机误差的正态分布曲线
(μ 同,σ 不同,$\sigma_B > \sigma_A$)

这样的正态分布记作 $N(\mu, \sigma^2)$。其中,y 表示概率密度;x 表示测量值;μ 表示总体平均值,即无限次测定所得数据的平均值,表示无限个数据的集中趋势,没有系统误差时,$\mu = x_T$,x_T 为真值;σ 表示总体标准偏差,表征无限次测定数据的分散程度。

$x - \mu$ 表示随机误差,若以 $x - \mu$ 为横坐标,则曲线最高点横坐标为 0。

测量值和随机误差的正态分布体现了随机误差的概率统计规律。

(1)单峰性:$x = \mu$ 时,y 值最大,表明测量值有向 μ 集中的趋势;大多数测量值集中在总体平均值附近,μ 很好地反映了测量值的集中趋势。

(2)对称性:正误差出现的概率与负误差出现的概率相等。

(3)有限性:小误差出现的概率大,大误差出现的概率小,特别大的误差出现的概率极小。

(4)相消性:无限多次测定的结果,其误差的算术平均值趋于零,即误差的平均值的极限为零。

此外,当 $x = \mu$ 时,$y = \frac{1}{\sigma \sqrt{2\pi}}$,表明数据的分散程度与 σ 有关。σ 越大,测量值的分散程度越大,正态分布曲线也就越平坦。

从以上分析可知:增加平行测定次数可以减小随机误差。

2.1.3　过失

过失是由于工作人员的粗心大意或违背操作规程所产生的错误(也称为过失误差),如溶液溅失、沉淀穿滤、加错试剂、记错读数等,都会对结果带来较大影响。在数据处理过程中,如发现过失造成测定结果有偏差,应弃之不用。

2.2　准确度和精密度

2.2.1　准确度与误差

准确度(accuracy)表征测定值(x)与真值(x_T)的符合程度。测量值与真值之间差别越小,则分析结果的准确度越高。准确度说明测定结果的可靠性。准确度的高低用误差(error)来衡量,误差越小,表示结果的准确度越高;反之,误差越大,准确度越低。

对真值为 x_T 的分析对象总体随机抽取一个样本进行 n 次测量,得到 n 个测定值 $x_1, x_2, \cdots, x_n$,对 n 个测定值进行平均,得到测定结果的平均值。

(1) 个别测量值的误差为

$$E_i = x_i - x_T \tag{2-1}$$

(2) 实际上,通常用各次测量结果的平均值($\bar{x}$)表示测定结果,测定结果的绝对误差为

$$E_a = \bar{x} - x_T \tag{2-2}$$

(3) 测量结果的相对误差为

$$E_r = \frac{E_a}{x_T} \times 100\% \tag{2-3}$$

E_r 反映了误差在真值中所占的比例,相对于绝对误差能更好地反映测定结果的准确度。

例 2-1　用分析天平称量两个样品,测得 $m_1 = 1.4380$ g 和 $m_2 = 0.1437$ g,假定两个样品的真值分别为 1.4381 g 和 0.1438 g,分别计算其绝对误差和相对误差。

解　绝对误差

$$E_1 = 1.4380 \text{ g} - 1.4381 \text{ g} = -0.0001 \text{ g}$$
$$E_2 = 0.1437 \text{ g} - 0.1438 \text{ g} = -0.0001 \text{ g}$$

相对误差

$$E_{r1} = \frac{-0.0001 \text{ g}}{1.4381 \text{ g}} = -0.00007$$

$$E_{r2} = \frac{-0.0001 \text{ g}}{0.1438 \text{ g}} = -0.0007$$

可见同一台仪器测量样品的绝对误差相等,相对误差不一定相等,并且绝对误差和相对误差都有正负之分。

真值 x_T(true value)是某一物理量本身具有的客观存在的真实值。真值是未知的、客观存在的量。但在以下特定情况下认为真值是已知的:

(1) 理论真值,如化合物的理论组成(如 NaCl 中 Cl 的含量);

(2) 计量学约定真值,如国际计量大会确定的长度、质量、物质的量单位等;

（3）相对真值，如高一级精密度的测量值相对于低一级精密度的测量值（如标准样品的标准值）。

2.2.2　精密度与偏差

精密度（precision）表征同一样品在相同条件下几次平行测量值相互符合的程度。平行测定所得数据间差别越小，则分析结果的精密度越高。精密度表达了测定结果的重复性和再现性。精密度的高低用偏差（deviation）来衡量，偏差越小，精密度越高。

1. 平均值

n 次测量值的算术平均值不是真值，但比单次测量结果更接近真值，是对真值的最佳估计。

$$\bar{x} = \frac{x_1 + x_2 + \cdots + x_n}{n} \tag{2-4}$$

2. 中位数

把一组测量数据按从小到大的顺序排列，中间一个数据即为中位数（x_M）。当测量数据个数为偶数时，中位数为中间相邻两个测量值的平均值。

3. 绝对偏差和相对偏差

绝对偏差（d_i）为某次测量值与平均值之差；相对偏差（d_r）为绝对偏差与平均值之比，常用百分数形式表示。

绝对偏差　　　　　　　　　$d_i = x_i - \bar{x}$　　　　　　　　　　　（2-5）

相对偏差　　　　　　　　　$d_r = \dfrac{d_i}{\bar{x}} \times 100\%$　　　　　　　　　（2-6）

一组平行测定结果中的偏差有正有负或者为零，各单次测定结果偏差的代数和为零。d_i 和 d_r 只能反映单次测定结果偏离平均值的程度，不能反映一组结果的精密度。

4. 平均偏差和相对平均偏差

在实际测定中往往要比较一组平行测定结果间的接近程度或离散程度，这时要用平均偏差（$\bar{d}$）和相对平均偏差（$\bar{d}_r$）来衡量。

平均偏差指各单次测定结果偏差绝对值的平均值，即

$$\bar{d} = \frac{|d_1| + |d_2| + \cdots + |d_n|}{n} \tag{2-7}$$

相对平均偏差是平均偏差与平均值之比，常以百分数形式表示，即

$$\bar{d}_r = \frac{\bar{d}}{\bar{x}} \times 100\% \tag{2-8}$$

在实际分析工作中，精密度常用相对平均偏差表示。

5. 标准偏差

标准偏差又称均方根偏差，当平行测定次数 n 趋于无穷大时，测定的平均值接近真值，此时标准偏差用总体标准偏差（σ）表示，即

$$\sigma = \sqrt{\frac{\sum\limits_{i=1}^{n}(x_i - \mu)^2}{n}} \tag{2-9}$$

式中，μ 为无限多次平行测定结果的平均值，即总体平均值。

在实际测定中，测定次数有限，此时，标准偏差用样本标准偏差(s)来表示，定义为

$$s = \sqrt{\frac{\sum_{i=1}^{n}(x_i - \overline{x})^2}{n-1}} = \sqrt{\frac{\sum_{i=1}^{n}d_i^2}{n-1}} \tag{2-10}$$

式中，$n-1$ 为自由度，指独立偏差的个数，用 f 表示。

相对标准偏差又称变异系数(CV)，常用百分数形式表示，即

$$CV = \frac{s}{\overline{x}} \times 100\% \tag{2-11}$$

s 是表示偏差的最好方法，能使大偏差更加显著地反映出来。

例 2-2　甲、乙两组同学测定的石英砂含铁量(mg·g^{-1})的绝对偏差如下：

(1) 甲组同学的绝对偏差(d_i)：0.11，-0.73，0.24，0.51，0.14，0.00，0.30，-0.21。

(2) 乙组同学的绝对偏差(d_i)：0.18，0.26，-0.25，-0.37，0.32，-0.28，0.31，-0.27。

分别计算其平均偏差和标准偏差。

解　(1) 甲组

$$\overline{d}_\text{甲} = \frac{|0.11| + |-0.73| + |0.24| + |0.51| + |0.14| + |0.00| + |0.30| + |-0.21|}{8}$$

$$= 0.28$$

$$s_\text{甲} = \sqrt{\frac{0.11^2 + (-0.73)^2 + 0.24^2 + 0.51^2 + 0.14^2 + 0.00^2 + 0.30^2 + (-0.21)^2}{8-1}}$$

$$= 0.38$$

(2) 乙组

$$\overline{d}_\text{乙} = \frac{|0.18| + |0.26| + |-0.25| + |-0.37| + |0.32| + |-0.28| + |0.31| + |-0.27|}{8}$$

$$= 0.28$$

$$s_\text{乙} = \sqrt{\frac{0.18^2 + 0.26^2 + (-0.25)^2 + (-0.37)^2 + 0.32^2 + (-0.28)^2 + 0.31^2 + (-0.27)^2}{8-1}}$$

$$= 0.29$$

可见，标准偏差可以使大偏差更显著地反映出来，用标准偏差比用平均偏差更科学、更准确，能更好地反映结果的精确度。

6. 相差和相对相差

若对样品只进行两次平行测定，精密度常用相差(D)表示。

相差　　　　　　　　　　$$D = |x_1 - x_2| \tag{2-12}$$

相对相差　　　　　　　$$D_\text{r} = \frac{|x_1 - x_2|}{\overline{x}} \tag{2-13}$$

7. 极差和相对极差

极差又称全距或范围误差。

极差　　　　　　　　　　$$R = x_\text{max} - x_\text{min} \tag{2-14}$$

相对极差

$$R_r = \frac{R}{\overline{x}} \tag{2-15}$$

此法适用于说明少数几次测定结果的离散程度。

例 2-3 测定某样品的含氮量,六次平行测定的结果是 20.48%,20.55%,20.58%,20.60%,20.53%,20.50%。

(1)计算这组数据的平均值、中位数、极差、平均偏差、标准偏差、变异系数。

(2)若此样品是标准样品,含氮量为 20.45%,计算测量结果的绝对误差和相对误差。

解 (1) $\overline{x} = \dfrac{\sum\limits_{i=1}^{6} x_i}{n}$

$$= \frac{20.48\% + 20.55\% + 20.58\% + 20.60\% + 20.53\% + 20.50\%}{6}$$

$$= 20.54\%$$

$$x_M = \frac{20.55\% + 20.53\%}{2} = 20.54\%$$

$$R = 20.60\% - 20.48\% = 0.12\%$$

$$\overline{d} = \frac{\sum\limits_{i=1}^{6} |d_i|}{n} = \frac{0.06\% + 0.01\% + 0.04\% + 0.06\% + 0.01\% + 0.04\%}{6} = 0.037\%$$

$$s = \sqrt{\frac{\sum\limits_{i=1}^{6} (x_i - \overline{x})^2}{n-1}}$$

$$= \sqrt{\frac{(0.06\%)^2 + (0.01\%)^2 + (0.04\%)^2 + (0.06\%)^2 + (0.01\%)^2 + (0.04\%)^2}{6-1}}$$

$$= 0.046\%$$

$$CV = \frac{s}{\overline{x}} \times 100\% = \frac{0.046\%}{20.54\%} \times 100\% = 0.22\%$$

(2) $$E_a = 20.54\% - 20.45\% = 0.09\%$$

$$E_r = \frac{E_a}{x_T} = \frac{0.09\%}{20.45\%} \times 100\% = 0.4\%$$

2.2.3 准确度与精密度的关系

从上述讨论可知,精密度只能检验平行测量值之间的符合程度,与真值无关。也就是说,获得良好的精密度不一定准确度就高。这是因为精密度只反映随机误差的大小,而准确度既反映随机误差,又反映系统误差。只有在消除系统误差的前提下,精密度高才能确保准确度也高。

例如,A、B、C、D 四个分析工作者对同一铁标准样品[$w(Fe) = 37.40\%$]的含铁量进行测量,得到的结果如图 2-2 所示,比较其准确度与精密度。

由图 2-2 可知,A 的精密度低,准确度也低,测定结果较差;B 的精密度虽然较高,但准确度低,测定结果也差;C 的精密度和准确度均高,故测定结果好;D 的平均值虽然接近真值,但

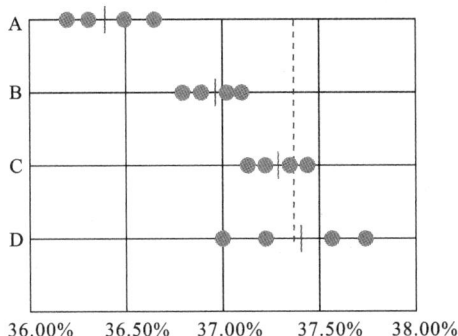

图 2-2　不同分析人员对同一样品的分析结果

● 测量值　┆标准值　┊平均值

几个数据分散,取平均值时抵消了正、负误差,这是一种巧合,是不可靠的。

从上例分析可知,好的测定结果,精密度和准确度必然都高;精密度低时,衡量准确度无意义,精密度低的测定结果不可信,即精密度是保证准确度的先决条件;精密度高,准确度不一定高,因为可能有系统误差存在。

2.3　提高分析结果准确度的方法

分析过程的每一步骤都可能引入误差,要使最终分析结果误差小于所允许的最大误差,必须将每一步的误差控制在允许的误差范围内。

2.3.1　选择合适的分析方法

要提高测定的准确度,首先要选择适宜的分析方法。不同的分析方法对准确度和灵敏度各有侧重,如化学分析法准确度高,适用于常量组分的测定;仪器分析法灵敏度高,适用于微量组分的测定。

2.3.2　减小测量误差

使用仪器进行测量时仪器造成的绝对误差大小由测量仪器本身的精密度决定,减小测量误差的方法是适当增大被测量。例如,一般分析天平一次读数的绝对误差 $E_i = \pm 0.0001$ g,一次称量中读数两次,绝对误差为 $E_a = 2E_i = \pm 0.0002$ g,一般常量分析要求测量误差 E_r 不超过 $\pm 0.1\%$,故

$$m_s \geqslant \frac{E_a}{E_r} = \frac{0.0002 \text{ g}}{0.1\%} = 0.2 \text{ g}$$

即试样的称量质量 m_s 不小于 0.2 g。

又如,在滴定分析中,滴定管读数常有 ± 0.01 mL 的误差,一次滴定中读数两次,绝对误差为 $E_a = \pm 0.02$ mL,常量分析要求测量误差 E_r 不超过 $\pm 0.1\%$,故

$$V \geqslant \frac{E_a}{E_r} = \frac{0.02 \text{ mL}}{0.1\%} = 20 \text{ mL}$$

即要求每次滴定体积不少于 20 mL,一般为 20~30 mL。

2.3.3　减小随机误差

　　从前面的随机误差概率分布可知:减小随机误差的有效方法是增加平行测定的次数,在保证精密度符合要求的前提下,以平均值作为测定结果。在一般的实际分析工作中,对于同一试样,通常要求平行测定 2~4 次。

2.3.4　检验并消除系统误差

1. 对照实验

这是检验和消除系统误差最有效的方法,可分为以下几类。

　　(1)与标准试样进行对照。可以用组成和含量与待测试样相近的标准试样,按同一方法在相同条件下对标准试样进行测定,如果测定结果符合要求,则说明方法可靠。

　　(2)与标准方法进行对照。选择标准方法在相同条件下对待测试样进行测定,用其结果与被检验方法结果比较,判断是否存在系统误差并根据情况进行校正。

　　(3)回收实验。如果待测试样组成不清楚,可以在其中加入已知量待测组分,然后测定,看加入已知量待测组分的回收率,由此也可以发现系统误差并根据情况加以校正。

2. 空白实验

空白实验是指在不加待测试样的情况下,按照分析试样的同样操作条件进行测定,其结果为空白值,再从测定试样的结果中扣除空白值,就可得到较可靠的结果,消除系统误差。由试剂、蒸馏水、器皿带入杂质造成的误差,可以用此法扣除。

3. 校准仪器

此法可消除仪器本身不够准确引入的误差。例如,对于砝码、移液管、滴定管等,在精确分析中都应该进行校准,并在计算结果中采用校准值。

2.4　分析数据的统计处理

　　实际测量工作中,不可能进行无限次平行测定。对于有限次平行测定,随机误差不遵从正态分布,各次测定结果的平均值也就无法替代真值。人们只能估计平均值与真值的接近程度,即真值会在平均值周围多大的范围内出现,以及出现的概率有多大。

2.4.1　有限数据的分布及置信区间

1. t 分布与区间概率

正态分布是无限次测量数据的分布规律。当测量数据不多时,其分布服从 t 分布规律。

定义：

$$t = \frac{\overline{x} - \mu}{s_{\overline{x}}} = \frac{\overline{x} - \mu}{s}\sqrt{n} \qquad (2-16)$$

如图 2-3 所示，t 分布曲线随自由度 $f(f=n-1)$ 变化而改变。当 f 趋近于无穷大时，t 分布趋近于正态分布。

t 分布曲线下面一定区间内的积分面积，就是该区间内随机误差出现的概率。不同 f 值及概率所相应的 t 值可查表 2-1。

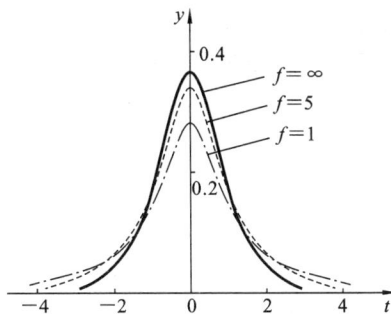

图 2-3 t 分布曲线($f=1,5,\infty$)

表 2-1 t 值表

自由度 f	置信度 P 或 $1-\alpha$			
	50%	90%	95%	99%
1	1.00	6.31	12.71	63.66
2	0.82	2.92	4.30	9.93
3	0.76	2.35	3.18	5.84
4	0.74	2.13	2.78	4.60
5	0.73	2.02	2.57	4.03
6	0.72	1.94	2.45	3.71
7	0.71	1.90	2.37	3.50
8	0.71	1.86	2.31	3.36
9	0.70	1.83	2.26	3.25
10	0.70	1.81	2.23	3.17
20	0.69	1.73	2.09	2.85
∞	0.67	1.65	1.96	2.58

表 2-1 中置信度用 P 表示，它表示在 $\pm t$ 区间内出现的概率；α 称为显著性水准，表示在 $\pm t$ 区间以外所出现的概率。由于 t 值与置信度及自由度有关，一般表示为 $t_{\alpha,f}$。例如：$t_{0.05,10}$ 表示置信度为 95%、自由度为 10 时的 t 值。

2. 置信区间

对少量测量数据，以试样平均值估计总体平均值可能存在的区间为

$$\mu = \overline{x} \pm t\frac{s}{\sqrt{n}} \qquad (2-17)$$

此式表示在一定置信度下，以平均值 $\overline{x}$ 为中心，包含总体平均值 μ 的范围，称为总体平均值的置信区间。其中，s 为标准偏差，n 为测量次数。例如，$\mu = 36.86\% \pm 0.10\%$（置信度为 95%），可理解为有 95% 的把握说以平均值 36.86% 为中心，包含总体平均值的区间为 36.86% $\pm$ 0.10%。在测量次数增多($n>30$ 时)、总体标准偏差已知的情况下，总体平均值在一定置信度下的置信区间为

$$\mu = \overline{x} \pm u\frac{\sigma}{\sqrt{n}} \qquad (2-18)$$

式中的 u 可通过查表得到。

例 2-4 分析铁矿中铁的质量分数,得到如下数据:37.45%,37.20%,37.50%,37.30%,37.25%。求置信度分别为 95% 和 99% 的置信区间。

解
$$\bar{x}=37.34\%, \quad s=0.13\%$$

查表 2-1,当 $P=0.95$,$f=n-1=4$ 时,$t=2.78$,则 μ 的 95% 置信区间为

$$\mu=\bar{x}\pm t\frac{s}{\sqrt{n}}=37.34\%\pm 2.78\times\frac{0.13\%}{\sqrt{5}}=37.34\%\pm 0.16\%$$

当 $P=0.99$,$f=n-1=4$ 时,$t=4.60$,则 μ 的 99% 置信区间为

$$\mu=\bar{x}\pm t\frac{s}{\sqrt{n}}=37.34\%\pm 4.60\times\frac{0.13\%}{\sqrt{5}}=37.34\%\pm 0.27\%$$

从例 2-4 结果可知,置信度越高,置信区间越大,在此区间内包括总体平均值的可能性就越大。置信度的高低说明估计的把握程度,置信区间的大小反映了估计的精密度。置信度并非越高越好,过高的置信度导致极宽的置信区间,精密度很差,没有实际意义。

2.4.2 显著性检验

显著性检验是指对存在差异的两个样本平均值之间或样本平均值与总体真值之间是否存在显著性差异的检验。在实际工作中,往往会遇到下列情况:对标准试样进行测定时,所得到的平均值与标准值(相对真值)不完全一致;采用两种不同的分析法或不同的分析仪器,或者不同的分析人员对同一试样进行分析时,所得的样本平均值有一定的差异。显著性检验就是检验这种差异是由随机误差引起的还是由系统误差引起的。如果存在显著性差异,就认为这种差异是由系统误差引起的;否则,这种差异就是由随机误差引起的,认为是正常的。

1. 平均值与标准值的比较

在检验试样的平均值与标准值之间是否存在显著性差异时,可以使用 t 检验法,具体方法如下。

首先根据下式计算出 $t_{计算}$ 值:

$$t_{计算}=\frac{|\bar{x}-\mu|}{s}\sqrt{n} \tag{2-19}$$

再根据置信度 P 和自由度 f,从表 2-1 中查出 $t_{表}$ 值,并进行比较。如果 $t_{计算}>t_{表}$,则认为存在显著性差异;否则,不存在显著性差异。在分析化学中,通常以 95% 的置信度为检验标准,即显著性水平为 5%。

例 2-5 某化验室测定某试样中 CaO 的含量,得如下结果:$n=6$,$\bar{x}=30.51\%$,$s=0.05\%$。该试样中 CaO 的质量分数标准值为 30.43%,此测定有无系统误差?(置信度为 95%)

解
$$t_{计算}=\frac{|\bar{x}-\mu|}{s_{\bar{x}}}=\frac{|\bar{x}-\mu|}{s/\sqrt{n}}=\frac{30.51-30.43}{0.05/\sqrt{6}}=3.9$$

查表 2-1,$n=6$,$P=95\%$ 时,$t_{表}=2.57$。$t_{计算}>t_{表}$,说明平均值和标准值间有显著性差异,此测定存在系统误差。

2. 两组数据平均值的比较

判断两组数据 $\bar{x}_1$、n_1、s_1 和 $\bar{x}_2$、n_2、s_2 之间是否存在显著性差异,必须首先用 F 检验法检验

两者精密度之间是否差异显著,若两者差异不明显,再用 t 检验法检验两者平均值有无显著性差异。

1) F 检验法

F 检验法是通过比较两组数据的方差 s^2,以确定它们的精密度是否有显著性差异的方法。按下式计算 F 值:

$$F_{计算} = \frac{s^2_{大}}{s^2_{小}} \tag{2-20}$$

式中, $s^2_{大}$ 和 $s^2_{小}$ 分别代表两组数据中大的方差和小的方差。

查表 2-2 得 $F_{表}$ 的值,并比较。如果 $F_{计算} > F_{表}$,则认为两组数据的精密度之间存在显著性差异(置信度为 95%);否则,不存在显著性差异。

表 2-2　置信度为 95% 的 F 值

$f_{小}$	$f_{大}$									
	2	3	4	5	6	7	8	9	10	∞
2	19.00	19.16	19.25	19.30	19.33	19.36	19.37	19.38	19.39	19.50
3	9.55	9.28	9.12	9.01	8.94	8.88	8.84	8.81	8.78	8.53
4	6.54	6.59	6.39	6.26	6.16	6.09	6.04	6.00	5.96	5.63
5	5.79	5.41	5.19	5.05	4.95	4.88	4.82	4.78	4.71	4.36
6	5.14	4.76	4.53	4.39	4.28	4.21	4.15	4.10	4.06	4.67
7	4.74	4.35	4.12	3.97	3.87	3.79	3.73	3.68	3.63	3.23
8	4.46	4.07	3.84	3.69	3.58	3.50	3.44	3.39	3.34	2.93
9	4.26	3.86	3.63	3.48	3.37	3.29	3.23	3.18	3.13	2.71
10	4.10	3.71	3.48	3.33	3.22	3.14	3.07	3.02	2.97	2.54
∞	3.00	2.60	2.37	2.21	2.10	2.01	1.94	1.88	1.83	1.00

2) 用 t 检验法确定两组平均值间有无显著性差异

若 s_1 和 s_2 之间无显著性差异,则用下式求得合并标准偏差 s:

$$s = \sqrt{\frac{(n_1 - 1)s_1^2 + (n_2 - 1)s_2^2}{n_1 + n_2 - 2}} \tag{2-21}$$

接着计算 t 值:

$$t_{计算} = \frac{|\bar{x}_1 - \bar{x}_2|}{s} \sqrt{\frac{n_1 n_2}{n_1 + n_2}} \tag{2-22}$$

再从 t 值表中查出 $t_{表}$ 值,此时总自由度 $f = n_1 + n_2 - 2$。如果 $t_{计算} > t_{表}$,则两组平均值存在显著性差异。

例 2-6　在不同温度下分析某试样的纯度,所得结果如下:

$10\ ℃$: 96.5%, 95.8%, 97.1%, 96.0%。

$37\ ℃$: 94.2%, 93.0%, 95.0%, 93.0%, 94.5%。

试比较两组结果是否有显著性差异。(置信度为 95%)

解　（1）先进行 F 检验。

$$\bar{x}_1 = \frac{\sum\limits_{i=1}^{4} x_i}{n_1} = 96.4\%, \quad s_1 = \sqrt{\frac{\sum\limits_{i=1}^{4}(x_i - \bar{x}_1)^2}{n_1 - 1}} = 0.58\%$$

$$\bar{x}_2 = \frac{\sum\limits_{i=1}^{5} x_i}{n_2} = 93.9\%, \quad s_2 = \sqrt{\frac{\sum\limits_{i=1}^{5}(x_i - \bar{x}_2)^2}{n_2 - 1}} = 0.90\%$$

$$F_{计算} = \frac{s_2^2}{s_1^2} = 2.4$$

查表 2-2 得：$F_表 = 9.12$。

$F_{计算} < F_表$，表明两组数据的精密度 s_1 和 s_2 之间没有显著性差异。

（2）再进行 t 检验。

$$s = \sqrt{\frac{(n_1 - 1)s_1^2 + (n_2 - 1)s_2^2}{n_1 + n_2 - 2}} = 0.78\%$$

$$t_{计算} = \frac{|\bar{x}_1 - \bar{x}_2|}{s}\sqrt{\frac{n_1 n_2}{n_1 + n_2}} = \frac{|96.4\% - 93.9\%|}{0.78\%}\sqrt{\frac{4 \times 5}{9}} = 4.78$$

查表 2-1 得：$t_表 = 2.37$。$t_{计算} > t_表$，所以两组数据间存在显著性差异。

2.4.3　可疑值的取舍

在一组测量数据中，有时发现某一测量值偏离其他测量值过远。这种测量值称为离群值或可疑值。可疑值的取舍会影响结果的平均值，尤其是当数据较少时影响更大。因此，在计算前应对可疑值进行合理的取舍。若可疑值是由于过失引起的，应立即舍弃；若不是由过失引起的，则可按下列方法决定其取舍。

1. $4\bar{d}$ 法

步骤如下：

（1）将可疑值除外，求其余数据的平均值 $\bar{x}_{n-1}$ 和平均偏差 $\bar{d}_{n-1}$；

（2）求可疑值 x 与平均值 $\bar{x}_{n-1}$ 之间的差的绝对值 $|x - \bar{x}_{n-1}|$；

（3）判断：若 $|x - \bar{x}_{n-1}| > 4\bar{d}_{n-1}$，则舍弃可疑值；反之，则保留。

2. Q 检验法

步骤如下：

（1）将一组测量数据按从小到大的顺序排列：$x_1, x_2, \cdots, x_{n-1}, x_n$；

（2）统计量 Q 定义为

$$Q_{计算} = \frac{x_n - x_{n-1}}{x_n - x_1} \quad （若 x_n 为可疑值） \tag{2-23}$$

或

$$Q_{计算} = \frac{x_2 - x_1}{x_n - x_1} \quad （若 x_1 为可疑值） \tag{2-24}$$

（3）根据测定次数和置信度，从表 2-3 中查出 $Q_表$；

（4）比较 $Q_表$ 与 $Q_{计算}$，若 $Q_{计算} \geqslant Q_表$，应舍去可疑值；反之，应保留。

表 2-3　Q 值表

置信度	测定次数 n							
	3	4	5	6	7	8	9	10
90%	0.94	0.76	0.64	0.56	0.51	0.47	0.44	0.41
95%	0.97	0.84	0.73	0.64	0.59	0.54	0.51	0.49
99%	0.99	0.93	0.82	0.74	0.68	0.63	0.60	0.57

例 2-7　测定碱灰总碱量$[w(Na_2O)]$，得到 6 个数据(%)，按从小到大的顺序排列为 40.02，40.12，40.16，40.18，40.18，40.20。第一个数据可疑，用 Q 检验法判断是否应舍弃。（置信度为 90%）

解
$$Q_{计算}=\frac{40.12-40.02}{40.20-40.02}=0.56$$

查表 2-3，$n=6$ 时，$Q_表=0.56$，$Q_{计算}\geqslant Q_表$，所以应舍弃可疑值。

3. 格鲁布斯(Grubbs)检验法

步骤如下：

(1) 把一组数据，按从小到大的顺序排列为：$x_1,x_2,\cdots,x_{n-1},x_n$；

(2) 统计量 G 定义为

$$G_{计算}=\frac{\bar{x}-x_1}{s}　（若 x_1 为可疑值）\tag{2-25}$$

或

$$G_{计算}=\frac{x_n-\bar{x}}{s}　（若 x_n 为可疑值）\tag{2-26}$$

(3) 根据测定次数和置信度，从表 2-4 中查出 $G_表$；

(4) 比较 $G_表$ 与 $G_{计算}$，若 $G_{计算}\geqslant G_表$，应舍去可疑值；反之，应保留。

对同一问题，当用上述三种检验法得出的结论不同时，一般以格鲁布斯检验法的结论为准，因为此法引入了正态分布中的两个最重要的样本参数 $\bar{x}$ 及 s，故方法的准确性较好。

表 2-4　G 值表

n	置信度 P		
	95%	97.5%	99%
3	1.15	1.15	1.15
4	1.46	1.48	1.49
5	1.67	1.71	1.75
6	1.82	1.89	1.94
7	1.94	2.02	2.10
8	2.03	2.13	2.22
9	2.11	2.21	2.32
10	2.18	2.29	2.41

n	置信度 P		
	95%	97.5%	99%
11	2.23	2.36	2.48
12	2.29	2.41	2.55
13	2.33	2.46	2.61
14	2.37	2.51	2.63
15	2.41	2.55	2.71
20	2.56	2.71	2.88

2.5　有效数字的运算规则

2.5.1　有效数字

在实践中对任何一种物理量的测定,其准确度都是有限的,即相对的。例如,对一个物体的质量,用分析天平测定,甲的结果是 2.1543 g,乙的结果是 2.1542 g,丙的结果是 2.1541 g。这三个结果中除最后一位数字不同外,其他数字一样,这说明分析天平测出的数据除最后一位是估计值外,其余数字都是准确可靠的。这种在分析工作中能实际测量到的数字称为有效数字,其最后一位是可疑数字。在记录这些有效数字时必须客观地记录而不是凭想象记录。因为这些数字既反映了测量数值的大小,也反映出测量手段(或工具)的精密度。例如,测定一个物体质量,当用分度值为 0.1 g 的台秤称量时,质量为 5.2 g;当用分度值为 0.1 mg 的分析天平称量时,质量为 5.2000 g。前者不能记成后者,当然后者也不能记成前者。这就是有效数字不同于一般数字的地方。例如:

5.2380 g	五位	20.31 cm^2	四位
0.3405 g	四位	31.00 cm^3	四位
0.0027 g	两位	382 m	三位
19.28%	四位	0.01 mg·L^{-1}	一位

有效数字的位数应根据仪器的精密度确定,所以根据有效数字最后一位是如何保留的,可大致判断测定的绝对误差及所用仪器的精密度。根据有效数字的位数,还可大致判断测定相对误差的大小。例如,由测定值 0.5120 g 可知,绝对误差约为 ±0.0002 g,相对误差约为 ±0.04%,所用仪器可能是万分之一的电子天平;若将此数据记作 0.512 g,则会被误认为绝对误差约是 ±0.002 g,相对误差约为 ±0.4%,所用仪器是千分之一的电子天平,精密度下降了。由此可见,有效数字位数保留不当,将无法正确反映测量的准确度。

在确定有效数字位数时,需注意以下原则。

(1)非零数字都是有效数字。

(2)数字"0"的作用:在有效数字中"0"具有双重意义,若其作为普通数字,表示实际的测量结果,它就是有效数字;若其仅起定位作用,则不是有效数字。例如:

$$0.0053 \quad 两位 \quad\quad 0.5300 \quad 四位$$
$$0.0503 \quad 三位 \quad\quad 0.5030 \quad 四位$$

（3）首位数字是 8、9 时，可按多一位处理，如 9.83 在计算时可按四位有效数字处理。

（4）如果要改变某些有效数字位数而保持值不变，用科学记数法表示。例如，12000 一般可看成五位有效数字，要使其变成两位有效数字可写成 1.2×10^4。

（5）对数、负对数，如 pH、pM、lg$K$ 等结果的有效数字位数只看小数部分（尾数）数字的位数，整数部分只代表该数的方次。例如：

$$pM = 5.00 \quad 两位 \quad\quad pH = 1.23 \quad 两位$$

（6）对于非测量所得的数字、系数、常数（如 π、e）、倍数、分数及自然数等，要根据实际需要确定有效数字位数。可视为无限多位有效数字，也可不考虑其位数。

（7）在对有效数字进行转换的时候，一般要求有效数字位数保持不变。例如，pH = 12.68 具有两位有效数字，换算为 H^+ 浓度时，$c(H^+) = 2.1 \times 10^{-13}$ mol·L^{-1}，也应为两位有效数字。

（8）测量最后结果中只保留一位不确定的数字。

2.5.2　有效数字修约规则

各测量值的有效数字位数确定后，就要将其后面多余的数字舍弃。舍弃多余数字的过程称为修约，目前一般采用"四舍六入五成双"规则。其规定如下：

（1）当测量值中被修约的数字等于或小于 4 时，该数字应舍弃；等于或大于 6 时，则进一位。

（2）当测量值中被修约的数字等于 5 时，且 5 后面为零时，要看 5 前面数字，若是奇数则进位，若是偶数则舍弃；当 5 后面有任何非零数字时，无论 5 前面是奇是偶皆进一位。根据这一规则，将下列测量值修约为两位有效数字时，结果应为

$$3.148 \rightarrow 3.1 \quad\quad 7.397 \rightarrow 7.4$$
$$0.745 \rightarrow 0.74 \quad\quad 8.572 \rightarrow 8.6$$
$$75.5 \rightarrow 76 \quad\quad 2.451 \rightarrow 2.5$$

（3）在修约时，如果舍弃的数字不止一位，则应一次修约到所需位数，不能分多步反复修约。例如，要将 13.4748 修约成四位有效数字时，不能先修约为 13.475，再修约为 13.48，而应一次修约为 13.47。

2.5.3　有效数字运算规则

在有效数字运算中，为防止最终结果的准确度被错误地提高或降低，根据误差的传递规律，总结出有效数字的运算规则。

1. 加减法运算

加减法过程是各个测量值绝对误差的传递过程，测量值中绝对误差的最大值决定了分析结果的不确定性。因此，求几个测量值相加减的结果时，有效数字位数的保留应以小数点后位数最少的数（绝对误差最大的数）为依据。例如：

$$50.1 + 1.45 + 0.5812 = 52.1$$

其中，50.1 小数点后位数最少，即绝对误差最大，故计算结果小数点后只应保留一位有效数字。

2. 乘除法运算

乘除法过程是各个测量值相对误差的传递过程,结果的相对误差应与各测量值中相对误差最大的那个数相对应。因此,乘除法运算结果的有效数字位数应与有效数字位数最少的数(相对误差最大的数)保持一致。例如:

$$0.0121 \times 25.64 \times 1.05782 = 0.328$$

其中,0.0121 的有效数字位数最少,即相对误差最大,故计算结果应保留三位有效数字,与 0.0121 一致。

此外,在有效数字运算中还应注意以下几点。

(1)运算中一般采用计算后再修约的方法,也可以采用先修约再计算的方法。若采用后者,在大量数据的运算中,为使误差不迅速积累,对参加运算的所有数据修约时可以多保留一位可疑数字。

(2)在含量测定过程中,有效数字位数的保留与相对含量有关,组分含量若大于 10%,取四位有效数字;组分含量为 1%~10% 时,取三位有效数字;组分含量小于 1% 时,一般取两位有效数字。

(3)计算误差或偏差时,一般只取一到两位有效数字;进行化学平衡计算时,因平衡常数一般仅含两或三位有效数字,结果也只需保留两到三位有效数字。

阅读材料

青蒿素:人类抗疟之路的重要里程碑

2015 年 10 月 5 日,84 岁高龄的中国科学家屠呦呦因青蒿素的发明,荣获 2015 年诺贝尔生理学或医学奖,这是继 2011 年荣获拉斯克临床医学奖后,她再次摘得世界医学"皇冠上的明珠"。她所带领的团队研究发现的新型"抗疟武器"——青蒿素,挽救了全球特别是发展中国家数百万人的生命,实现了中国本土科学家在诺贝尔奖上"零"的突破,带领中医药走向世界舞台。青蒿素的研发并非一帆风顺,更非一蹴而就。研究人员以实验室为家,历经近 200 次失败才得以成功分离出有效的青蒿素。

在查阅大量文献过程中,屠呦呦在东晋葛洪的《肘后备急方》中发现了对青蒿疗法的描述:"青蒿一握,以水二升渍,绞取汁,尽服之"。为何古人将青蒿"绞取汁",而不用传统的水煎熬煮中药之法?屠呦呦意识到可能是煮沸和高温提取破坏了青蒿中的活性成分。于是,她改变了原来的提取方法,以低沸点溶剂乙醚提取其有效成分,并去除了没有抗疟活性且有毒副作用的酸性部分,保留了抗疟活性强、安全可靠的中性部分,在明显提高青蒿防治疟疾效果的同时,也大幅降低了其毒性。1971 年提取的编号为 191 的青蒿萃取液,在分别治疗被疟原虫感染的小鼠和猴子时,有效率达到 100%。这是青蒿中有效成分——青蒿素——发现过程中的一个重大突破。尽管从中国传统医学文献中得到很大的启发,但大量筛选鉴别工作还需要屠呦呦亲自去做。例如,青蒿只是传统中草药中的一个类别,包括六种不同的中草药,每一种都包含不同的化学成分,治疗疟疾的效果也有所不同,而且《肘后备急方》中并没有具体指明哪一种青蒿可用来治疗疟疾。经过反复实验和分析,屠呦呦发现只有一种学名叫做黄花蒿的青蒿提取物对治疗疟疾最有效,对疟原虫有着一定的抑制作用。经过反复实验分析,屠呦呦发现青蒿含有抗疟活性的部分是叶片而非其他部位,而且只有新鲜的叶子才含有较高的青蒿素有效成分。屠呦呦及课题小组还发现了最佳采摘时机是植物即将开花时,此时叶片中所含的青蒿素最为丰富,他们还对不同产地的青蒿素含量进行了评估。屠呦呦在研究中表现出的毅力令人敬佩,她说:"所有这些不确定因素,正是导致我们初期研究结果不理想、不稳定,并让我们倍感困惑的原因。"屠呦呦研究小组分离出晶体青蒿素,在最初进行的临床测试中,屠呦呦研究小组采用的药物形式是片剂,但结果并不太理想。后来改成一种新的形式——"青蒿素提纯物的胶囊",由此开辟了发明一种抗疟疾新药的道路。表 2-5 为四川省资阳市安岳县黄花蒿植株根茎叶中青蒿素的含量($mg \cdot g^{-1}$)。

表 2-5　四川省资阳市安岳县黄花蒿植株根、叶、茎中青蒿素的含量($mg \cdot g^{-1}$)

组织	第一次测量	第二次测量	第三次测量	第四次测量	第五次测量	平均值	平均偏差	标准偏差
根	0.065	0.063	0.062	0.064	0.064	0.064	0.0008	0.0012
叶	1.152	1.158	1.156	1.155	1.157	1.156	0.0016	0.0023
茎	0.042	0.038	0.039	0.040	0.041	0.040	0.0012	0.0016

扫码做题

思 考 题

1. 系统误差和随机误差的来源有哪些? 各有何特点? 如何减免?

2. 什么是准确度? 什么是精密度? 两者有何联系与区别?

3. 什么是有效数字? 应如何确定其位数?

4. 判断下列情况引起误差的类型,应如何减免?

(1) 过滤时使用了定性滤纸,最后灰分加大;

(2) 滴定管读数时,最后一位估计不准;

(3) 试剂中含有少量的被测组分;

(4) 称量中,试样吸收了空气中的水分;

(5) 天平零点稍有变动;

(6) 砝码腐蚀。

5. 滴定分析时,如何减小测量误差?

6. 何谓平均偏差和标准偏差? 两者相比较,哪个能更好地说明数据的精密度? 为什么?

7. 何谓置信区间和置信度? 两者有何联系?

8. 为什么要进行可疑值的取舍? 如何取舍?

9. 何谓显著性检验? 常用的方法有哪些?

习 题

1. 用银量法测定纯 NaCl 试剂中氯的含量,两次测定值为 60.53% 和 60.51%,计算测定结果的绝对误差和相对误差。

2. 测得铁矿石中 Fe_2O_3 含量为 50.29%,50.31%,50.28%,50.27%,50.32%,计算各次测定的平均值、中位数、极差、平均偏差、相对平均偏差、标准偏差和变异系数。

3. 测定试样中 CaO 含量,得到如下结果:35.65%,35.69%,35.72%,35.60%。

(1) 统计处理后的分析结果应该如何表示?

(2) 比较 95% 和 90% 置信度下总体平均值和置信区间。

4. 根据经验，用某种方法测定矿样中锰的含量的标准偏差是 0.12%。现测得含锰量为 9.56%，如果分析结果分别是根据一次、四次、九次测定得到的，计算各次结果平均值的置信区间。（置信度为 95%）

5. 某分析人员提出测定氮的最新方法。用此法分析某标准样品（标准值为 16.62%），四次测定的平均值为 16.72%，标准偏差为 0.08%。试判断此结果与标准值相比有无显著性差异。（置信度为 95%）

6. 某人测定一溶液的物质的量浓度（$mol \cdot L^{-1}$），获得以下结果：0.2038，0.2042，0.2052，0.2039。第三个数据是否应弃去？结果应该如何表示？测了第五次，结果为 0.2041 $mol \cdot L^{-1}$，这时第三个结果可以弃去吗？试用三种可疑值取舍讨论。（置信度为 95%）

7. 标定 0.1 $mol \cdot L^{-1}$ HCl 溶液，欲消耗 HCl 溶液 25 mL 左右，应称取 Na_2CO_3 基准物多少克？从称量误差考虑能否达到 0.1% 的准确度？若改用硼砂 $Na_2B_4O_7 \cdot 10H_2O$ 为基准物，结果又如何？

8. 下列各数含有的有效数字是几位？

(1) 0.0030；   (2) 6.023×10^{23}；   (3) 64.120；   (4) 4.80×10^{-10}；

(5) 998；   (6) 1000；   (7) 1.0×10^3 (8) pH=5.2。

9. 按有效数字运算规则计算：

(1) $213.64 + 4.4 + 0.3244$；

(2) $126.9 + 0.316 \times 40.32 - 1.2 \times 10^2$；

(3) $\dfrac{0.0982 \times (20.00 - 14.39) \times \dfrac{162.206}{3}}{1.4182 \times 100} \times 100$；

(4) 一溶液 pH=12.20，求其 $c(H^+)$。

10. 甲、乙两人同时分析一矿物试样含硫量，每次称取试样 3.5 g，分析结果报告如下，哪个比较合理？

甲：0.042%，0.041%；

乙：0.04099%，0.04201%。

11. 某人用配位滴定返滴定法测定试样中铝的质量分数。称取试样 0.2000 g，加入 0.02002 $mol \cdot L^{-1}$ EDTA 溶液 25.00 mL，返滴定时消耗了 23.12 mL 0.02012 $mol \cdot L^{-1}$ Zn^{2+} 溶液。计算铝的质量分数。此处有效数字有几位？如何才能提高测定的准确度？

第3章 滴定分析法概论

基本要求

- 掌握滴定、化学计量点、滴定终点等基本概念。
- 了解滴定分析法的特点、分类方法,滴定分析法对化学反应的要求及滴定方式。
- 熟练掌握标准溶液的配制方法、浓度的确定及表示方法,掌握基准物质及直接法配制标准溶液时对基准物质的要求。
- 掌握滴定度的概念及计算。
- 掌握各种滴定分析法的典型应用、计算方法。

  滴定分析法是定量化学分析中常用的分析方法之一,多应用于常量分析和半微量分析。将一种已知准确浓度的溶液逐滴加入被测物质的溶液中,直到两者按反应式的化学计量关系恰好完全反应为止,然后根据所用标准溶液的浓度和体积计算被测物质的含量,这种分析方法称为**滴定分析法**(titrimetry)。因为这类方法以测量标准溶液的体积为基础,所以也称容量分析法。

  滴定分析法中,用来和被测物质发生反应的已知准确浓度的试剂溶液称为**标准溶液**(standard solution),所滴加的标准溶液则称为**滴定剂**(titrating solution)。将滴定剂逐滴加入被测物质溶液中的过程称为**滴定**(titration)。当化学反应按计量关系完全作用,即加入的滴定剂与被测物质定量反应完全,称为滴定达到**化学计量点**(stoichiometric point,以 sp 表示),简称为计量点。滴定达到化学计量点时,溶液通常没有明显的外部变化,需在溶液中加入试剂产生颜色变化来确定,这种试剂称为指示剂。滴定中指示剂颜色改变停止滴定的点称为**滴定终点**(titration end point,以 ep 表示),简称为终点。由于化学计量点和滴定终点不一致而产生的误差称为**终点误差**(end point error,以 E_t 表示)或**滴定误差**(titration error,以 TE 表示)。

  滴定分析法具有快速、准确、仪器设备简单、操作简便等优点,适用于组分含量在 1% 以上的各种物质的测定,在生产实践和科学研究中用途广泛。

3.1 滴定分析法的分类和对化学反应的要求

3.1.1 滴定分析法的分类

  滴定分析法是依据溶液中发生的反应来进行定量分析的方法。根据所利用的化学反应类型的不同,常用的滴定分析法可分为酸碱滴定法、沉淀滴定法、氧化还原滴定法和配位滴定法等。其相关内容将在第 4 章、第 5 章、第 6 章和第 7 章中讨论。

3.1.2 滴定分析法对化学反应的要求

并不是所有的化学反应都适用于滴定分析法,适用于滴定分析法的化学反应必须满足以下几点要求:

(1) 反应必须有确定的化学计量关系,即被测物质与标准物质之间按一定的反应方程式定量进行反应,通常要求在99.9%以上,这是定量反应的基础。

(2) 化学反应速率大。对化学反应速率较小的反应可以用加热或加催化剂等方法增大化学反应速率。

(3) 必须有适宜的指示剂或其他简便可靠的方法确定滴定终点。

3.2 滴定方式

滴定方式主要有直接滴定、返滴定、置换滴定和间接滴定。

3.2.1 直接滴定

凡能满足滴定分析法对化学反应要求的反应,都可以用直接滴定法进行测定。直接滴定法是用标准溶液直接滴定被测物质。例如,用一种已知准确浓度的 HCl 标准溶液作为滴定剂来直接滴定未知浓度的氢氧化钠溶液。直接滴定法是滴定分析中最常用和最基本的滴定方法。

对不能完全符合上述要求的化学反应,可以选用其他滴定方式进行滴定。

3.2.2 返滴定

当滴定剂与被测物质反应较慢(如 Al^{3+} 与 EDTA 的反应)或反应物是固体时,滴定剂加入后反应不能立刻定量完成,可以先加入一定量过量的滴定剂,待反应定量完成后,再用另外一种标准溶液滴定剩余的滴定剂,这种滴定方式称为**返滴定**(back titration)法。例如当被测物质是固体 $CaCO_3$ 时,HCl 与固体样品反应速率小,可以先向试样中加入一定量过量的 HCl 标准溶液,加热使样品完全溶解,冷却后加指示剂,再用氢氧化钠标准溶液返滴定剩余的 HCl;测定 Al^{3+} 时,先加入已知过量的 EDTA 标准溶液,待 Al^{3+} 与 EDTA 反应完成后,剩余的 EDTA 则利用标准 Zn^{2+}、Pb^{2+} 或 Cu^{2+} 溶液返滴定。

某些反应没有合适的指示剂或被测物质对指示剂有封闭作用时,也可以采用返滴定法。如在酸性溶液中用 $AgNO_3$ 滴定 Cl^- 缺乏合适的指示剂,可先加入已知过量的 $AgNO_3$ 标准溶液使 Cl^- 沉淀完全后,再以三价铁盐为指示剂,用 NH_4SCN 标准溶液返滴定过量的 Ag^+,出现红色的 $[Fe(SCN)]^{2+}$ 即为终点。

3.2.3 置换滴定

当被测物质不能按确定的化学计量关系反应时,可用置换滴定法进行滴定。**置换滴定**(replacement titration)法先选用适当的试剂与被测物质反应,使其定量置换成另一种可以被直接滴定的物质,再用标准溶液作为滴定剂滴定这种生成物。例如用 $Na_2S_2O_3$ 直接滴定 $K_2Cr_2O_7$ 等强氧化剂时,反应伴有副反应发生,$S_2O_3^{2-}$ 会被氧化成 $S_4O_6^{2-}$ 及 SO_4^{2-} 等,反应没有确定的化学计量关系。如果先在 $K_2Cr_2O_7$ 酸性溶液中加入过量的 KI,使之发生反应后产生与 $K_2Cr_2O_7$ 有一定计量关系的 I_2,再用 $Na_2S_2O_3$ 标准溶液滴定生成的 I_2,即可测定 $K_2Cr_2O_7$ 的含量。

3.2.4　间接滴定

有些物质本身不能与滴定剂直接反应,有时可以通过其他化学反应定量转化为可被直接滴定的物质,再用标准溶液进行滴定,即用**间接滴定**(indirect titration)法进行测定。例如 Ca^{2+} 本身没有还原性,不能用氧化还原滴定法直接测定。但如果先加入过量草酸将 Ca^{2+} 沉淀为草酸钙,过滤洗净后,用稀硫酸溶解沉淀,再用高锰酸钾标准溶液滴定溶液中的 $C_2O_4^{2-}$,就可以间接测定 Ca^{2+} 的含量。

采用不同的滴定方式,大大扩展了滴定分析法的应用范围。

3.3　基准物质和标准溶液

3.3.1　基准物质

已知准确浓度的溶液称为**标准溶液**(standard substance)。在滴定分析中,标准溶液起着重要作用。能用来直接配成标准溶液的物质称为基准物质。基准物质须具备以下条件:

(1)组成恒定。试剂的组成与化学式完全符合,如含有结晶水,其结晶水含量也应与化学式相同。

(2)纯度高。一般纯度应为 99.9% 以上。

(3)性质稳定。保存或称量过程中不分解、不吸湿、不风化、不易被氧化等。

(4)具有较大的摩尔质量。称取量大,称量误差小。

(5)反应定量进行,没有副反应。

常用的基准物质有银、铜、锌、铝、铁等纯金属及氧化物,重铬酸钾、碳酸钾、氯化钠、邻苯二甲酸氢钾、草酸、硼砂等纯化合物。

常用基准物质的干燥条件和应用见附录 B。

3.3.2　标准溶液的配制

标准溶液的配制分为直接法和间接法两种方法。

1. 直接法

符合基准物质条件的试剂,可用直接法配制成标准溶液。先准确称量一定量的基准物质,溶解于适量溶剂后定量转入容量瓶中,稀释,定容,然后根据所称取基准物质的质量和容量瓶的体积即可算出该标准溶液的准确浓度。例如:准确称取 2.8~3.0 g(现称取 2.9465 g)基准物质 $K_2Cr_2O_7$,用水溶解后,定量转入 1 L 容量瓶中,用蒸馏水稀释至刻度,摇匀,即得 0.01002

$mol \cdot L^{-1}$ $K_2Cr_2O_7$ 标准溶液。

2. 间接法(标定法)

有的试剂不能满足基准物质必备的条件,不能用直接法配制。这时,可以用间接法配制。先称取一定量试剂,配制成近似浓度的溶液,然后用基准物质或已知准确浓度的标准溶液用滴定方法测定出它的准确浓度。这种通过滴定确定标准溶液准确浓度的操作称为标定(标定时一般要求进行 3～4 次平行测定,相对偏差为 0.1%～0.2%)。如此配制标准溶液的方法称为间接法或标定法。例如:欲配制 0.1 $mol \cdot L^{-1}$ HCl 标准溶液,由于浓盐酸中 HCl 的准确含量难以确定,且易挥发,无法用直接法配制。可先配制浓度约为 0.1 $mol \cdot L^{-1}$ 的 HCl 标准溶液,然后称取定量的基准物质(如碳酸钠)进行标定。或用已知准确浓度的 NaOH 标准溶液进行标定,通过计算得到 HCl 的准确浓度。

标定好的标准溶液应视其性质妥善保存在细口玻璃瓶或聚乙烯塑料瓶中,防止水分蒸发或灰尘进入。对于性质不稳定的溶液,长期放置后,在使用前需重新标定。

3.3.3　标准溶液浓度的表示方法

1. 物质的量浓度

标准溶液的浓度常用物质的量浓度(简称浓度)来表示。物质 B 的浓度 $c(B)$ 指单位体积溶液中所含溶质 B 的物质的量。表达式如下:

$$c(B) = \frac{n(B)}{V}$$

式中,$n(B)$ 表示溶液中溶质 B 的物质的量,单位为 mol 或 mmol;V 表示溶液的体积,单位为 m^3 或 dm^3 等,分析化学中最常用的体积单位为 L 或 mL。所以浓度 $c(B)$ 的常用单位为 $mol \cdot L^{-1}$。

表示物质的量浓度时,必须指明基本单元。同一溶液,选择的基本单元不同,其摩尔质量就不同,浓度也不相同。例如,每 1 L 溶液中含 0.1 mol H_2SO_4,其浓度表示为

$$c(H_2SO_4) = 0.1 \ mol \cdot L^{-1}, \quad c\left(\frac{1}{2}H_2SO_4\right) = 0.2 \ mol \cdot L^{-1}$$

由此可见

$$n\left(\frac{b}{a}B\right) = \frac{a}{b}n(B), \quad c\left(\frac{b}{a}B\right) = \frac{a}{b}c(B)$$

若物质 B 的质量为 $m(B)$,其摩尔质量为 $M(B)$,可计算得到 B 的物质的量 $n(B)$,即

$$m(B) = n(B)M(B)$$

由此导出溶质的质量 $m(B)$ 与物质的量浓度 $c(B)$、溶液的体积 V 和摩尔质量 $M(B)$ 间的关系式,即

$$m(B) = c(B)VM(B)$$

例 3-1 已知浓盐酸的密度(m/V)为 1.19 $kg \cdot L^{-1}$,其中 HCl 含量(质量分数)为 37%,求每升浓盐酸中所含的 $n(HCl)$、浓盐酸的物质的量浓度和每升浓盐酸中溶质 HCl 的质量。

解 根据题意得

$$n(HCl) = \frac{m(HCl)}{M(HCl)} = \frac{1.19 \ kg \cdot L^{-1} \times 1000 \ mL \cdot L^{-1} \times 37\%}{36.46 \ g \cdot mol^{-1}} = 12.08 \ mol$$

$$c(HCl) = \frac{n(HCl)}{V} = 12.08 \text{ mol} \cdot L^{-1}$$

$$m(HCl) = c(HCl)VM(HCl) = 12.08 \text{ mol} \cdot L^{-1} \times 1 \text{ L} \times 36.46 \text{ g} \cdot mol^{-1} = 440.44 \text{ g}$$

2. 质量浓度

在滴定分析中,有时也用质量浓度表示标准溶液的浓度。质量浓度指单位体积溶液内溶质的质量,其公式为

$$\rho(B) = \frac{m(B)}{V}$$

式中,$m(B)$ 为溶液中溶质 B 的质量,单位可以为 kg、g、mg 或 μg 等。$\rho(B)$ 的单位常用 g · L^{-1}、mg · L^{-1} 等表示。

3. 滴定度

实践中,经常要测定大批试样中某组分的含量,为了简化计算,常用滴定度表示标准溶液的浓度。滴定度以每毫升滴定剂所能滴定的被测物质的质量表示,其形式为 $T(A/T)$。T 表示滴定剂,A 表示被测物质,中间的斜线表示"相当于"的意思。$T(A/T)$ 表示每毫升滴定剂 T 相当于被测物质 A 的质量,单位为 mg · mL^{-1} 或 g · mL^{-1}。例如用 $AgNO_3$ 标准溶液滴定 NH_4Cl 溶液时,滴定度 $T(NH_4Cl/AgNO_3) = 0.01070$ g · mL^{-1},表示每毫升 $AgNO_3$ 标准溶液相当于 0.01070 g NH_4Cl。如果滴定过程中消耗 21.36 mL $AgNO_3$ 标准溶液,则试液中 NH_4Cl 的含量为

$$m(NH_4Cl) = T(NH_4Cl/AgNO_3)V = 0.01070 \text{ g} \cdot mL^{-1} \times 21.36 \text{ mL} = 0.2286 \text{ g}$$

3.4　滴定分析的计算

滴定分析中,常涉及标准溶液的配制、标定和稀释,滴定剂和被测物质之间的计量关系,被测物质的含量的计算等一系列计算问题。

3.4.1　滴定分析计算的依据和基本公式

设滴定剂 A 与被测物质 B 有下列关系:

$$aA + bB = cC + dD$$

当滴定达到化学计量点时,滴定剂 A 的物质的量 $n(A)$ 与被测物质 B 的物质的量 $n(B)$ 有下列关系:

$$n(A) : n(B) = a : b$$

则

$$n(A) = \frac{a}{b}n(B) \quad 或 \quad n(B) = \frac{b}{a}n(A)$$

上述公式是滴定分析中定量计算的基本依据。式中 $\frac{a}{b}$ 和 $\frac{b}{a}$ 称为化学计量数比。

设被测物质的浓度为 $c(B)$,体积为 $V(B)$;滴定剂的浓度为 $c(A)$,体积为 $V(A)$。到达化学计量点时,它们之间的关系为

$$c(A)V(A) = \frac{a}{b}c(B)V(B)$$

若已知被测物质的摩尔质量 $M(A)$，则被测物质的质量 $m(A)$ 为

$$m(A) = n(A)M(A) = c(A)V(A)M(A) = \frac{a}{b}c(B)V(B)M(A)$$

3.4.2　滴定分析计算示例

例 3-2　欲配制 500.0 mL 0.02000 mol·L^{-1} 重铬酸钾标准溶液，应称取基准物质 $K_2Cr_2O_7$ 多少克？

解
$$M(K_2Cr_2O_7) = 294.18 \text{ g·mol}^{-1}$$
$$m(K_2Cr_2O_7) = c(K_2Cr_2O_7)V(K_2Cr_2O_7)M(K_2Cr_2O_7)$$
$$= 0.02000 \text{ mol·L}^{-1} \times 0.5000 \text{ L} \times 294.18 \text{ g·mol}^{-1}$$
$$= 2.942 \text{ g}$$

例 3-3　现有 450 mL 0.1872 mol·L^{-1} H_2SO_4 溶液，欲使其浓度达到 0.2000 mol·L^{-1}，应加入 0.4003 mol·L^{-1} H_2SO_4 溶液多少毫升？

解　设应加入 0.4003 mol·L^{-1} H_2SO_4 溶液的体积为 V mL，根据溶液稀释前后其溶质的物质的量相等的原则，有

$$0.1872 \text{ mol·L}^{-1} \times 450 \text{ mL} + 0.4003 \text{ mol·L}^{-1} \times V \text{ mL}$$
$$= 0.2000 \text{ mol·L}^{-1} \times (450+V) \text{ mL}$$

$$V = \frac{0.2000 \text{ mol·L}^{-1} \times 450 \text{ mL} - 0.1872 \text{ mol·L}^{-1} \times 450 \text{ mL}}{0.4003 \text{ mol·L}^{-1} - 0.2000 \text{ mol·L}^{-1}} = 28.8 \text{ mL}$$

例 3-4　称取 0.2275 g $NaCO_3$ 标定 HCl 标准溶液，用去 22.35 mL HCl 标准溶液，求 HCl 标准溶液的浓度。

解　滴定反应方程式为
$$Na_2CO_3 + 2HCl = 2NaCl + H_2O + CO_2 \uparrow$$

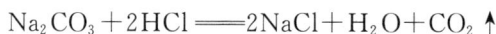

由反应方程式可知
$$n(HCl) = 2n(Na_2CO_3)$$

$$c(HCl) = \frac{2m(Na_2CO_3)}{M(Na_2CO_3)V(HCl)} = \frac{2 \times 0.2275 \text{ g}}{106.00 \text{ g·mol}^{-1} \times 0.02235 \text{ L}}$$
$$= 0.1838 \text{ mol·L}^{-1}$$

例 3-5　称取 0.3143 g 铁矿试样，用酸溶解后加 $SnCl_2$ 使 Fe^{3+} 全部还原成 Fe^{2+}。用 0.02007 mol·L^{-1} $K_2Cr_2O_7$ 标准溶液滴定 Fe^{2+} 至终点，用去 21.36 mL，计算：

(1) 0.0207 mol·L^{-1} $K_2Cr_2O_7$ 标准溶液对 Fe 和 Fe_2O_3 的滴定度；

(2) 试样中 Fe 和 Fe_2O_3 的质量分数。

解　有关反应方程式为
$$Fe_2O_3 + 6H^+ = 2Fe^{3+} + 3H_2O$$
$$2Fe^{3+} + Sn^{2+} = 2Fe^{2+} + Sn^{4+}$$
$$6Fe^{2+} + Cr_2O_7^{2-} + 14H^+ = 6Fe^{3+} + 2Cr^{3+} + 7H_2O$$

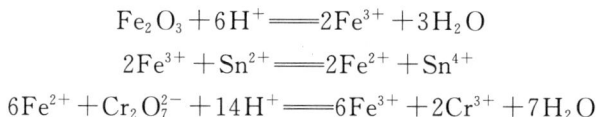

由以上反应方程式可知

$$n(\mathrm{Fe}) = 6n(\mathrm{K_2Cr_2O_7})$$

$$n(\mathrm{Fe_2O_3}) = \frac{1}{2}n(\mathrm{Fe}) = \frac{1}{2} \times 6n(\mathrm{K_2Cr_2O_7}) = 3n(\mathrm{K_2Cr_2O_7})$$

（1）滴定度

$$T(\mathrm{Fe/K_2Cr_2O_7}) = \frac{m(\mathrm{Fe})}{V(\mathrm{K_2Cr_2O_7})} = \frac{n(\mathrm{Fe})M(\mathrm{Fe})}{V(\mathrm{K_2Cr_2O_7})} = \frac{6n(\mathrm{K_2Cr_2O_7})M(\mathrm{Fe})}{V(\mathrm{K_2Cr_2O_7})}$$

$$= 6c(\mathrm{K_2Cr_2O_7})M(\mathrm{Fe})$$

$$= 6 \times 0.02007 \text{ mol} \cdot \mathrm{L^{-1}} \times 55.85 \text{ g} \cdot \mathrm{mol^{-1}}$$

$$= 6.725 \text{ g} \cdot \mathrm{L^{-1}} = 0.006725 \text{ g} \cdot \mathrm{mL^{-1}}$$

同理可得

$$T(\mathrm{Fe_2O_3/K_2Cr_2O_7}) = 3c(\mathrm{K_2Cr_2O_7})M(\mathrm{Fe_2O_3})$$

$$= 3 \times 0.02007 \text{ mol} \cdot \mathrm{L^{-1}} \times 159.69 \text{ g} \cdot \mathrm{mol^{-1}}$$

$$= 9.615 \text{ g} \cdot \mathrm{L^{-1}} = 0.009615 \text{ g} \cdot \mathrm{mL^{-1}}$$

（2）质量分数

$$w(\mathrm{Fe}) = \frac{m(\mathrm{Fe})}{m_s} = \frac{T(\mathrm{Fe/K_2Cr_2O_7})V(\mathrm{K_2Cr_2O_7})}{m_s}$$

$$= \frac{0.006725 \text{ g} \cdot \mathrm{mL^{-1}} \times 21.36 \text{ mL}}{0.3143 \text{ g}} \times 100\%$$

$$= 45.70\%$$

$$w(\mathrm{Fe_2O_3}) = \frac{T(\mathrm{Fe_2O_3/K_2Cr_2O_7})V(\mathrm{K_2Cr_2O_7})}{m_s}$$

$$= \frac{0.009615 \text{ g} \cdot \mathrm{mL^{-1}} \times 21.36 \text{ mL}}{0.3143 \text{ g}} \times 100\%$$

$$= 65.34\%$$

例 3-6　在 0.2815 g 不纯 $CaCO_3$ 试样中不含干扰测定的组分，加入 20.00 mL 0.1175 mol·$\mathrm{L^{-1}}$ HCl 溶液，煮沸除去 CO_2，过量 HCl 用 NaOH 标准溶液返滴定耗去 5.60 mL，若每毫升 NaOH 标准溶液相当于 0.9750 mL HCl 溶液。试计算试样中 $CaCO_3$ 的质量分数。

解　与测定有关的反应方程式有

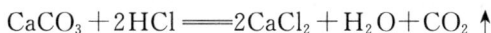

$$\mathrm{CaCO_3 + 2HCl = 2CaCl_2 + H_2O + CO_2\uparrow}$$

$$\mathrm{NaOH + HCl = NaCl + H_2O}$$

由反应方程式可知

$$n(\mathrm{HCl}) = 2n(\mathrm{CaCO_3})$$

$$n(\mathrm{HCl}) = n(\mathrm{NaOH})$$

所以

$$w(\mathrm{CaCO_3}) = \frac{[c(\mathrm{HCl})V(\mathrm{HCl}) - c(\mathrm{NaOH})V(\mathrm{NaOH})]M(\mathrm{CaCO_3})}{2m(\mathrm{CaCO_3})}$$

$$= \frac{(0.1175 \text{ mol} \cdot \mathrm{L^{-1}} \times 20.00 \times 10^{-3} \text{ L} - 0.1175 \text{ mol} \cdot \mathrm{L^{-1}} \times 0.9750 \times 5.60 \times 10^{-3} \text{ L}) \times 100.09 \text{ g} \cdot \mathrm{mol^{-1}}}{2 \times 0.2815 \text{ g}}$$

$$\times 100\%$$

$$= 30.4\%$$

阅读材料

滴定分析的发展历史

　　早在 1685 年,格劳贝尔曾在介绍用硝酸和锅灰碱制造硝石的经过时说,逐滴将硝酸加到锅灰碱中,直到加入硝酸后不再产生气泡时,这两种物质就合成成功了。由此可见,在这时已经有了反应中和点的概念。1729 年,法国人日夫鲁瓦首次将中和反应用在分析物质上。当时,他为了测定乙酸的浓度,以碳酸钾为基准物,将乙酸逐滴加入其中,以气泡停止产生为滴定终点,用消耗的碳酸钾量来计算出乙酸相对浓度。这可称为最早的"滴定分析"。

　　化学工业的兴起是滴定分析产生的直接动力。18 世纪,硫酸、盐酸、苏打和氯水是化学工业的中间产品。当时使用这些化工产品的行业,例如纺织、制碱、肥皂、玻璃、食品等行业,都是向专门工厂购买这些产品,这些化工产品在质量上如果不符合要求,就会给使用单位造成生产上的损失。因此,各用户工厂必须对这些买来的化工产品进行质量检验。不久化验室就成为这些工厂的一个重要部门。从此分析化学便从化学家和学院的实验室中扩展出来,这对分析化学的发展是极大的推动。由于工业生产是不允许拖延的,它需要的是快速和简易的分析方法,当时流行的重量分析法无法满足这个要求,因此滴定分析法迅速发展起来。

　　1750 年,法国的富朗索瓦在分析矿泉水时,以硫酸滴定矿泉水,再加入紫罗兰浸液作为指示剂,滴定至溶液刚刚变红为止,再以融化的雪水进行对照滴定来判断矿泉水的含碱量。这一方法已接近现在的酸碱滴定法了。1786 年,法国人德克劳西率先采用测量液体体积的方法进行锅灰碱的检验,并且发明了第一支标有刻度的滴定管,他称之为"碱量计"。1806 年,德克劳西出版了《商品碱的报告》,这标志着体积量度原则的开始。

　　随着人工合成指示剂的出现,到了 19 世纪 30—50 年代,滴定分析法进入极盛时期,其应用范围显著扩大,准确度大为提高,接近重量分析法所能达到的程度。在这一时期,盖·吕萨克发明的银量法大大提高了滴定分析法的知名度。滴定分析法的种类更加繁多,除酸碱滴定法外,人们还发明和发展了沉淀滴定法、氧化还原滴定法、配位滴定法等多种滴定方法。到了 19 世纪 50 年代,又出现了带有玻璃磨口塞和用剪式夹控制流速的滴定管,滴定分析法更趋完善。在我国化学分析法的奠基人是梁树权院士,他从事分析化学研究 60 余年,为我国分析化学的开拓和发展作出了重大贡献。其中他主编的《容量分析》等书对我国滴定分析法的发展起到重要的作用。

思 考 题

扫码做题

　　1. 什么叫滴定分析法? 它的主要方法有哪几种?

　　2. 能用于滴定分析法的化学反应必须符合哪些条件? 什么是化学计量点? 什么是滴定终点? 什么是终点误差?

　　3. 作为基准物质的条件之一是具有较大的摩尔质量,对这个条件如何理解?

　　4. 由下列试剂配制标准溶液,哪些可以用直接法配制? 哪些可以用间接法配制?

H_2SO_4、$NaOH$、Na_2CO_3、$H_2C_2O_4 \cdot 2H_2O$、Ag、$AgNO_3$、$NaCl$、$Na_2H_2Y \cdot 2H_2O$、$Na_2S_2O_3 \cdot 5H_2O$、$KMnO_4$、$K_2Cr_2O_7$、As_2O_3、ZnO。

　　5. 什么是滴定度? 滴定度与物质的量浓度如何换算?

6. 若将基准物质 $H_2C_2O_4 \cdot 2H_2O$ 不密封,长期放置在有干燥剂的干燥器中,用它标定 NaOH 溶液的浓度时,结果是偏高、偏低还是无影响? 分析纯的 NaCl 试剂若不作任何处理用以标定 $AgNO_3$ 溶液的浓度,结果会偏离,试解释。

7. 假设用 HCl 标准溶液滴定不纯的 Na_2CO_3 试样,下列情况将会对分析结果产生何种影响?

(1) 滴定管活塞漏出 HCl 标准溶液;

(2) 称取 Na_2CO_3 时,撒在天平盘上;

(3) 在将 HCl 标准溶液倒入滴定管之前,没有用 HCl 标准溶液润洗滴定管;

(4) 锥形瓶中的 Na_2CO_3 用蒸馏水溶解时,多加了 25 mL 蒸馏水;

(5) 滴定开始之前,忘记调节零点,HCl 标准溶液的液面高于零点;

(6) 滴定时速度太快,附在滴定管壁的 HCl 标准溶液来不及流下来就读取滴定体积。

习　　题

1. 已知浓硫酸的密度为 $1.84 \text{ g} \cdot \text{mL}^{-1}$,其中 H_2SO_4 质量分数为 96%。

(1) 求浓硫酸的物质的量浓度。

(2) 若配制 1 L $0.5 \text{ mol} \cdot \text{L}^{-1}$ 硫酸溶液,需上述浓硫酸多少毫升?

2. 称取 0.3250 g 纯金属锌,溶于浓盐酸后,在容量瓶中定容到 500 mL,计算 Zn^{2+} 溶液的物质的量浓度。

3. 计算下列滴定剂对被测物的滴定度。

(1) 用 $0.2000 \text{ mol} \cdot \text{L}^{-1}$ $AgNO_3$ 溶液测定 NH_4Cl;

(2) 用 $0.2134 \text{ mol} \cdot \text{L}^{-1}$ EDTA 溶液测定 $CaCO_3$;

(3) 用 $0.1892 \text{ mol} \cdot \text{L}^{-1}$ $Na_2S_2O_3$ 溶液测定 I_2。

4. 称取 2.0164 g Mn 含量为 0.73% 的标钢试样,经处理后,用亚砷酸钠-亚硝酸钠标准溶液滴定,用去 22.58 mL,求亚砷酸钠-亚硝酸钠标准溶液对 Mn 的滴定度。

5. 用邻苯二甲酸氢钾($KHC_8H_4O_4$)作基准物质标定浓度约为 $0.1 \text{ mol} \cdot \text{L}^{-1}$ 的 NaOH 溶液 20～30 mL 时,应称取邻苯二甲酸氢钾的质量(g)范围是多少? 如果用草酸($H_2C_2O_4 \cdot 2H_2O$)作基准物质,又应称取多少克?

6. 称取 14.709 g 分析纯试剂 $K_2Cr_2O_7$,用水溶解后,定量转入 500 mL 容量瓶中,稀释,定容。计算:

(1) $K_2Cr_2O_7$ 溶液的浓度;

(2) $K_2Cr_2O_7$ 溶液对 Fe 和 Fe_2O_3 的滴定度。

7. 测定工业用纯碱 Na_2CO_3 的含量,称取 0.2663 g 试样,用 $0.2088 \text{ mol} \cdot \text{L}^{-1}$ HCl 标准溶液滴定。滴定终点时消耗 23.50 mL HCl 标准溶液,计算:

(1) 此 HCl 标准溶液对 Na_2CO_3 的滴定度;

(2) 试样中 Na_2CO_3 的含量。

8. 要使稀释后的 HCl 标准溶液对 CaO 的滴定度为 $0.005013 \text{ g} \cdot \text{mL}^{-1}$,需要向 1.000 L $0.2006 \text{ mol} \cdot \text{L}^{-1}$ HCl 标准溶液中加入多少毫升水?

9. 准确称取 0.2854 g 柠檬酸(用 H_3Cit 表示),加入蒸馏水溶解后,以酚酞为指示剂,用氢氧化钠标准溶液滴定,消耗 23.65 mL $0.1087 \text{ mol} \cdot \text{L}^{-1}$ NaOH 标准溶液,计算样品中柠檬酸的质量分数。已知 $M(H_3Cit) = 327.22 \text{ g} \cdot \text{mol}^{-1}$。

10. 称取 0.2756 g 含铝试样,溶解后加入 27.48 mL $0.02385 \text{ mol} \cdot \text{L}^{-1}$ EDTA 标准溶液,控制条件使 Al^{3+} 与 EDTA 配位完全。然后用 $0.02410 \text{ mol} \cdot \text{L}^{-1}$ Zn^{2+} 标准溶液返滴定过量的 EDTA,消耗了 8.20 mL。试计算试样中 Al_2O_3 的质量分数。

11. 称取 2.0567 g 漂白粉试样,加水及过量的 KI,用硫酸酸化后,析出 I_2,立即用 $0.1986 \text{ mol} \cdot \text{L}^{-1}$

$Na_2S_2O_3$ 标准溶液滴定,消耗 25.68 mL,计算试样中有效氯的含量。

12. 有 0.4619 g 含硫有机试样,在氧气中燃烧,使 S 氧化为 SO_2,用预中和过的 H_2O_2 溶液将 SO_2 吸收,全部转化为 H_2SO_4,以 0.1072 mol·L^{-1} NaOH 标准溶液滴定,消耗 26.95 mL。求试样中 S 的质量分数。

13. 检验某病人血液中钙的含量,取 2.00 mL 血液,稀释后用 $(NH_4)_2C_2O_4$ 溶液处理,使 Ca^{2+} 生成 CaC_2O_4 沉淀,沉淀过滤洗涤后溶解于强酸中,然后用 0.0100 mol·L^{-1} $KMnO_4$ 溶液滴定,用去 1.20 mL,试计算此血液中钙的含量。

14. 称取 2.1022 g 粗铵盐,溶解后在 250 mL 容量瓶中定容。移取 25.00 mL,加过量 KOH 溶液,加热,蒸出的 NH_3 导入 50.00 mL 0.1042 mol·L^{-1} H_2SO_4 溶液中吸收,剩余的 H_2SO_4 用 27.50 mL 0.1178 mol·L^{-1} NaOH 溶液中和。计算此粗铵盐中 NH_3 的含量。

15. 称取 1.0628 g 磷肥试样,溶解后定容为 250 mL。取 25.00 mL,加沉淀剂反应,得黄色磷钼酸沉淀,过滤洗涤后用 50.00 mL 0.1092 mol·L^{-1} NaOH 溶液溶解,剩余的 NaOH 用 0.09587 mol·L^{-1} HCl 标准溶液滴定,用去 20.36 mL。计算样品中 P 和 P_2O_5 的质量分数。

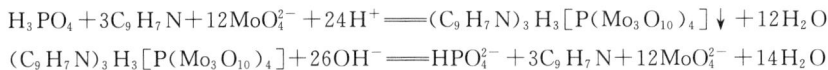

$$H_3PO_4 + 3C_9H_7N + 12MoO_4^{2-} + 24H^+ \Longrightarrow (C_9H_7N)_3H_3[P(Mo_3O_{10})_4]\downarrow + 12H_2O$$

$$(C_9H_7N)_3H_3[P(Mo_3O_{10})_4] + 26OH^- \Longrightarrow HPO_4^{2-} + 3C_9H_7N + 12MoO_4^{2-} + 14H_2O$$

16. 某铁厂化验室经常要分析铁矿中铁的含量。若使用的 $K_2Cr_2O_7$ 溶液浓度为 0.0200 mol·L^{-1}。为避免计算,直接用所消耗的 $K_2Cr_2O_7$ 溶液的体积(mL)表示出 $w(Fe)(\%)$,应当称取铁矿多少克?

第4章　酸碱滴定法

基本要求

- 掌握酸碱质子理论,理解共轭酸碱对的概念和酸碱反应的实质。
- 理解酸度对弱酸、弱碱型体分布的影响,掌握分布分数的概念和应用。
- 掌握质子平衡式的书写方式和各类酸碱水溶液 pH 的计算方法。
- 理解酸碱指示剂的变色原理、理论变色点和理论变色范围,掌握常见酸碱指示剂的变色范围。
- 掌握酸碱滴定曲线的绘制方法和变化规律,理解突跃范围的影响因素,学会判断一元弱酸(碱)、多元弱酸(碱)被准确滴定的条件,以及多元弱酸(碱)能否被分步滴定的条件。
- 掌握酸碱标准溶液的配制方法和酸碱滴定法的应用。

　　酸碱滴定(acid-base titraction)法,又叫中和滴定法,是以酸碱反应为基础的滴定分析方法。酸碱滴定法不仅可以测定许多具有酸、碱性的物质,而且可以测定一些能与酸、碱间接发生反应的非酸、非碱性物质。本方法已经规范应用于测定土壤、肥料、食品等试样的酸度,氮、磷等含量,以及某些农药的含量。

4.1　水溶液中酸碱平衡

4.1.1　酸碱质子理论

　　酸碱质子理论是 1923 年分别由丹麦物理化学家布朗斯特和英国化学家劳里同时提出的,所以又称为布朗斯特-劳里酸碱理论。**酸碱质子理论**(acid-base proton theory)认为:凡能提供质子(H^+)的物质都是酸,如 HCl、HAc、NH_4^+、H_2O、HCO_3^- 等;凡能够接受质子的物质都是碱,如 NaOH、NH_3、Ac^-、HCO_3^- 等。由此可见,酸或碱既可以是中性物质,也可以是离子,其中既能给出又能接受质子的物质称为两性物质,如 H_2O、HCO_3^-、$H_2PO_4^-$、NH_4Ac 等。酸和共轭碱的关系可用下式表示:

$$酸 \rightleftharpoons 质子(H^+) + 碱$$

由此可见,酸和碱彼此不可分开,是相互依存的关系。酸给出质子后变成碱,碱接受质子后变成酸,酸和碱之间的关系称为共轭关系。如 HAc 和 Ac^-、NH_3 和 NH_4^+、H_2CO_3 和 HCO_3^- 称为共轭酸碱对,其中 HAc、NH_4^+ 和 H_2CO_3 分别为 Ac^-、NH_3 和 HCO_3^- 的共轭酸,Ac^-、NH_3 和 HCO_3^- 分别为 HAc、NH_4^+ 和 H_2CO_3 的共轭碱。

4.1.2　酸碱反应

　　酸给出质子形成共轭碱,或碱接受质子形成共轭酸的反应,称为酸碱半反应。半反应不能独立发生,酸给出质子必须有另一方接受质子,碱接受质子需要有另一方提供质子。酸碱反应就是两个共轭酸碱对共同作用的结果,其实质就是两个共轭酸碱对之间的质子传递反应,包括通常所说的酸碱反应、酸碱的离解和水的离解。例如:

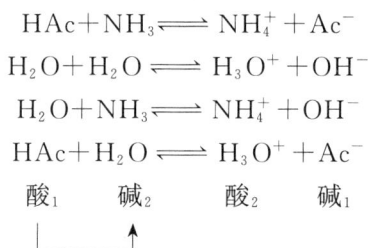

$$HAc+NH_3 \Longrightarrow NH_4^+ + Ac^-$$

$$H_2O+H_2O \Longrightarrow H_3O^+ + OH^-$$

$$H_2O+NH_3 \Longrightarrow NH_4^+ + OH^-$$

$$HAc+H_2O \Longrightarrow H_3O^+ + Ac^-$$

$$酸_1 \qquad 碱_2 \qquad 酸_2 \qquad 碱_1$$

4.1.3　共轭酸碱对的 $K_a^\ominus$ 和 $K_b^\ominus$ 之间的关系

酸给出质子或碱接受质子的能力有强有弱,其强弱程度可以用离解常数表示,离解常数越大,表明弱酸或弱碱越强。下面分别进行讨论。

一元弱酸 HA 在水溶液中的离解反应为

$$HA+H_2O \Longrightarrow H_3O^+ + A^-$$

或简写为

$$HA \Longrightarrow H^+ + A^-$$

离解常数

$$K_a^\ominus = \frac{c_r(H^+)c_r(A^-)}{c_r(HA)} \tag{4-1}$$

式中,$K_a^\ominus$ 为一元弱酸的离解常数;c_r 为平衡时各型体的相对浓度($c_r = c_e/c^\ominus$),下同。

一元弱碱 A^- 在水溶液中的离解反应为

$$A^- + H_2O \Longrightarrow OH^- + HA$$

离解常数

$$K_b^\ominus = \frac{c_r(HA)c_r(OH^-)}{c_r(A^-)} \tag{4-2}$$

式中,$K_b^\ominus$ 为一元弱碱的离解常数。

如水的质子自递反应为

$$H_2O+H_2O \Longrightarrow OH^- + H_3O^+$$

或简写为

$$H_2O \Longrightarrow OH^- + H^+$$

水的质子自递常数(或水的离子积常数)

$$K_w^\ominus = c_r(H^+)c_r(OH^-) \tag{4-3}$$

$K_w^\ominus$ 在 25 ℃ 为 $1.0×10^{-14}$。

共轭酸碱对的强度存在一定的关系,酸越强,则共轭碱越弱。共轭酸碱对的 $K_a^\ominus$ 和 $K_b^\ominus$ 之间的关系式可由式(4-1)、式(4-2)和式(4-3)导出。

对于一元共轭酸碱对 HA-A^-,有

$$K_a^\ominus K_b^\ominus = \frac{c_r(A^-)c_r(H^+)}{c_r(HA)} \cdot \frac{c_r(HA)c_r(OH^-)}{c_r(A^-)}$$

$$= c_r(H^+)c_r(OH^-) = K_w^\ominus$$

即

$$K_a^\ominus K_b^\ominus = K_w^\ominus \tag{4-4}$$

或
$$pK_a^\ominus + pK_b^\ominus = pK_w^\ominus \tag{4-5}$$
同理,对于多元弱酸碱组成的共轭酸碱对,其 $K_a^\ominus$ 和 $K_b^\ominus$ 之间存在相应的关系。

二元弱酸 $H_2A(K_{a1}^\ominus 、K_{a2}^\ominus)$ 和二元弱碱 $A^{2-}(K_{b1}^\ominus 、K_{b2}^\ominus)$ 之间的关系式为
$$K_{a1}^\ominus K_{b2}^\ominus = K_{a2}^\ominus K_{b1}^\ominus = K_w^\ominus \tag{4-6}$$
三元弱酸 $H_3A(K_{a1}^\ominus 、K_{a2}^\ominus 、K_{a3}^\ominus)$ 和三元弱碱 $A^{3-}(K_{b1}^\ominus 、K_{b2}^\ominus 、K_{b3}^\ominus)$ 之间的关系式为
$$K_{a1}^\ominus K_{b3}^\ominus = K_{a2}^\ominus K_{b2}^\ominus = K_{a3}^\ominus K_{b1}^\ominus = K_w^\ominus \tag{4-7}$$

4.2　酸度对酸碱存在型体的影响

根据酸碱质子理论,弱酸(碱)在水溶液中发生离解反应,因此弱酸(碱)在水溶液中必然同时存在多种型体。如在一元弱酸(HA)的水溶液中,由于离解反应 $HA \Longleftrightarrow H^+ + A^-$ 的发生, HA 会部分离解成其共轭碱 A^-,所以一元弱酸 HA 在水溶液中以一个共轭酸碱对 HA-A^- 两种型体存在。一定条件下当离解反应达到平衡时,各型体的平衡浓度 c_e 与弱酸的分析浓度(也称初始浓度或总浓度)c 之间的关系式为
$$c(HA) = c_e(HA) + c_e(A^-)$$
即某物质的分析浓度等于其溶液中存在的各种型体平衡浓度之和。

根据平衡移动原理,若增加溶液的酸度,离解平衡向着生成共轭酸的方向移动;反之,向着生成共轭碱的方向移动。因此,可通过调节溶液的酸碱度的方法控制酸(碱)水溶液中各型体的浓度。化学中用分布分数(摩尔分数)来表示溶液中的弱酸(碱)各种型体的分布情况:酸或碱某种型体的分布分数为溶液中某酸碱组分的平衡浓度占总浓度的分数,以 δ 或 x 表示。如一元弱酸 HA 两种型体的分布分数分别为
$$\delta(HA) = \frac{c_e(HA)}{c(HA)} = \frac{c_e(HA)}{c_e(HA) + c_e(A^-)}$$
$$\delta(A^-) = \frac{c_e(A^-)}{c(HA)} = \frac{c_e(A^-)}{c_e(HA) + c_e(A^-)}$$
再由
$$c(HA) = c_e(HA) + c_e(A^-)$$
及
$$K_a^\ominus = \frac{c_r(H^+) c_r(A^-)}{c_r(HA)}$$
可得
$$\delta(HA) = \frac{c_e(HA)}{c_e(HA) + c_e(A^-)} = \frac{1}{1 + \dfrac{c_e(A^-)}{c_e(HA)}} = \frac{1}{1 + \dfrac{K_a^\ominus}{c_r(H^+)}} = \frac{c_r(H^+)}{c_r(H^+) + K_a^\ominus}$$
通过相同的处理方式可得
$$\delta(A^-) = \frac{c_e(A^-)}{c_e(HA) + c_e(A^-)} = \frac{K_a^\ominus}{c_r(H^+) + K_a^\ominus}$$
显然有
$$\delta(HA) + \delta(A^-) = 1$$

由此可见,分布分数只与溶液酸度以及酸的本质有关,而与酸的分析浓度无关。利用上述结果可以计算不同 pH 条件下,弱一元酸(碱)水溶液存在的两种共轭型体的分布分数。根据分布分数和弱酸(碱)的分析浓度,还可求出一定 pH 条件下各型体的平衡浓度。

例 4-1 计算在 pH$=5.00$，$c(HAc)=0.10$ mol·L^{-1} 乙酸水溶液中 HAc 和 Ac$^-$ 的分布分数和平衡浓度。已知 $K_a^\ominus(HAc)=1.8\times10^{-5}$。

解 由

$$\delta(HA)=\frac{c_r(H^+)}{c_r(H^+)+K_a}$$

可得

$$\delta(HAc)=\frac{10^{-5}}{10^{-5}+1.8\times10^{-5}}=0.36$$

则

$$\delta(Ac^-)=1-\delta(HAc)=1-0.36=0.64$$

所以

$$c_e(HAc)=c(HAc)\delta(HAc)=0.10 \text{ mol·L}^{-1}\times0.36=0.036 \text{ mol·L}^{-1}$$

$$c_e(Ac^-)=c(HAc)\delta(Ac^-)=0.10 \text{ mol·L}^{-1}\times0.64=0.064 \text{ mol·L}^{-1}$$

同理，可以推导出水溶液中多元弱酸各型体的分布分数的公式：

$$\delta(H_nA)=\frac{[c_r(H^+)]^n}{[c_r(H^+)]^n+K_{a1}^\ominus[c_r(H^+)]^{n-1}+K_{a1}^\ominus K_{a2}^\ominus[c_r(H^+)]^{n-2}+\cdots+K_{a1}^\ominus K_{a2}^\ominus\cdots K_{an}^\ominus}$$

$$\delta(H_{n-1}A^-)=\frac{K_{a1}^\ominus[c_r(H^+)]^{n-1}}{[c_r(H^+)]^n+K_{a1}^\ominus[c_r(H^+)]^{n-1}+K_{a1}^\ominus K_{a2}^\ominus[c_r(H^+)]^{n-2}+\cdots+K_{a1}^\ominus K_{a2}^\ominus\cdots K_{an}^\ominus}$$

$$\vdots$$

$$\delta(A^{n-})=\frac{K_{a1}^\ominus K_{a2}^\ominus\cdots K_{an}^\ominus}{[c_r(H^+)]^n+K_{a1}^\ominus[c_r(H^+)]^{n-1}+K_{a1}^\ominus K_{a2}^\ominus[c_r(H^+)]^{n-2}+\cdots+K_{a1}^\ominus K_{a2}^\ominus\cdots K_{an}^\ominus}$$

根据具体情况读者可以方便地写出 H_2A、H_3A 等水溶液中各型体的分布分数。

根据分布分数图，可以绘制出 δ-pH 曲线（型体分布图），图 4-1 至图 4-3 表示水溶液中弱酸（碱）各存在型体随溶液 pH 的变化情况。

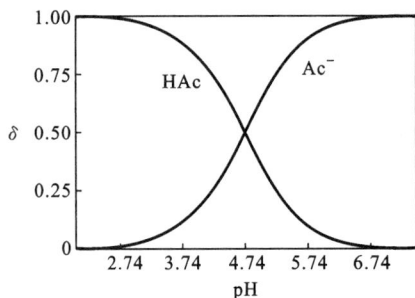

图 4-1 HAc 的型体分布图

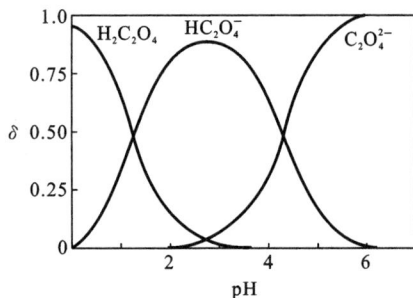

图 4-2 $H_2C_2O_4$ 的型体分布图

从图 4-1 可以看出：

(1) pH$=pK_a^\ominus=4.74$，即 $\delta(HAc)=\delta(Ac^-)=0.50$ 时，$c_e(HAc)=c_e(Ac^-)$；

(2) pH<4.74 时，$c_e(HAc)>c_e(Ac^-)$；

(3) pH>4.74 时，$c_e(HAc)<c_e(Ac^-)$。

图 4-2 为二元弱酸 $H_2C_2O_4$（$pK_{a1}^\ominus=1.23$，$pK_{a2}^\ominus=4.19$）在水溶液中的型体分布图。

从图 4-2 可以看出：

(1) 溶液的 pH<1.23 时，$H_2C_2O_4$ 为主要存在型体；

(2) 溶液的 pH$=pK_{a1}^\ominus=1.23$ 时，$c_e(H_2C_2O_4)=c_e(HC_2O_4^-)$；

(3) 溶液的 $1.23<$pH<4.19 时，$HC_2O_4^-$ 为主要存在型体；

（4）溶液的 $pH = pK_{a2}^{\ominus} = 4.19$ 时，$c_e(HC_2O_4^-) = c_e(C_2O_4^{2-})$；

（5）溶液的 $pH > 4.19$ 时，$C_2O_4^{2-}$ 为主要存在型体。

对于三元弱酸（如 H_3PO_4），型体分布图情况更复杂一些。H_3PO_4 的型体分布图如图 4-3 所示，请自行分析各型体随溶液酸度的分布情况。

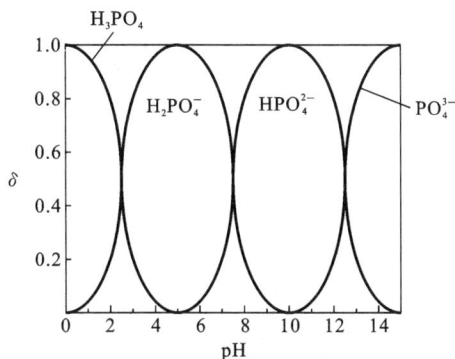

图 4-3　H_3PO_4 的型体分布图

4.3　质子条件及弱酸（碱）水溶液酸度的计算

4.3.1　质子条件

溶液酸度是溶液最基本、最重要的一种性质。许多反应需要一定的介质酸度，酸碱滴定时需要了解滴定过程中溶液 pH 的变化情况。因此，准确计算溶液的酸度十分重要。要计算溶液的酸度，离不开质子转移的平衡关系，既质子条件。

酸（碱）水溶液中，不仅酸（碱）分子和水分子之间可以发生质子转移，而且水分子之间也可以发生质子自递反应，因此，酸（碱）水溶液是个复杂的多重平衡系统，各物种之间的数量关系复杂。

根据酸碱质子理论，酸碱反应的实质是质子的得失，且酸失去质子的数目和碱得到质子的数目必然相等，这种数量关系称为质子条件，其数学表达式称为**质子条件式**（又称质子平衡方程式，proton-balance equation，PBE）。质子条件式可以非常简单、严格地反映出酸（碱）水溶液中各物种之间的数量关系，这是处理酸碱平衡的基础。列出质子条件式是计算溶液酸度的基础。列质子条件式时，首先要选择溶液中发生质子转移的物质作为质子转移过程的起点，这些物质称为零水准物质（也称参考水准物质）。通常选取在水溶液中大量存在，且参与质子转移的原始酸碱组分作为零水准物质，将溶液中的其他酸碱组分与零水准物质比较，哪些失去质子，哪些得到质子，得失质子后变成何种型体。再根据它们在酸碱反应中得失质子数量相等的关系，将所有得质子后的组分的浓度相加并写在等式的一边，将所有失质子后的组分浓度相加后写在等式的另一边。

列出质子条件式的步骤如下：

（1）选择零水准物质，通常是溶液中大量存在的并参与质子转移的物质，包括水；

（2）将得质子的物质列于等式的一边，失质子的物质列于另一边；

（3）以每种物质相对于零水准物质的得（失）质子数作为系数。

例 4-2 写出 HAc 水溶液的质子条件式。

解 选择 HAc 和 H_2O 作为零水准物质。

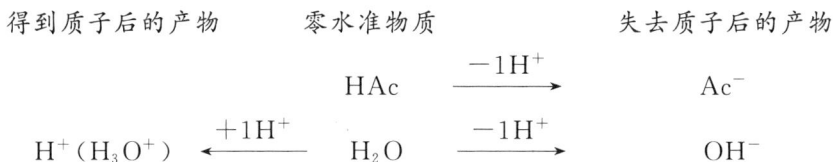

得到质子后的产物　　　　　零水准物质　　　　　　　失去质子后的产物

$$HAc \xrightarrow{-1H^+} Ac^-$$

$$H^+(H_3O^+) \xleftarrow{+1H^+} H_2O \xrightarrow{-1H^+} OH^-$$

则质子条件式为

$$c_e(H^+) = c_e(Ac^-) + c_e(OH^-)$$

例 4-3 写出 H_2S 水溶液的质子条件式。

解 选择 H_2S 和 H_2O 作为零水准物质。

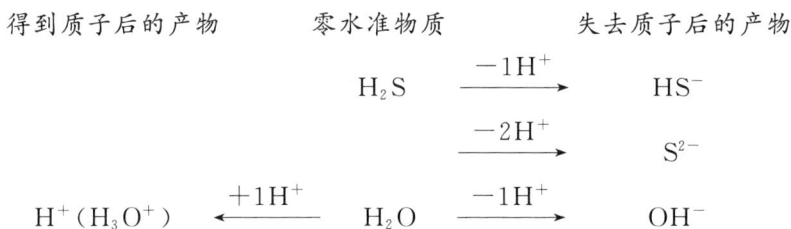

得到质子后的产物　　　　　零水准物质　　　　　　　失去质子后的产物

$$H_2S \xrightarrow{-1H^+} HS^-$$

$$\xrightarrow{-2H^+} S^{2-}$$

$$H^+(H_3O^+) \xleftarrow{+1H^+} H_2O \xrightarrow{-1H^+} OH^-$$

则质子条件式为

$$c_e(H^+) = c_e(HS^-) + 2c_e(S^{2-}) + c_e(OH^-)$$

例 4-4 写出 $(NH_4)_2HPO_4$ 水溶液的质子条件式。

解 选择 NH_4^+、HPO_4^{2-} 和 H_2O 作为零水准物质。

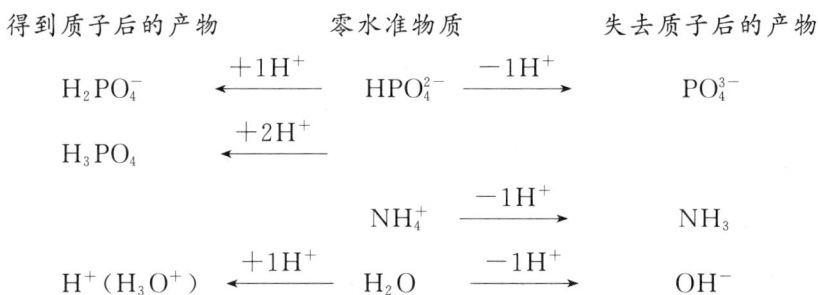

得到质子后的产物　　　　　零水准物质　　　　　　　失去质子后的产物

$$H_2PO_4^- \xleftarrow{+1H^+} HPO_4^{2-} \xrightarrow{-1H^+} PO_4^{3-}$$

$$H_3PO_4 \xleftarrow{+2H^+}$$

$$NH_4^+ \xrightarrow{-1H^+} NH_3$$

$$H^+(H_3O^+) \xleftarrow{+1H^+} H_2O \xrightarrow{-1H^+} OH^-$$

则质子条件式为

$$c_e(H^+) + c_e(H_2PO_4^-) + 2c_e(H_3PO_4) = c_e(PO_4^{3-}) + c_e(NH_3) + c_e(OH^-)$$

4.3.2 弱酸（碱）水溶液酸度的计算

强酸（碱）在水溶液全部离解，酸度的计算非常简单，在强酸（碱）浓度不是很大或很小时，$c_e(H^+)$ 等于强酸的分析浓度，$c_e(OH^-)$ 等于强碱的分析浓度。而弱酸（碱）在水溶液不完全离解，其酸度可以根据质子条件式得到。

1. 一元弱酸（碱）溶液

设一元弱酸 HA 溶液的分析浓度为 c，离解常数为 $K_a^\ominus$，它在水溶液中达到离解平衡时，其

质子条件式为

$$c_e(H^+) = c_e(A^-) + c_e(OH^-)$$

且

$$K_a^\ominus = \frac{c_r(H^+)c_r(A^-)}{c_r(HA)}$$

整理后可得

$$c_r(H^+) = \frac{K_a^\ominus c_r(HA)}{c_r(H^+)} + \frac{K_w^\ominus}{c_r(H^+)}$$

即

$$c_r(H^+) = \sqrt{K_a^\ominus c_r(HA) + K_w^\ominus} \qquad (4\text{-}8)$$

再引入 HA 的分布分数将 HA 的平衡浓度换算成其分析浓度,得到

$$c_e(HA) = c\delta(HA) = c\frac{c_r(H^+)}{c_r(H^+) + K_a^\ominus}$$

即

$$[c_r(H^+)]^3 + K_a^\ominus[c_r(H^+)]^2 + (K_w^\ominus + cK_a^\ominus)c_r(H^+) - K_a^\ominus K_w^\ominus = 0 \qquad (4\text{-}9)$$

这是计算一元弱酸水溶液酸度的精确式,不过解该方程十分麻烦,实际工作往往不需十分精确,可根据具体情况进行合理的近似处理。分以下几种情况考虑:

(1) $c_r K_a^\ominus < 20 K_w^\ominus$,且 $c_r/K_a^\ominus \geqslant 500$ 时,此时弱酸的离解度很小,$c_e(HA) \approx c$,则式(4-8)可以简化为近似计算式:

$$c_r(H^+) = \sqrt{K_a^\ominus c_r + K_w^\ominus} \qquad (4\text{-}10)$$

(2) $c_r K_a^\ominus \geqslant 20 K_w^\ominus$(可忽略水的离解),且 $c_r/K_a^\ominus < 500$ 时,$c_e(HA) = c - c_e(A^-) \approx c - c_e(H^+)$,则式(4-8)可以简化为近似计算式:

$$c_r(H^+) = \sqrt{K_a^\ominus c_r(HA)} = \sqrt{K_a^\ominus[c_r - c_r(H^+)]}$$

整理后可得

$$[c_r(H^+)]^2 + K_a^\ominus c_r(H^+) - K_a^\ominus c_r = 0$$

$$c_r(H^+) = \frac{-K_a^\ominus + \sqrt{(K_a^\ominus)^2 + 4K_a^\ominus c_r}}{2} \qquad (4\text{-}11)$$

(3) $c_r K_a^\ominus \geqslant 20 K_w^\ominus$,且 $c_r/K_a^\ominus \geqslant 500$ 时,此时弱酸的离解度很小,水的离解可忽略,溶液中的氢离子浓度远远小于弱酸的分析浓度,即 $c_e(HA) = c - c_e(H^+) \approx c$,则式(4-8)可以简化为最简式:

$$c_r(H^+) = \sqrt{K_a^\ominus c_r} \qquad (4\text{-}12)$$

对于一元弱碱(A^-),在水溶液中存在以下的离解平衡:

$$A^- + H_2O \Longleftrightarrow OH^- + HA$$

采用同样的处理方法,可以得到一元弱碱水溶液中 $c_r(OH^-)$ 的一组计算公式。

(1) $c_r K_b^\ominus < 20 K_w^\ominus$,且 $c_r/K_b^\ominus \geqslant 500$ 时,可以得到 $c_r(OH^-)$ 近似计算式:

$$c_r(OH^-) = \sqrt{K_b^\ominus c_r + K_w^\ominus} \qquad (4\text{-}13)$$

(2) $c_r K_b^\ominus \geqslant 20 K_w^\ominus$,且 $c_r/K_b^\ominus < 500$ 时,可以得到 $c_r(OH^-)$ 近似计算式:

$$c_r(OH^-) = \frac{-K_b^\ominus + \sqrt{(K_b^\ominus)^2 + 4K_b^\ominus c_r}}{2} \qquad (4\text{-}14)$$

(3) $c_r K_b^\ominus \geqslant 20 K_w^\ominus$,且 $c_r/K_b^\ominus \geqslant 500$ 时,可以得到计算 $c_r(OH^-)$ 的最简式:

$$c_r(OH^-) = \sqrt{K_b^\ominus c_r} \qquad (4\text{-}15)$$

例 4-5　计算 $0.10\ mol\cdot L^{-1}$ HAc 水溶液的 pH。已知 $K_a^\ominus(HAc)=1.8\times10^{-5}$。

解　因为 $c_r K_a^\ominus\geqslant20K_w^\ominus$，且 $c_r/K_a^\ominus\geqslant500$，所以可以采用式 (4-12) 计算 $c_r(H^+)$。

$$c_r(H^+)=\sqrt{K_a^\ominus c_r}=\sqrt{1.8\times10^{-5}\times0.10}=1.3\times10^{-3}$$
$$pH=2.89$$

例 4-6　计算 $0.10\ mol\cdot L^{-1}$ $NH_3\cdot H_2O$ 水溶液的 pH。已知 $K_b^\ominus(NH_3\cdot H_2O)=1.8\times10^{-5}$。

解　因为 $c_r K_b^\ominus\geqslant20K_w^\ominus$，且 $c_r/K_b^\ominus\geqslant500$，所以可以采用式 (4-15) 计算 $c_r(OH^-)$。

$$c_r(OH^-)=\sqrt{K_b^\ominus c_r}=\sqrt{1.8\times10^{-5}\times0.10}=1.3\times10^{-3}$$
$$pOH=2.89$$
$$pH=14-pOH=14-2.89=11.11$$

2. 多元弱酸(碱)溶液

对于二元弱酸 H_2A 水溶液，其质子条件式为

$$c_e(H^+)=c_e(HA^-)+2c_e(A^{2-})+c_e(OH^-)$$

根据分布分数和水的离子积常数的定义式，可以得到 $c_r(H^+)$ 的计算公式，即

$$c_r(H^+)=\frac{K_{a1}^\ominus c_r(H_2A)}{c_r(H^+)}+\frac{2K_{a1}^\ominus K_{a2}^\ominus c_r(H_2A)}{c_r(H^+)^2}+\frac{K_w^\ominus}{c_r(H^+)} \tag{4-16}$$

展开得到一个精确求解 $c_r(H^+)$ 的一元四次方程，求解四次方程较为困难，通常在误差允许的范围内，采用近似处理方法。

对于二元弱酸，由于同离子效应的抑制作用，通常可以忽略二级离解，将其作为一元弱酸处理。可得以下计算 $c_r(H^+)$ 的公式。

(1) $K_{a1}^\ominus\gg K_{a2}^\ominus$，$c_r K_{a1}^\ominus\geqslant20K_w^\ominus$，且 $c_r/K_{a1}^\ominus<500$ 时，可以得到近似计算式：

$$c_r(H^+)=\frac{-K_{a1}^\ominus+\sqrt{(K_{a1}^\ominus)^2+4K_{a1}^\ominus c_r}}{2} \tag{4-17}$$

(2) $K_{a1}^\ominus\gg K_{a2}^\ominus$，$c_r K_{a1}^\ominus\geqslant20K_w^\ominus$，且 $c_r/K_{a1}^\ominus\geqslant500$ 时，可以得到最简式：

$$c_r(H^+)=\sqrt{K_{a1}^\ominus c_r} \tag{4-18}$$

对于二元弱碱，可以采用相同的处理方法，得到计算 $c_r(OH^-)$ 的相关公式。

例 4-7　计算 $0.10\ mol\cdot L^{-1}$ H_2S 水溶液的 pH。已知 $K_{a1}^\ominus(H_2S)=1.3\times10^{-7}$，$K_{a2}^\ominus(H_2S)=7.1\times10^{-15}$。

解　因为 $K_{a1}^\ominus\gg K_{a2}^\ominus$，$c_r K_{a1}^\ominus\geqslant20K_w^\ominus$，且 $c_r/K_{a1}^\ominus\geqslant500$，所以可以采用式 (4-18) 计算 $c_r(H^+)$。

$$c_r(H^+)=\sqrt{K_{a1}^\ominus c_r}=\sqrt{1.3\times10^{-7}\times0.10}=1.1\times10^{-4}$$
$$pH=4.00$$

3. 两性物质

水溶液中的两性物质常见的有多元弱酸的酸式盐和弱酸弱碱盐，下面分别就这两种进行讨论。

对于多元弱酸的酸式盐的水溶液酸度的计算，现以浓度为 $c\ mol\cdot L^{-1}$ 的 NaHA 溶液为例进行讨论。其质子条件式为

$$c_e(H^+)+c_e(H_2A)=c_e(A^{2-})+c_e(OH^-)$$

根据多元弱酸的离解常数和水的离子积常数的定义式,可以得到关于酸式盐水溶液 $c_r(H^+)$ 的方程,即

$$c_r(H^+)+\frac{c_r(H^+)c_r(HA^-)}{K_{a1}^\ominus}=\frac{K_{a2}^\ominus c_r(HA^-)}{c_r(H^+)}+\frac{K_w^\ominus}{c_r(H^+)}$$

经整理可得酸式盐水溶液 $c_r(H^+)$ 的精确计算式:

$$c_r(H^+)=\sqrt{\frac{K_{a2}^\ominus c_r+K_w^\ominus}{1+c_r(HA^-)/K_{a1}^\ominus}}\tag{4-19}$$

此式中 $c_r(HA^-)$ 未知,难以求解,但 $K_{a1}^\ominus$ 一般远大于 $K_{a2}^\ominus$,则 $c_r(HA^-)\approx c_r$,式(4-19)可以简化为近似式:

$$c_r(H^+)=\sqrt{\frac{K_{a2}^\ominus c_r+K_w^\ominus}{1+c_r/K_{a1}^\ominus}}\tag{4-20}$$

上式在误差允许的范围内可以进一步简化。

若 $c_r K_{a2}^\ominus \geqslant 20K_w^\ominus$,且 $c_r/K_{a1}^\ominus<20$,可得

$$c_r(H^+)=\sqrt{\frac{K_{a2}^\ominus c_r}{1+c_r/K_{a1}^\ominus}}\tag{4-21}$$

若 $c_r K_{a2}^\ominus \geqslant 20K_w^\ominus$,且 $c_r/K_{a1}^\ominus>20$,可得

$$c_r(H^+)=\sqrt{K_{a1}^\ominus K_{a2}^\ominus}\tag{4-22}$$

或

$$pH=\frac{1}{2}(pK_{a1}^\ominus+pK_{a2}^\ominus)$$

此式最为常用。若为三元或三元以上的酸式盐,则最简式可以写成

$$c_r(H^+)=\sqrt{K_{a,i}^\ominus K_{a,i+1}^\ominus}\tag{4-23}$$

或

$$pH=\frac{1}{2}(pK_{a,i}^\ominus+pK_{a,i+1}^\ominus)$$

例如,Na_2HA 水溶液的酸度计算式可以写为

$$c_r(H^+)=\sqrt{K_{a2}^\ominus K_{a3}^\ominus}$$

NaH_2A 水溶液的酸度计算式可以写为

$$c_r(H^+)=\sqrt{K_{a1}^\ominus K_{a2}^\ominus}$$

例 4-8　分别计算 $0.10\ mol\cdot L^{-1}\ NaH_2PO_4$ 和 $0.10\ mol\cdot L^{-1}\ Na_2HPO_4$ 水溶液的 pH。已知 $K_{a1}^\ominus(H_3PO_4)=7.6\times10^{-3}$,$K_{a2}^\ominus(H_3PO_4)=6.3\times10^{-8}$,$K_{a3}^\ominus(H_3PO_4)=4.4\times10^{-13}$。

解　(1) 对于 NaH_2PO_4 水溶液,因为 $c_r K_{a2}^\ominus \geqslant 20K_w^\ominus$,且 $c_r/K_{a1}^\ominus\approx20$,所以可以采用式(4-22)计算 $c_r(H^+)$。

$$c_r(H^+)=\sqrt{K_{a1}^\ominus K_{a2}^\ominus}=\sqrt{7.6\times10^{-3}\times6.3\times10^{-8}}=5.2\times10^{-5}$$

$$pH=4.66$$

(2) 对于 Na_2HPO_4 水溶液,因为 $c_r K_{a3}^\ominus<20K_w^\ominus$,且 $c_r/K_{a2}^\ominus>20$,所以可以采用式(4-20)计算 $c_r(H^+)$。

$$c_r(H^+)=\sqrt{\frac{K_{a3}^\ominus c_r+K_w^\ominus}{1+c_r/K_{a2}^\ominus}}=\sqrt{\frac{4.4\times10^{-13}\times0.10+1.0\times10^{-14}}{1+0.10/6.3\times10^{-8}}}=1.8\times10^{-10}$$

对于弱酸弱碱盐(如 NH_4Ac、$(NH_4)_2S$、氨基酸等)水溶液酸度的计算,当酸碱组成比不为1:1时,较为复杂,可根据具体情况写出质子条件式进行简化计算,这里不作要求;酸碱组成比为1:1的弱酸弱碱盐,其计算公式完全同酸式盐。以 c $mol \cdot L^{-1}$ 的 NH_4Ac 水溶液为例,其中 HAc 的离解常数为 $K_a^\ominus$,NH_4^+ 的离解常数为 $K_a^{\ominus'}$,由质子条件式和离解常数、水的离子积常数的定义式可得酸度计算的精确式:

$$c_r(H^+) = \sqrt{\frac{K_a^\ominus[K_a^{\ominus'}c_r(NH_4^+)+K_w^\ominus]}{K_a^\ominus+c_r(Ac^-)}}$$

因 $K_a^\ominus$ 和 $K_a^{\ominus'}$ 均很小,NH_4^+ 和 Ac^- 浓度基本保持不变,可近似认为 $c_r(NH_4^+) \approx c_r(Ac^-) \approx c_r$,故上式可以写为

$$c_r(H^+) = \sqrt{\frac{K_a^\ominus[K_a^{\ominus'}c_r+K_w^\ominus]}{K_a^\ominus+c_r}}$$

若 $c_r K_a^{\ominus'} \geqslant 20K_w^\ominus$,且 $c_r/K_a^\ominus < 20$,可得近似式:

$$c_r(H^+) = \sqrt{\frac{K_a^\ominus K_a^{\ominus'}c_r}{K_a^\ominus+c_r}} \tag{4-24}$$

若 $c_r K_a^{\ominus'} \geqslant 20K_w^\ominus$,且 $c_r/K_a^\ominus > 20$,可得最简式:

$$c_r(H^+) = \sqrt{K_a^\ominus K_a^{\ominus'}} \tag{4-25}$$

例 4-9 计算 0.10 $mol \cdot L^{-1}$ NH_4Ac 水溶液的 pH。已知 $K_a^\ominus(HAc)=1.8\times10^{-5}$,$K_b^\ominus(NH_3)=1.8\times10^{-5}$。

解 因为

$$K_b^\ominus(NH_3)=1.8\times10^{-5}$$

所以

$$K_a^\ominus(NH_4^+)=5.6\times10^{-10}$$

又因 $c_r K_a^{\ominus'} \geqslant 20K_w^\ominus$,且 $c_r/K_a^\ominus > 20$,故可以采用式(4-25)计算 $c_r(H^+)$。

$$c_r(H^+) = \sqrt{K_a^\ominus K_a^{\ominus'}} = \sqrt{1.8\times10^{-5}\times5.6\times10^{-10}} = 1.0\times10^{-7}$$

$$pH=7.00$$

4. 酸碱缓冲溶液

酸碱缓冲溶液是指对溶液的酸度起稳定作用的溶液。缓冲溶液组成通常分为三类:①pH<2 的强酸溶液,pH>12 的强碱溶液;②两性物质,如 NaH_2PO_4 溶液;③浓度较大的共轭酸碱对,如 $HAc-Ac^-$、$NH_3-NH_4^+$。分析化学中缓冲溶液的用途:①控制溶液的 pH;②测量溶液 pH 时用作参考标准,即标准缓冲溶液(如校正 pH 计用)。

关于酸碱缓冲溶液 pH 的计算,强酸强碱情况下计算简单,两性物质的计算上面提过,下面主要讨论共轭酸碱溶液的 pH 计算。以浓度为 $c(HA)$ 的弱酸 HA 和浓度为 $c(A^-)$ 的弱碱 A^- 组成的共轭酸碱溶液为例,在水溶液中存在如下平衡:

$$HA+H_2O \Longleftrightarrow H_3O^+ + A^-$$

$$K_a^\ominus = \frac{c_r(H^+)c_r(A^-)}{c_r(HA)}$$

则

$$c_r(H^+) = \frac{K_a^\ominus c_r(HA)}{c_r(A^-)}$$

两边取对数可得

$$pH = pK_a^{\ominus} - \lg \frac{c_r(HA)}{c_r(A^-)} = pK_a^{\ominus} - \lg \frac{c_e(HA)}{c_e(A^-)} \tag{4-26}$$

一般共轭酸碱溶液的浓度较大,且使用缓冲溶液时 pH 要求不太精确,因此,可认为

$$c_e(HA) \approx c(HA), \quad c_e(A^-) \approx c(A^-)$$

此时,式(4-26)可以简化为

$$pH = pK_a^{\ominus} - \lg \frac{c(HA)}{c(A^-)} \tag{4-27}$$

式(4-27)为计算共轭酸碱溶液的最简式。从公式可以看出,缓冲溶液的 pH 主要取决于 $K_a^{\ominus}$,其次是 $c(HA)/c(A^-)$。当 $pH = pK_a^{\ominus}$,$c(HA)/c(A^-) = 1$ 时,缓冲溶液的缓冲容量最大。对于标准缓冲溶液的 pH,通常用精确的实验测定,再以理论计算核对。

例 4-10　计算浓度均为 0.10 mol·L^{-1} 的 HAc 和 NaAc 共轭酸碱溶液的 pH。已知 $K_a^{\ominus}(HAc) = 1.8 \times 10^{-5}$。

解　由式(4-27)得

$$pH = pK_a^{\ominus} - \lg \frac{c(HA)}{c(A^-)} = 4.74 - \lg \frac{0.10}{0.10} = 4.74$$

4.4　酸碱指示剂

4.4.1　酸碱指示剂的原理

酸碱指示剂(acid-base indicator)是用来判断酸碱滴定终点的物质,能在化学计量点附近发生颜色变化而指示滴定终点的到达。这些物质多数是多元有机弱酸或弱碱,它们的酸式结构和碱式结构具有不同的颜色,酸碱指示剂在化学计量点附近发生型体或组成的变化,而引起颜色的变化。下面分别以酚酞和甲基橙为例来说明。

1. 酚酞

酚酞是一种有机二元弱酸,是一种单色指示剂。它在水溶液中有如下离解平衡:

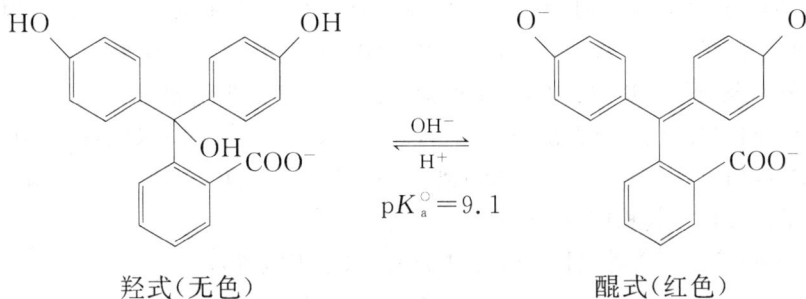

羟式(无色)　　　　　　　　　　　　　　　　醌式(红色)

由平衡关系式可以看出,当溶液的酸度增大时,平衡逆向移动,酚酞主要以无色的羟式结构存在;当溶液的碱度增加时,平衡正向移动,酚酞主要以红色的醌式结构存在。

2. 甲基橙

甲基橙是一种有机弱碱,是一种双色指示剂。它在水溶液中存在如下离解平衡:

$$(H_3C)_2\overset{+}{N}=\!\!\!\!\!\!\bigcirc\!\!\!\!\!\!=\!N-\!\!\!\!\!\underset{H}{N}-\!\!\!\!\!\!\bigcirc\!\!\!\!\!\!-SO_3^-$$

红色(醌式)

$$\overset{OH^-}{\underset{H^+}{\rightleftharpoons}}(H_3C)_2N-\!\!\!\!\!\!\bigcirc\!\!\!\!\!\!-N=\!N-\!\!\!\!\!\!\bigcirc\!\!\!\!\!\!-SO_3^-$$

$pK_a^{\ominus}=3.4$ 黄色(偶氮式)

由平衡关系式可以看出,当溶液的酸度增大时,平衡逆向移动,甲基橙主要以红色的醌式结构存在;当溶液的碱度增加时,平衡正向移动,甲基橙主要以黄色的偶氮式结构存在。

4.4.2 酸碱指示剂的变色范围

从酸碱指示剂的变色原理可以看出指示剂颜色的变化与溶液的 pH 有关。以 HIn 表示指示剂的酸式型体,并称其颜色为酸色;以 In 表示碱式型体,其颜色称为碱色。指示剂在溶液中存在如下离解平衡:

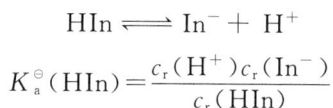

$$HIn \rightleftharpoons In^- + H^+$$

$$K_a^{\ominus}(HIn) = \frac{c_r(H^+)c_r(In^-)}{c_r(HIn)}$$

式中,$K_a^{\ominus}(HIn)$ 为指示剂的离解常数,在一定温度下为常数。

上式可以改写为如下形式:

$$pH = pK_a^{\ominus}(HIn) - \lg\frac{c(HIn)}{c(In^-)}$$

由此式可知,当溶液的 pH 改变时,$c(HIn)$ 和 $c(In^-)$ 的比值也随之变化。当 $c(HIn)/c(In^-) = 1$ 时,$pH = pK_a^{\ominus}(HIn)$,此时的 pH 称为指示剂的理论变色点。各种指示剂的 $pK_a^{\ominus}(HIn)$ 不同,因此它们理论变色点的 pH 各异。指示剂在理论变色点所呈现的颜色,是酸式型体和碱式型体等浓度的混合色。当溶液的 pH 由理论变色点逐渐降低时,指示剂的颜色就会逐渐向以酸色为主的方向变化;反之,就会向以碱色为主的方向变化。因此,溶液的 pH 在指示剂的理论变色点附近变化时,指示剂的颜色也会随之发生改变。

但人的肉眼对颜色的分辨力有限,当某种颜色占有一定优势时,就看不出颜色的变化,只能看到那种占优势型体的颜色。一般说来,当 $c(HIn)/c(In^-) > 10$ 时,就只能看到 HIn 的颜色(酸色);当 $c(HIn)/c(In^-) < 1/10$ 时,则只能看到 In$^-$ 的颜色(碱色)。当 $1/10 < c(HIn)/c(In^-) < 10$ 时,指示剂呈混合色。其相应的 pH 如下:

当 $c(HIn)/c(In^-) > 10$ 时,$pH < pK_a^{\ominus}(HIn) - 1$(呈现酸色);

当 $c(HIn)/c(In^-) < 1/10$ 时,$pH > pK_a^{\ominus}(HIn) + 1$(呈现碱色);

当 $1/10 < c(HIn)/c(In^-) < 10$ 时,$pK_a^{\ominus}(HIn) - 1 < pH < pK_a^{\ominus}(HIn) + 1$(呈现混合色)。

可见 pH 低于 $pK_a^{\ominus}(HIn) - 1$ 或高于 $pK_a^{\ominus}(HIn) + 1$ 时,都看不出指示剂颜色随 pH 的改变而发生的变化,只有在 $pH = pK_a^{\ominus}(HIn) \pm 1$ 的范围内,人们才能觉察到由 pH 的改变而引起

的指示剂颜色的变化。将 $pH = pK_a^{\ominus}(HIn) \pm 1$ 可以看到指示剂颜色变化的 pH 区间称为指示剂理论变色范围。

从理论上讲,指示剂的理论变色范围应当有两个 pH 单位,但实际上大多数指示剂的变色范围为 1.6~1.8 个 pH 单位。由于人眼对各种颜色的敏感程度不同,以及指示剂的两种颜色相互掩盖,因此实际值与理论值有一定的出入。如甲基橙的 $pK_a^{\ominus}(HIn) = 3.4$,其理论变色范围为 2.4~4.4,而实测变色范围是 3.1~4.4,这是由于人眼对红色较黄色更为敏感而造成的。常见的酸碱指示剂及其变色范围列于表 4-1。

表 4-1 常用的酸碱指示剂及其变色范围

指 示 剂	变色范围 pH	颜 色		$pK_a^{\ominus}(HIn)$
		酸色	碱色	
百里酚蓝(第一次变色)	1.2~2.8	红	黄	1.7
甲基黄	2.9~4.0	红	黄	3.3
甲基橙	3.1~4.4	红	黄	3.4
溴酚蓝	3.1~4.6	黄	紫	4.1
溴甲酚绿	3.8~5.4	黄	蓝	4.9
甲基红	4.4~6.2	红	黄	5.0
溴百里酚蓝	6.0~7.6	黄	蓝	7.3
中性红	6.8~8.0	红	黄橙	7.4
酚红	6.7~8.4	黄	红	8.0
百里酚蓝(第二次变色)	8.0~9.6	黄	蓝	8.9
酚酞	8.0~9.6	无	红	9.1
百里酚酞	9.4~10.6	无	蓝	10.0

4.4.3 混合指示剂

表 4-1 中所列的都是单一酸碱指示剂,pH 变色范围一般较宽。在一些滴定分析中,使用此类指示剂难以达到所要求的准确度。为此,人们常使用混合指示剂,它具有变色范围窄、变色敏锐的特点。

混合指示剂主要利用颜色之间的互补作用原理而形成。混合指示剂常用的配制方法有两类:一类是将一种不随 pH 变化而改变颜色的惰性染料与一种酸碱指示剂按一定比例混合。例如:甲基橙与惰性染料靛蓝组成混合指示剂,靛蓝(青蓝色)不随溶液 pH 变化而改变颜色,只作为甲基橙变色的背景,在 pH≤3.1 时,甲基橙呈现的红色与靛蓝的青蓝色混合,使溶液呈紫色;在 pH≥4.4 时,甲基橙呈现的黄色与靛蓝的青蓝色混合,使溶液呈绿色;在 pH＝4.1 时,甲基橙呈现的橙色与靛蓝的青蓝色互补,使溶液近似变为无色(浅灰色)。因其中间色近似无色,使之变色较为敏锐,易于观察。

另一类混合指示剂是将两种或两种以上的酸碱指示剂按一定的比例混合而成。两种指示剂的颜色的混合,使得变色范围变窄,变色较为敏锐。如甲酚红(pH 变色范围在 7.2~8.8,黄

→紫)与百里酚蓝(pH 变色范围在 8.0～9.6,黄→蓝)按 1∶3 的比例混合,所得的指示剂的 pH 变色范围在 8.2(粉红色)～8.4(紫色),范围变窄,变色敏锐。

常见的酸碱混合指示剂列于表4-2 中。

表 4-2　常用的酸碱混合指示剂及其变色范围

混合指示剂的组成	变色点 pH	颜　色		备　注
		酸色	碱色	
1 份 0.1％的甲基黄水溶液 1 份 0.1％的亚甲基蓝乙醇溶液	3.25	蓝紫	绿	pH＝3.2 蓝紫 pH＝3.4 绿
1 份 0.1％的甲基橙水溶液 1 份 0.25％的靛蓝二磺酸钠水溶液	4.1	紫	黄绿	pH＝4.1 灰
3 份 0.1％的溴甲酚绿水溶液 1 份 0.2％的甲基红乙醇溶液	5.1	酒红	绿	pH＝5.1 灰
1 份 0.1％的溴甲酚绿钠水溶液 1 份 0.1％的氯酚红钠盐水溶液	6.1	蓝绿	绿	pH＝5.4 蓝绿 pH＝5.8 蓝 pH＝6.0 蓝带紫 pH＝6.2 蓝紫
1 份 0.1％的中性红乙醇溶液 1 份 0.1％的亚甲基蓝乙醇溶液	7.0	蓝紫	绿	pH＝7.0 蓝紫
1 份 0.1％的甲酚红钠盐水溶液 3 份 0.1％的百里酚蓝钠盐水溶液	8.3	黄	紫	pH＝8.2 粉红 pH＝8.4 紫
1 份 0.1％的酚酞乙醇溶液 2 份 0.1％的甲基绿乙醇溶液	8.9	绿	紫	pH＝8.8 浅蓝 pH＝9.0 紫
1 份 0.1％的酚酞乙醇溶液 1 份 0.1％的百里酚酞乙醇溶液	9.9	无	紫	pH＝9.6 玫瑰红 pH＝10.0 紫

在实际工作中需要注意指示剂使用的温度和用量等。

(1) 温度对酸碱指示剂的影响,主要是影响酸碱指示剂的 $K_a^\ominus$(HIn)值,从而影响指示剂的变色范围。如甲基橙在 298 K 时的 pH 变色范围为 3.1～4.4,而在 373 K 时为 2.5～3.7。

(2)指示剂用量(或浓度)的影响有两个方面:一是指示剂本身是弱酸或弱碱,会消耗部分标准溶液,产生滴定误差;二是指示剂浓度过大时,会因颜色过深影响终点颜色判断,对单色指示剂会影响其变色范围。

滴定分析中,做平行实验时,各份试样滴加指示剂应控制一样,且以量少为佳。

4.5　酸碱滴定法的基本原理

酸碱滴定法是指利用酸碱反应进行滴定分析的方法。它是将酸(碱)标准溶液滴加到碱(酸)液中,滴定的终点通常可以通过酸碱指示剂的颜色变化来确定。为选择合适的酸碱指示剂来指示终点,将滴定误差控制在合适的范围(±0.1%或±0.2%),必须对滴定过程中,尤其是化学计量点附近引起±0.1%或±0.2%的误差这段范围,溶液 pH 变化情况进行测算。为此,可以滴定过程中滴定剂的用量(或中和百分数)为横坐标,溶液的 pH 为纵坐标作图,得到一条描述随滴定剂的加入而引起的溶液 pH 变化情况的曲线,这条曲线称为酸碱滴定曲线。下面分几种情况讨论。

4.5.1 强酸强碱的滴定

以 0.1000 mol·L^{-1} NaOH 标准溶液滴定 20.00 mL 0.1000 mol·L^{-1} HCl 溶液为例,进行讨论。滴定曲线的绘制一般采用"两点两线"法,即滴定前(点)、滴定开始到化学计量点前(线)、化学计量点(点)、化学计量点后(线)四个阶段。强酸强碱滴定反应的基本计量关系依据离子反应方程式

酸碱溶液的
比较滴定

$$H^+ + OH^- \Longrightarrow H_2O$$

1. 滴定前

溶液为 $c(HCl) = 0.1000$ mol·L^{-1} 的 HCl 溶液。因为强酸全部离解,所以溶液中的 $c_e(H^+) = c(HCl)$,即

$$c_e(H^+) = 0.1000 \text{ mol·L}^{-1}, \quad pH = 1.00$$

2. 滴定开始到化学计量点前

溶液中 $c_e(H^+)$ 取决于剩余的 HCl 浓度,即

$$c_e(H^+) = \frac{c(HCl)V(HCl) - c(NaOH)V(NaOH)}{V(HCl) + V(NaOH)}$$

其中 $c(HCl) = c(NaOH) = 0.1000$ mol·L^{-1},$V(HCl) = 20.00$ mL,只要给出 $V(NaOH)$ 就可以算出 $c_e(H^+)$。

例如,当 $V(NaOH) = 19.98$ mL 时,离化学计量点仅差半滴滴定剂,此时若停止滴定,将会产生 -0.1% 的误差,此时有

$$c_e(H^+) = 0.1000 \text{ mol·L}^{-1} \times \frac{20.00 \text{ mL} - 19.98 \text{ mL}}{20.00 \text{ mL} + 19.98 \text{ mL}} = 5.00 \times 10^{-5} \text{ mol·L}^{-1}$$
$$pH = 4.30$$

3. 化学计量点

化学计量点时 HCl 和 NaOH 恰好完全反应,溶液中的 $c_e(H^+)$ 由水的离解得来,因此
$$c_e(H^+) = c_e(OH^-) = 1.0 \times 10^{-7} \text{ mol·L}^{-1}$$
$$pH = 7.00$$

4. 化学计量点后

溶液的 pH 取决于过量的 NaOH,因此

$$c_e(OH^-) = \frac{c(NaOH)V(NaOH) - c(HCl)V(HCl)}{V(HCl) + V(NaOH)}$$

例如,当加入 20.02 mL NaOH 标准溶液时,超过化学计量点半滴,将造成 $+0.1\%$ 的误差,此时有

$$c_e(OH^-) = 0.1000 \text{ mol} \cdot L^{-1} \times \frac{20.02 \text{ mL} - 20.00 \text{ mL}}{20.02 \text{ mL} + 20.00 \text{ mL}} = 5.00 \times 10^{-5} \text{ mol} \cdot L^{-1}$$

$$pOH = 4.30, \quad pH = 9.70$$

按照上面的方法逐一计算,计算出多个对应的 pH,结果列于表 4-3 中。以 NaOH 的加入量(或 HCl 的滴定分数)为横坐标,溶液的 pH 为纵坐标,绘制滴定曲线,如图 4-4 所示。

表 4-3 0.1000 mol·L^{-1} NaOH 滴定 20.00 mL 0.1000 mol·L^{-1} HCl 时,溶液 pH 变化情况

滴入 NaOH 标准溶液的体积/mL	HCl 的滴定分数	溶液的 pH
0.00	0.0000	1.00
18.00	0.9000	2.28
19.80	0.9900	3.30
19.98	0.9990	4.30 ⎫
20.00	0.1000	7.00 ⎬ 滴定突跃
20.02	1.0010	9.70 ⎭
20.20	1.0100	10.70
22.00	1.1000	11.68
40.00	2.0000	12.52

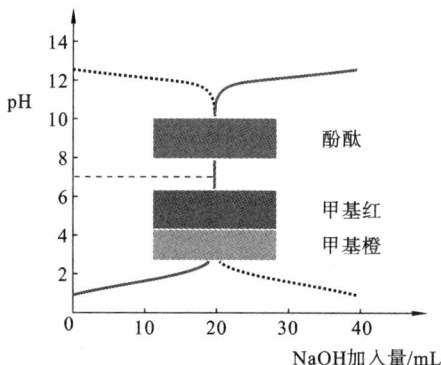

图 4-4 0.1000 mol·L^{-1} NaOH 滴定 20.00 mL 0.1000 mol·L^{-1} HCl 时的滴定曲线(实线)和 0.1000 mol·L^{-1} HCl 滴定 20.00 mL 0.1000 mol·L^{-1} NaOH 时的滴定曲线(虚线)

从滴定曲线可以看出,从滴定开始到加入 19.98 mL NaOH 标准溶液(HCl 的滴定分数为 0.9990),溶液的 pH 由 1.00 增加到 4.30,只增大了 3.30 个 pH 单位,曲线变化较为平缓。这显然是由强酸的缓冲能力造成的。但在化学计量点前后,误差在 $-0.1\% \sim +0.1\%$ 范围内,虽然只加入约 1 滴 NaOH 标准溶液,但溶液的 pH 从 4.30 突变至 9.70,改变了 5.40 个 pH 单位,此段的滴定曲线几乎与纵轴平行。这种化学计量点附近 pH 的突变称为**酸碱滴定的 pH 突跃**(pH jump for acid-base titration),也称**滴定突跃**。滴定突跃的产生是由于化学计量点附近,溶液中的 H$^+$ 和 OH$^-$ 的浓度都很低,因此加入少量滴定剂后,H$^+$ 和 OH$^-$ 的浓度变化极大。突变后,若再加入 NaOH,进入强碱的缓冲区,溶液的 pH 变化又变缓。

从滴定突跃的定义可以理解,滴定突跃是选择酸碱指示剂的依据。理想的指示剂应该恰好在化学计量点变色,但实际上只要在滴定突跃范围内(或基本落在滴定突跃范围内)变色的指示剂都可以用来指示终点,所引起的误差均在±0.1%的范围内,可满足滴定分析法的准确度要求。因此,本例中误差为±0.1%的范围内滴定突跃为 4.30～9.70,可用:甲基红(4.4～6.2)指示剂,终点颜色由黄色变成橙色;酚酞(8.0～9.6)指示剂,终点颜色由无色变成粉红色。而若选甲基橙(3.1～4.4),除非由橙色恰好滴至黄色,其终点误差才可控制在－0.1%,所以一般不选甲基橙。通常指示剂选择的原则:指示剂的 pH 变色范围全部或部分落在滴定突跃范围内。

对于强酸滴定强碱,如用 0.1000 mol・L^{-1} HCl 标准溶液滴定 20.00 mL 0.1000 mol・L^{-1} NaOH 溶液,滴定曲线如图 4-4 虚线所示。滴定误差在±0.1%的范围内滴定突跃为 9.70～4.30,可用甲基红作指示剂,终点颜色由黄色变为橙色。若选酚酞,因其颜色为由粉红色变成无色,颜色变化难以观察,一般不选。若选甲基橙滴定误差稍大,也不选。

从上面的分析过程可以发现,滴定突跃的大小与溶液的浓度有关(图 4-5),酸碱浓度越大,滴定突跃范围越宽;酸碱浓度越小,滴定突跃范围越窄。如用 1.000 mol・L^{-1} NaOH 标准溶液滴定 1.000 mol・L^{-1} HCl 溶液,滴定误差在±0.1%范围内,其滴定突跃变为 3.30～10.70;用 0.0100 mol・L^{-1} NaOH 标准溶液滴定 0.01000 mol・L^{-1} HCl 溶液,滴定误差在±0.1% 范围内,其滴定突跃变为 5.30～8.7。图 4-5 表明,酸碱浓度每增加 10 倍,强酸强碱之间的滴定突跃范围增加 2 个 pH 单位。在滴定分析中,一般酸碱的浓度不宜过大或过小。过大,终点误差增大;过小,难以选择指示剂。因此,酸碱滴定法中酸碱溶液的浓度一般为 0.01～1.000 mol・L^{-1}。

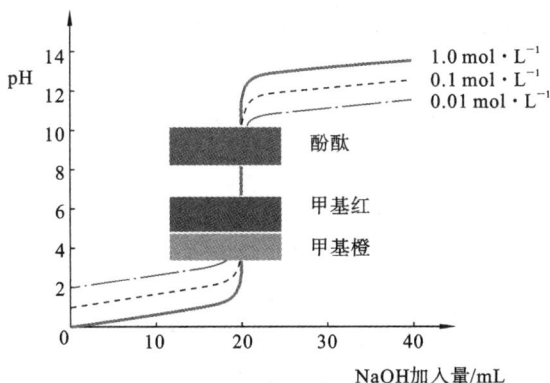

图 4-5　浓度对强酸强碱滴定突跃范围的影响

4.5.2　一元弱酸(碱)的滴定

一元弱酸的滴定是指用强碱的标准溶液滴定一元弱酸。反应的基本计量关系依据离子反应方程式

$$OH^- + HA \Longrightarrow A^- + H_2O$$

现以 0.1000 mol・L^{-1} NaOH 标准溶液滴定 20.00 mL 0.1000 mol・L^{-1} HAc 溶液为例,进行讨论。也采用"两点两线"法绘制滴定曲线。

食醋中醋酸
含量的测定

1. 滴定前

溶液的酸度由 HAc 决定，因为 $c_r K_a^{\ominus} \geqslant 20 K_w^{\ominus}$，$c_r / K_a^{\ominus} \geqslant 500$，所以，$c_r(H^+)$ 可由最简式求得，即

$$c_r(H^+) = \sqrt{K_a^{\ominus} c_r} = \sqrt{1.8 \times 10^{-5} \times 0.1000} = 1.3 \times 10^{-3}$$
$$pH = 2.89$$

2. 滴定开始到化学计量点前

溶液为由反应生成的 Ac^- 和剩余的 HAc 构成的共轭酸碱溶液，可用缓冲溶液的最简式计算 $c_e(H^+)$。

$$pH = pK_a^{\ominus} - \lg \frac{c(HAc)}{c(Ac^-)}$$

若给定一个 $V(NaOH)$，就可以确定 $c_e(HAc)$ 和 $c_e(Ac^-)$，再代入上式即可求得溶液的 pH。例如，当 $V(NaOH) = 19.98$ mL（$E_r = -0.1\%$）时，有

$$c_e(HAc) = \frac{c(HAc)V(HAc) - c(NaOH)V(NaOH)}{V(HAc) + V(NaOH)}$$

$$= 0.1000 \text{ mol} \cdot L^{-1} \times \frac{20.00 \text{ mL} - 19.98 \text{ mL}}{20.00 \text{ mL} + 19.98 \text{ mL}}$$

$$= 5.0 \times 10^{-5} \text{ mol} \cdot L^{-1}$$

$$c_e(Ac^-) = \frac{c(NaOH)V(NaOH)}{V(HAc) + V(NaOH)} = 0.1000 \text{ mol} \cdot L^{-1} \times \frac{19.98 \text{ mL}}{20.00 \text{ mL} + 19.98 \text{ mL}}$$
$$= 5.0 \times 10^{-2} \text{ mol} \cdot L^{-1}$$

$$pH = pK_a^{\ominus} - \lg \frac{c(HAc)}{c(Ac^-)} = 4.74 - \lg \frac{5.0 \times 10^{-5}}{5.0 \times 10^{-2}} = 7.74$$

3. 化学计量点时

HAc 完全转化成 Ac^-，此时，$c(Ac^-) = 0.1000 \text{ mol} \cdot L^{-1} \times \frac{20.00 \text{ mL}}{40.00 \text{ mL}} = 0.05000$ mol · L^{-1}，溶液的酸度由 Ac^- 的离解情况决定。因 $c_r K_b^{\ominus} \geqslant 20 K_w^{\ominus}$，$c_r / K_b^{\ominus} \geqslant 500$，可按最简式算得 $c_r(OH^-)$。

$$c_r(OH^-) = \sqrt{K_b^{\ominus} c_r} = \sqrt{\frac{1.0 \times 10^{-14}}{1.8 \times 10^{-5}} \times 0.05000} = 5.3 \times 10^{-6}$$
$$pH = 8.73$$

4. 化学计量点后

溶质由过量的强碱 NaOH 和生成的弱碱 Ac^- 组成，溶液的酸度由过量的 NaOH 浓度决定。

$$c_e(OH^-) = \frac{c(NaOH)V(NaOH) - c(HAc)V(HAc)}{V(HAc) + V(NaOH)}$$

当加入 20.02 mL NaOH 标准溶液（$E_r = +0.1\%$）时，有

$$c_e(OH^-) = 0.1000 \text{ mol} \cdot L^{-1} \times \frac{20.02 \text{ mL} - 20.00 \text{ mL}}{20.02 \text{ mL} + 20.00 \text{ mL}} = 5.00 \times 10^{-5} \text{ mol} \cdot L^{-1}$$

$$pH = 9.70$$

　　根据以上计算方法,可以得到整个滴定过程中各点溶液的 pH,将其列于表 4-4 中,可以绘制出滴定曲线,如图 4-6 所示。

表 4-4　0.1000 mol·L^{-1} NaOH 滴定 20.00 mL 0.1000 mol·L^{-1} HAc 时,溶液 pH 变化情况

滴入 NaOH 标准溶液的体积/mL	HCl 的滴定分数	溶液的 pH
0.00	0.0000	2.89
18.00	0.9000	5.70
19.80	0.9900	6.73
19.98	0.9990	7.74 ⎫
20.00	0.1000	8.73 ⎬滴定突跃
20.02	1.0010	9.70 ⎭
20.20	1.0100	10.70
22.00	1.1000	11.68
40.00	2.0000	12.52

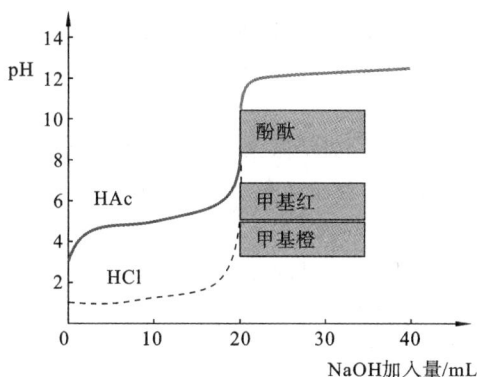

图 4-6　0.1000 mol·L^{-1} NaOH 滴定 20.00 mL 0.1000 mol·L^{-1} HAc 时的滴定曲线

　　从表 4-4 中的数据,以及图 4-6 中的 HAc 和 HCl 的滴定曲线可知,一元弱酸的滴定具有如下特点:

　　(1) HAc 滴定曲线的起点高,这是由于 HAc 为弱酸,在水中只有部分离解,故其滴定曲线的起点 pH 较 NaOH 滴定同浓度的 HCl 时高;化学计量点时,体系为弱碱溶液,pH＞7.00。

　　(2) 滴定开始时,由于同离子效应,溶液的 pH 上升较快,曲线较陡;当滴定分数接近 0.50 时,$c(\text{HAc})/c(\text{Ac}^-)\approx1$,溶液的缓冲能力较强,曲线变得平缓;接近化学计量点时,因 $c(\text{HAc})/c(\text{Ac}^-)$ 变小,溶液失去缓冲能力,曲线又变陡,呈现滴定突跃,滴定突跃为 7.76～9.70,范围变窄,对此只能选择酚酞作指示剂;化学计量点后曲线与 HCl 的滴定曲线基本重合。

　　与强碱滴定强酸不同,用强碱滴定一元弱酸,反应的完全程度不仅与浓度有关,还与被测弱酸的强度有关。因此,滴定突跃范围的大小明显与被测弱酸 $K_a^{\ominus}$ 的大小有关。图 4-7 表示浓度均为 0.1000 mol·L^{-1} 的不同强度的一元弱酸被浓度为 0.1000 mol·L^{-1} 的 NaOH 标准溶液滴定时的曲线。

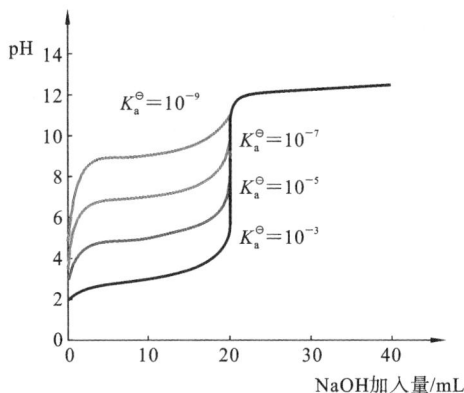

图 4-7　$0.1000\ mol \cdot L^{-1}\ NaOH$ 滴定不同强度的 $0.1000\ mol \cdot L^{-1}\ HA$ 时的滴定曲线

由图 4-7 可知,弱酸的 $K_a^{\ominus}$ 越小,即反应越不完全,滴定突跃范围越窄。可以证明,在用强碱滴定弱酸时,只有当弱酸的相对浓度与其离解常数的乘积 $c_r K_a^{\ominus} \geqslant 10^{-8}$,滴定才有明显的突跃,可使指示剂发生明显的颜色变化,保证终点误差不大于 $\pm 0.2\%$。因此,在用指示剂指示终点时,通常用 $c_r K_a^{\ominus} \geqslant 10^{-8}$ 作为一元弱酸可被强碱滴定的条件。一般 $c \approx 0.1\ mol \cdot L^{-1}$,所以也可用 $K_a^{\ominus} \geqslant 10^{-7}$ 作为一元弱酸可被强碱滴定的条件。如 $HCN(K_a^{\ominus} = 4.9 \times 10^{-10})$ 不能被强碱准确滴定,$HAc(K_a^{\ominus} = 1.8 \times 10^{-5})$ 可以被准确滴定。弱酸的滴定指示剂的选择原则:指示剂的理论变色点尽量与化学计量点接近。

例 4-11　用 $0.1\ mol \cdot L^{-1}\ NaOH$ 标准溶液能否准确滴定 $0.1\ mol \cdot L^{-1}$ 苯甲酸 (C_6H_5COOH) 溶液?如能,应选择何种指示剂?(已知 $K_a^{\ominus}(C_6H_5COOH) = 6.2 \times 10^{-5}$)

解　因为

$$c_r K_a^{\ominus} = 0.1 \times 6.2 \times 10^{-5} > 10^{-8}$$

所以苯甲酸可以被准确滴定,滴定反应方程式如下:

$$C_6H_5COOH + OH^- \Longrightarrow C_6H_5COO^- + H_2O$$

化学计量点的产物为 $C_6H_5COO^-$,一元弱碱,其 $c(C_6H_5COOH) = 0.05\ mol \cdot L^{-1}$,则可用最简式计算其酸度,即

$$c_r(OH^-) = \sqrt{K_b^{\ominus} c_r} = \sqrt{\frac{1.0 \times 10^{-14}}{6.2 \times 10^{-5}} \times 0.05} = 2.84 \times 10^{-6}$$

$$pH = 8.45$$

因此可选酚酞作为指示剂。

对于一元弱碱,可采用相同的方式进行处理,可用 $c_r K_b^{\ominus} \geqslant 10^{-8}$ 作为一元弱碱被准确滴定的条件(误差控制在 $\pm 0.2\%$)。

通过上面的分析可知,用强碱滴定弱酸,滴定突跃出现在碱性范围;用强酸滴定弱碱,滴定突跃出现在酸性范围;弱酸强碱之间相互滴定,则没有滴定突跃。故一般不用弱酸弱碱作为标准溶液。

4.5.3　多元弱酸(碱)的滴定

1. 多元弱酸的滴定

多元酸一般为弱酸,在水中分步离解,如二元弱酸 H_2A 分两步离解。在被强碱滴定时,能否分两步被中和,即 H_2A 首先被近乎完全地滴定为 HA^-,再被滴定为 A^{2-},这与 H_2A 的 $K_{a1}^{\ominus}$、$K_{a2}^{\ominus}$ 的大小及其相差大小有关。从前面二元弱酸 $H_2C_2O_4$ 的分布分数图可以看出,在 $H_2C_2O_4$ 未完全生成 $HC_2O_4^-$ 时,已有部分 $C_2O_4^{2-}$ 生成。即在主反应 $H_2C_2O_4 + NaOH \Longrightarrow NaHC_2O_4 + H_2O$ 发生时,副反应 $NaHC_2O_4 + NaOH \Longrightarrow Na_2C_2O_4 + H_2O$ 同时发生,其中 NaOH 不仅参加主反应,也参加副反应。因此,主反应的完全程度大大降低,造成第一计量点附近滴定突跃不明显,无法使用指示剂指示第一计量点。由此可见,H_2A 能否被准确滴定至 HA^-,以及进一步准确滴定至 A^{2-},可按照下列原则进行大体判断:

(1) 若 $c_r K_{a1}^{\ominus} \geqslant 10^{-8}$,且 $K_{a1}^{\ominus}/K_{a2}^{\ominus} \geqslant 10^4$,则 H_2A 可被分步滴定至第一计量点,终点误差不大于 $\pm 0.5\%$;若 $c_r K_{a2}^{\ominus} \geqslant 10^{-8}$,还可继续被滴定至第二计量点。

(2) 若 $c_r K_{a1}^{\ominus} \geqslant 10^{-8}$,$K_{a1}^{\ominus}/K_{a2}^{\ominus} \geqslant 10^4$,但 $c_r K_{a2}^{\ominus} < 10^{-8}$,则 H_2A 只能被滴定至第一计量点。

(3) 若 $c_r K_{a1}^{\ominus} \geqslant 10^{-8}$,$c_r K_{a2}^{\ominus} \geqslant 10^{-8}$,但 $K_{a1}^{\ominus}/K_{a2}^{\ominus} < 10^4$,则 H_2A 只能被滴定至第二计量点。

对于其他多元弱酸被滴定的情况,可依照上述原则进行判断。多元弱酸相邻两级 $K_{ai}^{\ominus}$ 的比值很少大于 10^4,且弱酸浓度对减小分步滴定误差作用很小。因此,对多元弱酸分步滴定的准确度不能有过高的期望。指示剂可以根据终点溶液的酸度来选择,尽量使指示剂的变色点与终点的 pH 接近。

例 4-12 讨论用 $0.1\ mol \cdot L^{-1}$ NaOH 标准溶液滴定 $0.1\ mol \cdot L^{-1}$ 磷酸(H_3PO_4)时的滴定突跃和适合的指示剂。(已知 $K_{a1}^{\ominus}(H_3PO_4) = 7.6 \times 10^{-3}$,$K_{a2}^{\ominus}(H_3PO_4) = 6.3 \times 10^{-8}$,$K_{a3}^{\ominus}(H_3PO_4) = 4.4 \times 10^{-13}$)

解 (1) 因为 $c_r K_{a1}^{\ominus} = 0.1 \times 7.6 \times 10^{-3} > 10^{-8}$,且 $K_{a1}^{\ominus}/K_{a2}^{\ominus} > 10^4$,所以 H_3PO_4 可被滴至第一计量点,此时,溶液中 $c(H_2PO_4^-) = 0.05\ mol \cdot L^{-1}$,第一计量点的 pH 可用最简式计算,即

$$pH = 1/2(pK_{a1}^{\ominus} + pK_{a2}^{\ominus}) = 4.67$$

可选用甲基红作指示剂。

(2) 因为 $c_r K_{a2}^{\ominus} \approx 10^{-8}$,且 $K_{a2}^{\ominus}/K_{a3}^{\ominus} > 10^4$,所以 H_3PO_4 可被滴至第二计量点,此时,溶液中 $c(HPO_4^{2-}) = 0.033\ mol \cdot L^{-1}$,第二计量点的 pH 可用最简式计算,即

$$pH = 1/2(pK_{a2}^{\ominus} + pK_{a3}^{\ominus}) = 9.77$$

可选用酚酞作指示剂。

(3) 因为 $c_r K_{a3}^{\ominus} \ll 10^{-8}$,所以 H_3PO_4 不能直接被滴至第三计量点。

其滴定情况详见图 4-8。

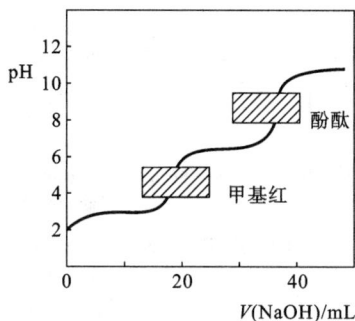

图 4-8 $0.1\ mol \cdot L^{-1}$ NaOH 滴定 $0.1\ mol \cdot L^{-1}$ H_3PO_4 的滴定曲线

2. 多元弱碱的滴定

多元弱碱被滴定的情况与多元弱酸被滴定的情况类似,其能否被准确滴定与分步滴定以及指示剂的选择与多元弱酸一样,不再详细叙述。

例 4-13 讨论用 $0.1 \text{ mol} \cdot L^{-1}$ HCl 标准溶液滴定 $0.1 \text{ mol} \cdot L^{-1}$ Na_2CO_3 溶液时的滴定突跃和适合的指示剂。(已知 $K_{a1}^{\ominus}(H_2CO_3)=4.2\times10^{-7}$,$K_{a2}^{\ominus}(H_2CO_3)=5.6\times10^{-11}$)

解 (1)因为

$$K_{a1}^{\ominus}(H_2CO_3)=4.2\times10^{-7}, \quad K_{a2}^{\ominus}(H_2CO_3)=5.6\times10^{-11}$$

所以

$$K_{b1}^{\ominus}(CO_3^{2-})=\frac{K_w^{\ominus}}{K_{a2}^{\ominus}(H_2CO_3)}=1.8\times10^{-4}$$

$$K_{b2}^{\ominus}(CO_3^{2-})=\frac{K_w^{\ominus}}{K_{a1}^{\ominus}(H_2CO_3)}=2.4\times10^{-8}$$

因为

$$c_r K_{b1}^{\ominus}=0.1\times1.8\times10^{-4}>10^{-8}, \quad K_{b1}^{\ominus}/K_{b2}^{\ominus}\approx10^4$$

所以在第一计量点附近有一个不太大的滴定突跃,第一计量点的 pH 可用最简式计算,即

$$pH=1/2(pK_{a1}^{\ominus}+pK_{a2}^{\ominus})=8.31$$

可选用酚酞作指示剂。

(2)因为 $c_r K_{b2}^{\ominus}\approx10^{-8}$,所以 Na_2CO_3 可被近似滴至第二计量点,第二计量点的溶液为饱和碳酸溶液,浓度约为 $0.04 \text{ mol} \cdot L^{-1}$,此时的酸度可用最简式计算,即

$$c_r(H^+)=\sqrt{K_{a1}^{\ominus}c_r}=\sqrt{4.2\times10^{-7}\times0.04}=1.3\times10^{-4}$$

$$pH=3.89$$

可选用甲基橙作指示剂。

第一计量点滴定突跃不是太大,加之选用酚酞作指示剂时终点颜色由红色变为无色,不易观察,终点误差就会增大。为了较准确地判断第一计量点,可采用 $NaHCO_3$ 的参比液,或使用混合指示剂(如甲酚红-百里酚蓝混合指示剂)确定终点,效果较好。第二计量点的滴定突跃也不明显,可选用甲基橙或甲基橙-靛蓝混合指示剂。滴定至第二计量点前时,容易形成 CO_2 的过饱和溶液,使得溶液酸度稍大,使终点过早出现,滴定过程中需要在这点附近剧烈摇动溶液,或将溶液加热煮沸,则 CO_2 可以溢出。此时变色敏锐,准确度高。滴定过程的 pH 变化情况如图 4-9 所示。

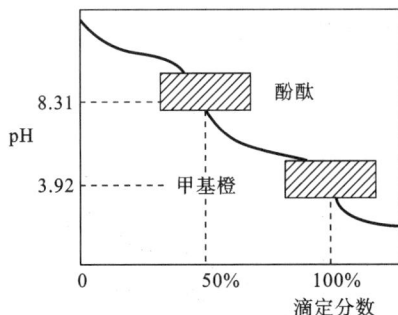

图 4-9 $0.1000 \text{ mol} \cdot L^{-1}$ HCl 滴定 $0.1000 \text{ mol} \cdot L^{-1}$ Na_2CO_3 的滴定曲线

3. 酸碱滴定中 CO_2 的影响

酸碱滴定中 CO_2 的影响不容忽视,经常导致较大的误差。酸碱滴定法中 CO_2 的影响主要

来自以下几个方面：

(1) NaOH 试剂中含 Na_2CO_3，未经处理直接配制标准溶液。用邻苯二甲酸氢钾或草酸标定含 Na_2CO_3 的 NaOH 时，终点为碱性，用酚酞作指示剂。此时 Na_2CO_3 被部分中和为 $NaHCO_3$。用此标准溶液直接滴定样品时，若终点为碱性，用酚酞作指示剂，对结果基本无影响；若终点为酸性，以甲基红或甲基橙为指示剂，则 Na_2CO_3 被完全中和为 CO_2，将造成副误差。

(2) NaOH 标准溶液保存不当，吸收空气中 CO_2。若用此标准溶液直接滴定试样时，若终点为碱性，用酚酞作指示剂，CO_2 部分转化为 $NaHCO_3$，将造成正误差；若终点为酸性，则吸收的 CO_2 最终又以 CO_2 的形式放出，对结果基本无影响。

(3) 试样吸收了 CO_2 或用含 Na_2CO_3 的 NaOH 滴定至碱性终点时，以酚酞为指示剂，终点颜色不稳定造成一定的误差。这在实际工作中较为常见。

为消除酸碱滴定中 CO_2 的影响，可以从以下几点做起：

(1) 酸碱滴定中应用新煮的蒸馏水，以除去 CO_2。

(2) 配制不含 Na_2CO_3 的 NaOH 标准溶液。可先配制饱和 NaOH 溶液，因 Na_2CO_3 的溶解度很小，在溶液底部结晶，再吸取上层清液稀释至所需浓度。

(3) 正确保存 NaOH 标准溶液。避免 NaOH 溶液吸收 CO_2，标准溶液久置后应重新标定。

(4) 标定和测定尽可能用同一指示剂在相同的条件下进行，以抵消 CO_2 的影响。

4.6　酸碱滴定法的应用

4.6.1　酸碱标准溶液的配制

1. 酸标准溶液的配制与标定

酸标准溶液一般为 HCl 溶液或 H_2SO_4 溶液，其中 HCl 溶液最为常用。但市售盐酸一般浓度不定且纯度不够，不能直接配制标准溶液，需要采用标定法配制。通常用于标定 HCl 的基准物质是无水碳酸钠和硼砂。

采用无水碳酸钠(Na_2CO_3)标定 HCl 的反应方程式为

$$Na_2CO_3 + 2HCl =\!=\!= 2NaCl + CO_2 \uparrow + H_2O$$

化学计量点溶液的 $pH \approx 3.9$，用甲基橙作指示剂，终点颜色由黄色变为橙色。可按下式计算 HCl 标准溶液的浓度：

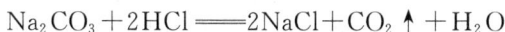

$$c(HCl) = \frac{2m(Na_2CO_3)}{M(Na_2CO_3)V(HCl)}$$

采用硼砂($Na_2B_4O_7 \cdot 10H_2O$)标定 HCl 的反应方程式为

$$Na_2B_4O_7 + 2HCl + 5H_2O =\!=\!= 4H_3BO_3 + 2NaCl$$

化学计量点时产物为 H_3BO_3($K_a^{\ominus}(H_3BO_3) = 5.8 \times 10^{-10}$)和 NaCl，溶液的 $pH \approx 5.3$，可选用甲基红作指示剂。HCl 标准溶液的浓度计算式如下：

$$c(HCl) = \frac{2m(Na_2B_4O_7 \cdot 10H_2O)}{M(Na_2B_4O_7 \cdot 10H_2O)V(HCl)}$$

2. 碱标准溶液的配制与标定

碱标准溶液一般为 NaOH 溶液或 KOH 溶液,其中以 NaOH 溶液应用最多。NaOH 因吸湿和吸收 CO_2 等原因,不能直接配制标准溶液,也需要采用标定法配制。常用邻苯二甲酸氢钾或草酸标定 NaOH。

采用邻苯二甲酸氢钾($KHC_8H_4O_4$)标定 NaOH 的反应方程式为

$$KHC_8H_4O_4 + NaOH \Longrightarrow KNaC_8H_4O_4 + H_2O$$

终点产物为 $KNaC_8H_4O_4$,溶液的 pH≈9.1,可选用酚酞作指示剂。结果可按下式计算:

$$c(NaOH) = \frac{m(KHC_8H_4O_4)}{M(KHC_8H_4O_4)V(NaOH)}$$

采用草酸($H_2C_2O_4 \cdot 2H_2O$)标定 NaOH 的反应方程式为

$$H_2C_2O_4 + 2NaOH \Longrightarrow Na_2C_2O_4 + 2H_2O$$

终点产物为 $Na_2C_2O_4$,溶液的 pH≈8.5,可选用酚酞作指示剂。结果可按下式计算:

$$c(NaOH) = \frac{2m(H_2C_2O_4 \cdot 2H_2O)}{M(H_2C_2O_4 \cdot 2H_2O)V(NaOH)}$$

4.6.2　酸碱滴定法的应用实例

1. 食醋中总酸量的测定

食醋主要含有乙酸($K_a^\ominus(HAc) = 1.8 \times 10^{-5}$),以及乳酸等其他一些弱酸。用 NaOH 滴定时,只要符合 $c_r K_a^\ominus \geqslant 10^{-8}$ 的酸均可被滴定,且共存酸的 $K_a^\ominus$ 之间的比值均小于 10^4。因此,测定值实际是总酸量,其分析结果用主要成分乙酸表示,总酸量通常用乙酸的质量浓度 $\rho(HAc)$ 表示,单位为 $g \cdot L^{-1}$。因其化学计量点 pH 在碱性范围,测定时以酚酞为指示剂。若样品颜色过深,妨碍终点颜色观察,可先用活性炭脱色。结果按下式计算:

$$\rho(HAc) = \frac{c(NaOH)V(NaOH)M(HAc)}{V(HAc)}$$

2. 铵盐中氮含量的测定

测定铵盐中氮含量的方法有蒸馏法和甲醛法。

1)蒸馏法

试样与 NaOH 共同煮沸,使得 NH_4^+ 转化为 NH_3,经蒸馏装置分离出来,用定量且过量的 HCl 标准溶液吸收,再用 NaOH 标准溶液返滴定过量的 HCl,以甲基红或甲基橙为指示剂。也可用硼酸(H_3BO_3)吸收蒸馏出的 NH_3,反应方程式为

$$NH_3 + H_3BO_3 \Longrightarrow NH_4H_2BO_3$$

$NH_4H_2BO_3$ 为两性物质,NH_4^+ 的酸性很弱($K_a^\ominus(NH_4^+) = 5.6 \times 10^{-10}$),$H_2BO_3^-$ 的碱性较强($K_b^\ominus(H_2BO_3^-) = 1.7 \times 10^{-5}$),可用 HCl 标准溶液滴定。

$$H_2BO_3^- + H^+ \Longrightarrow H_3BO_3$$

化学计量点的产物为 NH_4Cl 和 H_3BO_3 的混合溶液,pH 约为 5.1,可选甲基红作为指示剂,间接测定 NH_3 的含量。用 H_3BO_3 吸收的优点是只需一种标准溶液(HCl 溶液)即可,过量的 H_3BO_3 不干扰滴定,它的浓度和体积不需准确,只要用量足够即可,但温度不宜过高,否则氨易逸出。

2）甲醛法

该方法适用于 NH_4Cl、$(NH_4)_2SO_4$ 和 NH_4NO_3 等铵的强酸盐的测定。NH_4^+ 和甲醛 (HCHO)定量反应生成质子化的六亚甲基四胺和 H^+。

$$4NH_4^+ + 6HCHO \Longrightarrow (CH_2)_6N_4H^+ + 3H^+ + 6H_2O$$

用 NaOH 标准溶液滴定,可同时滴定一元弱酸$(CH_2)_6N_4H^+$($K_a^\ominus = 7.1 \times 10^{-6}$)和强酸 H^+ 混合物,化学计量点的产物$(CH_2)_6N_4$ 为一元弱碱($K_b^\ominus = 1.4 \times 10^{-9}$)溶液,溶液的 pH 约为 8.7,可选用酚酞作指示剂。此法简单,准确度可满足一般分析工作的要求。氮的质量分数可按下式计算:

$$w(N) = \frac{c(NaOH)V(NaOH)M(N)}{m_s}$$

3）有机物中氮含量的测定

有机物如谷物、乳品、蛋白质、有机肥料、土壤,以及生物碱等中的氮含量测定常采用凯氏(Kjeldahl)定氮法。将试样与浓硫酸混合共沸,并加入 $CuSO_4$ 或汞盐作为催化剂,使其消化分解,有机物中碳、氢、氮分别被氧化为 CO_2、H_2O 和 NH_4^+,然后用蒸馏法测定氮含量。

3. 混合碱的滴定

混合碱的测定是指用 HCl 标准溶液测定 NaOH、$NaHCO_3$、Na_2CO_3,以及它们的混合物 NaOH 与 Na_2CO_3、$NaHCO_3$ 与 Na_2CO_3。混合碱的测定通常采用氯化钡法和双指示剂法。

1）氯化钡法

此法主要用于 NaOH 与 Na_2CO_3 混合物的测定。准确称取一定量的试样,溶解后取两份等体积的试样溶液。

一份以甲基橙为指示剂,用 HCl 标准溶液滴定,反应的基本计量关系依据下列反应方程式:

$$NaOH + HCl \Longrightarrow NaCl + H_2O$$
$$Na_2CO_3 + 2HCl \Longrightarrow 2NaCl + CO_2 \uparrow + H_2O$$

终点的颜色变为橙红色,消耗 HCl 标准溶液体积为 V_1。

另一份加入过量的 $BaCl_2$ 溶液,使 Na_2CO_3 完全转化为 $BaCO_3$ 沉淀,相关反应方程式如下:

$$Na_2CO_3 + BaCl_2 \Longrightarrow BaCO_3 \downarrow + 2NaCl$$

然后以酚酞为指示剂,用 HCl 标准溶液滴定试样中的 NaOH,滴至溶液红色恰好消失即为终点,消耗 HCl 标准溶液体积为 V_2。可由消耗 HCl 标准溶液的体积 V_1 和 V_2 计算出 NaOH 与 Na_2CO_3 的含量,计算式如下:

$$w(NaOH) = \frac{c(HCl)V_2M(NaOH)}{m_s}$$

$$w(Na_2CO_3) = \frac{\frac{1}{2}c(HCl)(V_1 - V_2)M(Na_2CO_3)}{m_s}$$

2）双指示剂法

采用双指示剂测定碱样或混合碱,是指使用两种指示剂,用 HCl 标准溶液进行连续滴定,分别指示两个终点,根据两个终点所消耗的 HCl 标准溶液的体积判断碱样的组成,并计算出各组分的含量。具体方法如下:先以酚酞为指示剂,用 HCl 标准溶液滴定至红色刚消失,记下用去 HCl 标准溶液的体积 V_1;再在此溶液中加入甲基橙,继续用 HCl 标准溶液滴定至橙红色,记下用去 HCl 标准溶液的体积 V_2。此方法中,最关键的一种组分是 Na_2CO_3,第一计量点,即酚酞变色点,Na_2CO_3 转化为 $NaHCO_3$;第二计量点,即甲基橙变色点,$NaHCO_3$ 将转化为 CO_2 和 H_2O。即在酚酞变色之前,$NaHCO_3$ 不与 HCl 反应,而 NaOH 已完全被中和。因此,根据酚酞变色以及甲基橙变色时分别消耗 HCl 标准溶液的体积可以判断碱样的组成,计算各组分的含量。碱样组成与 HCl 标准溶液体积之间的关系如表 4-5 所示。

表 4-5　碱样组成与 HCl 标准溶液体积之间的关系

碱样组成		Na_2CO_3	$NaHCO_3$	NaOH	Na_2CO_3 $+NaOH$	Na_2CO_3 $+NaHCO_3$
第一计量点 (酚酞变色点)	产物	$NaHCO_3+H_2O$		$NaCl+H_2O$	$NaHCO_3+$ $NaCl+H_2O$	$NaHCO_3$
	消耗 HCl 的体积	V_1		V_1	V_1	V_1
第二计量点 (甲基橙 变色点)	产物	CO_2+H_2O	CO_2+H_2O		CO_2+H_2O	CO_2+H_2O
	消耗 HCl 的体积	V_2	V_2		V_2	V_2
体积之间 的关系		$V_1=V_2>0$	$V_1=0$ $V_2>0$	$V_1>0$ $V_2=0$	$V_1>V_2>0$	$V_2>V_1>0$

对滴定过程分以下几种情况讨论:

(1) 若 $V_1=V_2>0$,则碱样的组成为 Na_2CO_3。

$$w(Na_2CO_3)=\frac{c(HCl)V_1M(Na_2CO_3)}{m_s}$$

(2) 若 $V_1=0,V_2>0$,则碱样的组成为 $NaHCO_3$。

$$w(NaHCO_3)=\frac{c(HCl)V_2M(NaHCO_3)}{m_s}$$

(3) 若 $V_1>0,V_2=0$,则碱样的组成为 NaOH。

$$w(NaOH)=\frac{c(HCl)V_1M(NaOH)}{m_s}$$

(4) 若 $V_1>V_2>0$,则碱样的组成为 Na_2CO_3 和 NaOH。

$$w(Na_2CO_3)=\frac{c(HCl)V_2M(Na_2CO_3)}{m_s}$$

$$w(NaOH)=\frac{c(HCl)(V_1-V_2)M(NaOH)}{m_s}$$

(5) 若 $V_2>V_1>0$,则碱样的组成为 Na_2CO_3 和 $NaHCO_3$。

$$w(Na_2CO_3)=\frac{c(HCl)V_1M(Na_2CO_3)}{m_s}$$

$$w(NaHCO_3)=\frac{c(HCl)(V_2-V_1)M(NaHCO_3)}{m_s}$$

4. 极弱酸(碱)的测定

对于一些极弱酸,可利用生成稳定的配合物使弱酸强化,也可以利用氧化还原法使弱酸转变为强酸。此外,还可以在浓盐体系或非水介质中,对极弱酸(碱)进行测定。例如,硼酸为极弱酸,它在水溶液中的离解为

$$B(OH)_3 + 2H_2O \Longrightarrow H_3O^+ + B(OH)_4^- \qquad pK_a^\ominus = 9.24$$

不能用 NaOH 进行准确滴定。如果在硼酸溶液中加入甘露醇,硼酸将按下式生成配合物:

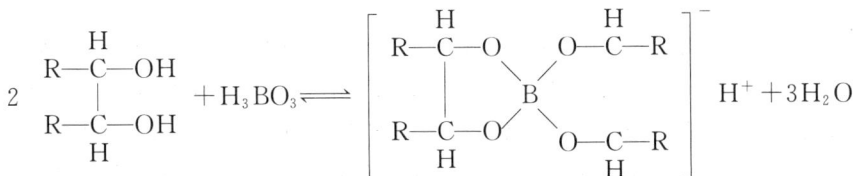

此酸的 $pK_a^\ominus = 4.26$,可准确滴定。

5. 氟硅酸钾法测定硅

测定硅酸盐中二氧化硅的质量分数,除用重量分析法外,也可用氟硅酸钾法。具体方法如下:将试样用 KOH 熔融,使其转化为可溶性硅酸盐,如 K_2SiO_3 等,硅酸钾在钾盐存在下与 HF 作用(或在强酸溶液中加 KF,HF 有剧毒,必须在通风橱中操作),转化成微溶的氟硅酸钾 ($K_2[SiF_6]$),其反应方程式如下:

$$K_2SiO_3 + 6HF \Longrightarrow K_2[SiF_6] + 3H_2O$$

由于沉淀的溶解度较大,还需加入固体 KCl 以降低其溶解度,过滤,用氯化钾-乙醇溶液洗涤沉淀,将沉淀放入原烧杯中,加入氯化钾-乙醇溶液,以 NaOH 中和游离酸至酚酞变红,再加入沸水,使氟硅酸钾水解而释放出 HF,其反应方程式如下:

$$K_2[SiF_6] + 3H_2O \Longrightarrow 4HF\uparrow + 2KF + H_2SiO_3$$

用 NaOH 标准溶液滴定释放出的 HF,以求得试样中 SiO_2 的含量。

$$NaOH + HF \Longrightarrow NaF + H_2O$$

由反应式可知,1 mol $K_2[SiF_6]$ 释放出 4 mol HF,即消耗 4 mol NaOH,所以试样中 SiO_2 的计量数比为 1∶4。试样中 SiO_2 质量分数为

$$w(SiO_2) = \frac{\frac{1}{4}c(NaOH)V(NaOH)M(SiO_2)}{m_s}$$

阅读材料

酸碱滴定曲线——完美的量变质变曲线

从强酸强碱滴定过程中 pH 规律的分析与绘制的酸碱滴定曲线,我们可以看到在滴定终点附近,锥形瓶中溶液的 pH 有一个突变,即滴定突跃。例如在用 0.1000 mol·L^{-1} NaOH 标准溶液滴定 20.00 mL 0.1000 mol·L^{-1} HCl 溶液的过程中,滴定终点附近溶液的 pH 有一个剧烈的变化。当加入 NaOH 标准溶液 0.00 mL 至 19.98 mL 时,锥形瓶中溶液的 pH 由 1.00 变化到 4.30,当加入 NaOH 标准溶液 19.98 mL 至 20.02 mL 时,即加入一滴时,锥形瓶中溶液的 pH 由 4.30 变化到 9.70,变化了 5.40 个 pH 单位。

恩格斯在《自然辩证法》中指出:化学可以称为研究物体由于量的构成的变化而发生的质

变的科学。分析化学作为化学的一个分支,同样包含质量互变的内容,酸碱滴定体系滴定过程中溶液 pH 的变化情况即是完美的量变到质变理论的表现。质量互变规律亦称量变质变规律,是自然、社会和思维发展的普遍规律,也是唯物辩证法的三个基本规律之一。量变是事物数量上的增减,是一种不显著的、非根本性的变化;质变是事物根本性质的变化,是突变、飞跃。量变是质变的准备,质变为新的量变开辟道路。量变超过一定限度必然引起质变,使旧质变为新质,然后在新质基础上又开始新的量变。新的量变超过一定限度又引起新的质变,如此往复不已,推动事物不断向前发展。

《战国策》中有:"积羽沉舟,群轻折轴。"《荀子》有:"不积跬步,无以至千里;不积小流,无以成江海。"可见量变引起质变的思想贯穿在中华文化当中。我们生活中也处处存在量变与质变的道理,俗话说"台上一分钟,台下十年功",没有谁能随随便便成功。我们希望自己考个好分数,希望将来有一番成就,这些都需要我们平时点点滴滴的努力。希望这点点滴滴的努力能助大家"突跃",实现自己的梦想。

扫码做题

思 考 题

1. 什么是酸碱质子理论? 什么是共轭酸碱对? 共轭酸碱对的 $K_a^\ominus$ 和 $K_b^\ominus$ 之间的关系是什么?

2. 对于一元弱酸 HA,当 pH 等于多少时,其 $\delta(HA) = \delta(A^-)$?

3. 简述酸碱指示剂的变色原理。什么是酸碱指示剂的理论变色点和理论变色范围?

4. 影响酸碱滴定突跃的因素有哪些? 如何选择酸碱指示剂?

5. 一元弱酸(碱)被准确滴定的条件是什么? 多元弱酸(碱)被准确滴定和分步滴定的条件是什么?

6. 酸碱滴定法中,为什么用强酸(碱)而不用弱酸(碱)配制标准溶液? 标准溶液的浓度一般为多少?

7. 判断下列情况对测定结果的影响。

(1) 用 $H_2C_2O_4 \cdot 2H_2O$ 作基准物质标定 NaOH 时,若基准物质部分风化,标定结果是偏低还是偏高?

(2) NaOH 标准溶液因保存不当,吸收了 CO_2。当用它测定 HCl 浓度时,滴至甲基橙变色,对测定结果有何影响? 滴至酚酞变色,对测定结果有何影响?

8. 用双指示剂法测定碱样。假设酚酞变色时消耗 HCl 标准溶液的体积为 V_1,滴至甲基橙变色时,消耗 HCl 标准溶液的体积为 V_2,请判断下列碱样的组成:

(1) $V_1 > V_2 > 0$;(2) $V_2 > V_1 > 0$;(3) $V_1 = V_2 > 0$。

9. 针对工业用碱,可采取何种方法测定其组分及含量? 请写出实验思路。

习 题

1. 利用分布分数的概念,计算在 pH = 10.00,$c(NaAc) = 0.10 \text{ mol} \cdot L^{-1}$ 乙酸钠水溶液中 Ac^- 和 HAc 型体的平衡浓度。

2. 写出下列化合物水溶液的质子条件式(PBE):

(1) NaAc;(2) $NaHCO_3$;(3) H_2S;(4) NH_4Ac;(5) Na_2HPO_4。

3. 计算下列水溶液的 pH:

(1) $c(NaAc) = 0.10 \text{ mol} \cdot L^{-1}$;　　　　(2) $c(NaHCO_3) = 0.10 \text{ mol} \cdot L^{-1}$;

(3) $c(H_2S) = 0.10 \text{ mol} \cdot L^{-1}$;　　　　(4) $c(Na_3PO_4) = 0.10 \text{ mol} \cdot L^{-1}$。

4. 下列酸碱溶液能否用同浓度的强酸或强碱直接滴定？ 如能,计算化学计量点的 pH,并选择合适的指示剂。

(1) $0.1\ mol \cdot L^{-1}$ 乙酸钠(NaAc)水溶液；　　　(2) $0.1\ mol \cdot L^{-1}$ 甲酸(HCOOH)水溶液；

(3) $0.1\ mol \cdot L^{-1}$ 柠檬酸(H_3Cit)水溶液；　　　(4) $0.1\ mol \cdot L^{-1}$ 乙二胺水溶液。

5. 下列多元酸(碱)($c = 0.1\ mol \cdot L^{-1}$)能否用同浓度的强碱或强酸标准溶液滴定？ 如能滴定,有几个滴定终点？ 如何选择指示剂?

(1) 酒石酸($K_{a1}^{\ominus} = 9.1 \times 10^{-4}, K_{a2}^{\ominus} = 4.3 \times 10^{-5}$)；

(2) 柠檬酸($K_{a1}^{\ominus} = 7.4 \times 10^{-4}, K_{a2}^{\ominus} = 1.7 \times 10^{-5}, K_{a3}^{\ominus} = 4.0 \times 10^{-7}$)；

(3) Na_3PO_4($K_{a1}^{\ominus} = 7.6 \times 10^{-3}, K_{a2}^{\ominus} = 6.3 \times 10^{-8}, K_{a3}^{\ominus} = 4.4 \times 10^{-13}$)。

6. 称取灼烧后的基准物质 Na_2CO_3 0.2120 g,溶于水,用 HCl 标准溶液滴至甲基橙变色点,用去 25.10 mL HCl 标准溶液,试计算 $c(HCl)$。

7. 写出甲醛法测定氯化铵中,$w(N)$、$w(NH_3)$ 和 $w(NH_4Cl)$ 的计算式。

8. 称取 2.000 g H_3PO_4 试样,配制成 250.0 mL 溶液,吸取 25.00 mL 溶液,用 $0.09460\ mol \cdot L^{-1}$ NaOH 标准溶液滴至甲基红变色点,消耗 21.30 mL NaOH 标准溶液,试计算试样中 H_3PO_4 和 P_2O_5 的质量分数。

9. 用凯氏定氮法测定牛奶中含氮量,称取奶样 0.4500 g,经消化后,加碱蒸馏出 NH_3,用 50.00 mL HCl 溶液吸收,再用 12.00 mL $0.08000\ mol \cdot L^{-1}$ NaOH 标准溶液回滴至终点。已知中和 25.00 mL HCl 溶液需要 15.83 mL NaOH 标准溶液。计算奶样中氮的质量分数。

10. 称取 0.6400 g Na_2CO_3 和 $NaHCO_3$ 混合碱样,溶于适量的蒸馏水中,以甲基橙为指示剂,用 $0.2000\ mol \cdot L^{-1}$ HCl 标准溶液 48.50 mL 滴至终点。若同样质量的碱样以酚酞为指示剂,用上述 HCl 标准溶液滴至终点,需要消耗 HCl 标准溶液多少毫升?

11. 三种试样均称取 0.3010 g,用 $0.1050\ mol \cdot L^{-1}$ HCl 标准溶液滴定。根据下列数据判断下列试样的组成,并计算各组分的质量分数。

(1) 滴至酚酞变色点,消耗 HCl 标准溶液 20.30 mL,若取等量试样,以甲基橙为指示剂,滴至化学计量点时消耗 HCl 标准溶液 45.40 mL；

(2) 加酚酞指示剂溶液颜色无变化,再加甲基橙,滴至终点时用去 HCl 标准溶液30.65 mL；

(3) 以酚酞为指示剂滴定至终点,用去 HCl 标准溶液 25.02 mL,再加甲基橙滴至终点,又用去 HCl 标准溶液 14.32mL。

12. 采用氯化钡法测定混合碱样,称取 2.5460 g 含 NaOH 和 Na_2CO_3 的试样,溶解后定容在 250.0 mL 容量瓶中。移取 25.00 mL 试样两份,一份以甲基橙为指示剂,用 24.86 mL HCl 标准溶液滴定至终点；另一份加入过量的 $BaCl_2$,再以酚酞为指示剂,用 23.74 mL HCl 标准溶液滴定至终点。已知 24.37 mL 此 HCl 标准溶液需要 0.4852 g 硼砂完全中和,计算样品中 NaOH 和 Na_2CO_3 的质量分数。

13. 已知 $K_a^{\ominus}(CH_3CH_2COOH) = 1.35 \times 10^{-5}$,20 mL $0.1\ mol \cdot L^{-1}$ CH_3CH_2COOH 溶液能否被等体积等浓度的 NaOH 溶液滴定？ 如果可以被准确滴定,请分别计算滴定 99.9%、100.0% 及 100.1%时的 pH,同时根据计算的结果确定选取何种指示剂。

第5章　配位滴定法

基本要求

- 了解配位滴定法的实质,滴定分析对配位反应的要求,以及氨羧配位剂。
- 熟悉 EDTA 的性质及其与金属离子配位的特点。
- 掌握酸度、配位剂对配位平衡的影响,熟悉配合物的稳定常数、条件稳定常数、酸效应系数、配位效应系数的计算方法。
- 了解金属指示剂变色原理和金属指示剂应具备的条件,以及金属指示剂的封闭、僵化、氧化变质等现象的避免方法,熟悉常用的金属指示剂。
- 熟悉配位滴定曲线、影响滴定突跃的因素、能否准确滴定的判据、酸效应曲线和配位滴定的最低允许酸度与最高允许酸度的计算方法。
- 熟悉提高配位滴定选择性的途径:掩蔽、解蔽和分离干扰离子。

配位滴定(complexation titration)法是以配位反应为基础的滴定分析法。它采用配位剂的溶液作为标准溶液直接或间接滴定被测物质,并选用适当的指示剂指示滴定终点。本章将就配位平衡问题进行讨论,着重介绍反应条件对配位平衡的影响,以酸效应为例介绍处理复杂平衡的方法——副反应和副反应系数。在此基础上讨论配位滴定的基本原理及应用。

金属离子在溶液中大多以不同形式的配离子存在,配位反应具有极大的普遍性,广泛地应用于分析化学的各种分离与测定中。配位滴定法对化学反应的要求如下:①反应完全,形成的配合物稳定;②在一定的条件下,配位数必须固定;③反应速率大;④有适当的方法确定反应终点。

鉴于上述要求,能够用于配位滴定的反应并不多(主要是稳定性不高和分步配位)。1945年后,瑞士化学家施瓦岑巴赫(Schwarzenbach G.)发现了以 EDTA(ethylene diamine tetraacetic acid,乙二胺四乙酸)为代表的一系列氨羧配位剂,配位滴定法才得到迅速的发展和广泛应用。

配合物都是由中心离子(原子)和配体(又称配位体)组成的。含有一个配位原子的配体称为单基配体,也叫单齿配体,如 F^-、NH_3、CN^- 和 OH^- 等,含有两个或两个以上配位原子的配体称为多基配体,也叫多齿配体,如乙二胺($H_2NCH_2CH_2NH_2$)、氨基乙酸(H_2NCH_2COOH)等。

单基配体和中心离子(原子)形成的配合物称为简单配合物。中心离子(原子)和一个配体可以形成一个配位键,当有 n 个配体结合在中心离子(原子)周围时,就形成配位数为 n 的简单配合物。大多数简单配合物都存在分级配位现象,如 Cu^{2+} 和 NH_3 可以生成 $[Cu(NH_3)]^{2+}$、$[Cu(NH_3)_2]^{2+}$、$[Cu(NH_3)_3]^{2+}$ 等多种形态的配合物,这使得平衡情况变得很复杂,也正因如此,简单配合物在分析化学中的应用受到限制。单基配体通常都用作掩蔽剂、显色剂及指示剂等,只有以 CN^- 为配位剂的氰量法和以 Hg^{2+} 为中心离子的汞量法具有实际意义。

在配位滴定中,得到广泛应用的是多基配体的配位剂。金属离子与多基配体配位时,形成具有环状结构的配合物,称为**螯合物**(chelate)。螯合物通常具有五元或六元环状结构,稳定性高,配位比相对较恒定,符合配位滴定的要求。形成螯合物的多基配体称为**螯合剂**(chelating agent),它们大多是含有 N、S、O 等配位原子的有机分子或离子,目前应用最多的是以乙二胺四乙酸为代表的氨羧配位剂,而通常所说的配位滴定法也指的是形成螯合物的配位滴定法。

5.1 乙二胺四乙酸(EDTA)及其配合物

乙二胺四乙酸简称为 EDTA,它是一种四元弱酸,常用 H_4Y 表示,其结构式为

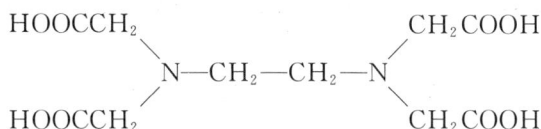

$$
\begin{array}{ccc}
\text{HOOCCH}_2 & & \text{CH}_2\text{COOH} \\
& \diagdown \quad \diagup & \\
& \text{N—CH}_2\text{—CH}_2\text{—N} & \\
& \diagup \quad \diagdown & \\
\text{HOOCCH}_2 & & \text{CH}_2\text{COOH}
\end{array}
$$

由于乙二胺四乙酸在水中的溶解度较小,通常把它制备成二钠盐,一般也称为 EDTA,它在水里的溶解度较大,在 22 ℃时,每 100 mL 水中可以溶解 11.1 g,浓度相当于 0.3 mol·L^{-1},pH 约为 4.4。

在水溶液中,乙二胺四乙酸的两个羧基上的质子会转移到氮原子上,形成双偶极离子。

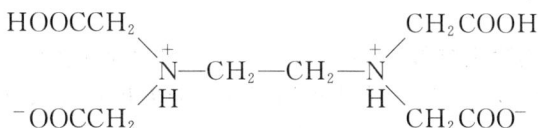

$$
\begin{array}{ccc}
\text{HOOCCH}_2 & & \text{CH}_2\text{COOH} \\
& \diagdown \overset{+}{\diagup} & \\
& \text{N—CH}_2\text{—CH}_2\text{—N} & \\
& \underset{H}{\diagup} \quad \underset{H}{\diagdown} & \\
{}^-\text{OOCCH}_2 & & \text{CH}_2\text{COO}^-
\end{array}
$$

当 EDTA 的水溶液酸度较大时,它的两个羧基可以再接受溶液中的 H^+,形成 H_6Y^{2+},这样,EDTA 就相当于六元酸,在水中存在下列离解平衡:

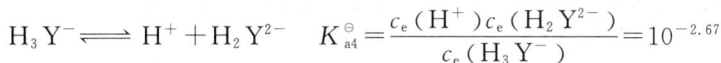

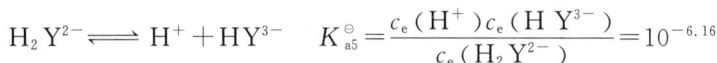

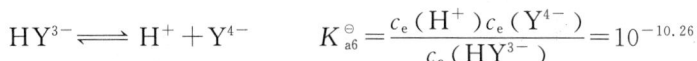

$$H_6Y^{2+} \Longrightarrow H^+ + H_5Y^+ \qquad K_{a1}^{\ominus} = \frac{c_e(H^+)c_e(H_5Y^+)}{c_e(H_6Y^{2+})} = 10^{-0.9}$$

$$H_5Y^+ \Longrightarrow H^+ + H_4Y \qquad K_{a2}^{\ominus} = \frac{c_e(H^+)c_e(H_4Y)}{c_e(H_5Y^+)} = 10^{-1.6}$$

$$H_4Y \Longrightarrow H^+ + H_3Y^- \qquad K_{a3}^{\ominus} = \frac{c_e(H^+)c_e(H_3Y^-)}{c_e(H_4Y)} = 10^{-2.0}$$

$$H_3Y^- \Longrightarrow H^+ + H_2Y^{2-} \qquad K_{a4}^{\ominus} = \frac{c_e(H^+)c_e(H_2Y^{2-})}{c_e(H_3Y^-)} = 10^{-2.67}$$

$$H_2Y^{2-} \Longrightarrow H^+ + HY^{3-} \qquad K_{a5}^{\ominus} = \frac{c_e(H^+)c_e(HY^{3-})}{c_e(H_2Y^{2-})} = 10^{-6.16}$$

$$HY^{3-} \Longrightarrow H^+ + Y^{4-} \qquad K_{a6}^{\ominus} = \frac{c_e(H^+)c_e(Y^{4-})}{c_e(HY^{3-})} = 10^{-10.26}$$

因此在水溶液中,EDTA 是以 H_6Y^{2+}、H_5Y^+、H_4Y、H_3Y^-、H_2Y^{2-}、HY^{3-} 和 Y^{4-} 等七种形式存在(为了书写方便,EDTA 的各种存在形式通常省略电荷,用 H_6Y、H_5Y、H_4Y、H_3Y、H_2Y、HY 和 Y 来表示),但在不同的酸度条件下,各种型体的浓度分布是不同的,它们的浓度分布与溶液的酸度的关系如图 5-1 所示。

从图中可以看出,在 pH<1 的强酸性溶液中,主要以 H_6Y 型体存在;在 pH 为 2.67~6.16 的溶液中,主要以 H_2Y 型体存在;在 pH>10.26 的强碱性溶液中,主要以 Y 型体存在。在以上的七种型体中,一般是 Y 与金属离子直接配位,生成稳定的配合物。

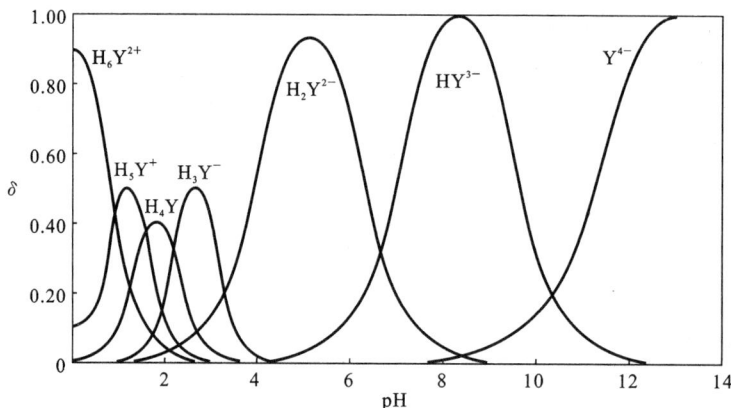

图 5-1　EDTA 各种型体的分布图

5.2　配位平衡常数

5.2.1　配合物的稳定常数

配合物的稳定性常用**稳定常数**(stability constant,也称形成常数)来表示,如金属离子 M 与 EDTA 之间的配位反应,配合物的形成可用下列反应方程式表示(将各组分的电荷略去):

$$M + Y \Longrightarrow MY$$

当反应达到平衡时,配合物 MY 的稳定常数可表示为

$$K_f^{\ominus}(MY) = \frac{c_e(MY)}{c_e(M)c_e(Y)} \tag{5-1}$$

式中,$c_e(MY)$、$c_e(M)$ 及 $c_e(Y)$ 分别为平衡时 MY、M 和 Y 的平衡浓度。$K_f^{\ominus}(MY)$ 即为 MY 的稳定常数,也称为 MY 的形成常数。稳定常数越大,配合物越稳定。一些金属离子与 EDTA 形成的配合物 MY 的稳定常数见表 5-1。

表 5-1　EDTA 配合物的 $\lg K_f^{\ominus}(MY)$($I = 0.1$ mol·L^{-1},$T = 293 \sim 298$ K)

离子	$\lg K_f^{\ominus}(MY)$	离子	$\lg K_f^{\ominus}(MY)$	离子	$\lg K_f^{\ominus}(MY)$
Li$^+$	2.79	Co^{2+}	16.31	Hg^{2+}	21.70
Na$^+$	1.66	Zn^{2+}	16.50	Fe^{3+}	25.10
Be^{2+}	9.30	Cd^{2+}	16.46	Bi^{3+}	27.94
Mg^{2+}	8.70	Cu^{2+}	18.80	Cr^{3+}	23.40
Ca^{2+}	10.69	Pb^{2+}	18.04	Sn^{2+}	22.11
Sr^{3+}	8.73	Mn^{2+}	13.87	Ni^{2+}	18.62
Ba^{2+}	7.86	Al^{3+}	16.30	Fe^{2+}	14.32

对于配合物的稳定性,还可以用不稳定常数(或离解常数)$K_d^{\ominus}(MY)$ 表示,稳定常数和不稳定常数存在下述关系:

$$K_d^{\ominus}(MY) = \frac{1}{K_f^{\ominus}(MY)} \tag{5-2}$$

如果金属离子 M 与 L 形成 ML_n 型配合物，ML_n 型配合物是逐级形成的，相应的逐级稳定常数如下：

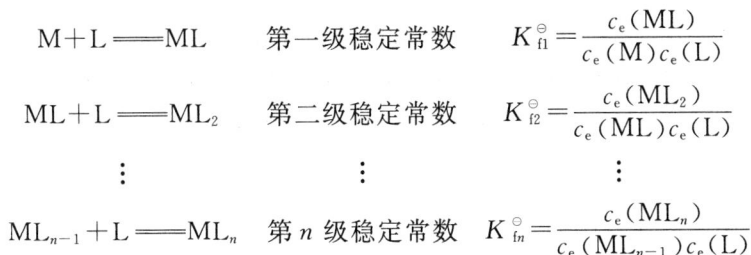

$$M+L \Longrightarrow ML \qquad 第一级稳定常数 \qquad K_{f1}^{\ominus}=\frac{c_e(ML)}{c_e(M)c_e(L)}$$

$$ML+L \Longrightarrow ML_2 \qquad 第二级稳定常数 \qquad K_{f2}^{\ominus}=\frac{c_e(ML_2)}{c_e(ML)c_e(L)}$$

$$\vdots \qquad\qquad \vdots \qquad\qquad \vdots$$

$$ML_{n-1}+L \Longrightarrow ML_n \qquad 第 n 级稳定常数 \qquad K_{fn}^{\ominus}=\frac{c_e(ML_n)}{c_e(ML_{n-1})c_e(L)}$$

5.2.2 累积稳定常数

在许多配位平衡的计算中，经常要用到 $K_{f1}^{\ominus}$、$K_{f2}^{\ominus}$、$K_{f3}^{\ominus}$ 等数值，将逐级稳定常数依次相乘得到的乘积称为累积稳定常数，用 β 表示：

$$第一级累积稳定常数 \qquad \beta_1=K_{f1}^{\ominus}=\frac{c_e(ML)}{c_e(M)c_e(L)}$$

$$第二级累积稳定常数 \qquad \beta_2=K_{f1}^{\ominus}K_{f2}^{\ominus}=\frac{c_e(ML_2)}{c_e(M)c_e^2(L)}$$

$$\vdots \qquad\qquad \vdots$$

$$第 n 级累积稳定常数 \qquad \beta_n=K_{f1}^{\ominus}K_{f2}^{\ominus}\cdots K_{fn}^{\ominus}=\frac{c_e(ML_n)}{c_e(M)c_e^n(L)}$$

5.3 影响配位平衡的主要因素

在化学反应中，通常把主要考察的一种反应看作主反应，其他与之有关的反应看作副反应。在配位滴定体系中，除了金属离子 M 与配位剂 Y 之间的反应外，还存在不少副反应。这些副反应的进行将对主反应构成影响，根据化学平衡原理可以得出：如果反应物（M 或 Y）发生副反应，则不利于主反应的进行，而生成物 MY 所发生的副反应则有利于主反应的进行。当有副反应发生时，$K_f^{\ominus}(MY)$ 就已经不足以反映主反应进行的情况了。为了定量地表示有副反应发生时主反应进行的程度，引入副反应系数 α。本章仅考察对 EDTA 参加的配位反应影响最大的两类副反应，即溶液中 H^+ 和 EDTA 发生反应导致的酸效应，另外就是溶液中其他配体和 EDTA 竞争金属离子导致的配位效应。

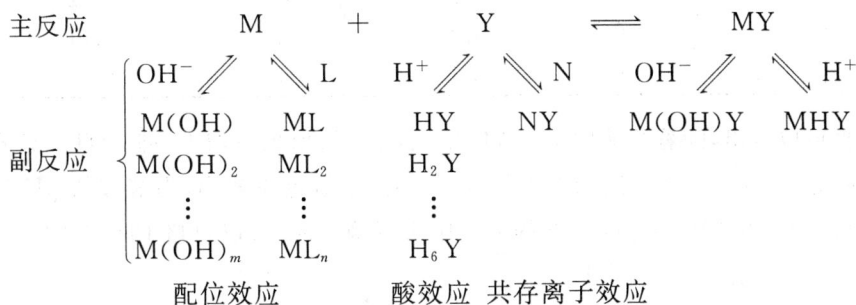

主反应   M   +   Y $\Longrightarrow$ MY

	OH^- L	H^+ N	OH^- H^+
副反应	M(OH) ML	HY NY	M(OH)Y MHY
	$M(OH)_2$ ML_2	H_2Y	
	$\vdots$ $\vdots$	$\vdots$	
	$M(OH)_m$ ML_n	H_6Y	
	配位效应	酸效应 共存离子效应	

5.3.1 EDTA 的酸效应及酸效应系数

EDTA 是一种广义的酸,当溶液中有 H^+ 时,EDTA 除了和金属离子 M 发生主反应外,还可以和 H^+ 结合形成其共轭酸,从而使 Y 的平衡浓度降低,影响其参加主反应,这种现象称为 EDTA 的酸效应。H^+ 引起副反应时所对应的副反应系数称为**酸效应系数**(coefficient of acid effect),通常用 $\alpha_{Y(H)}$ 来表示。

$$\alpha_{Y(H)} = \frac{c_e(Y')}{c_e(Y)} \tag{5-3}$$

式中,$c_e(Y')$ 表示所有没有参加主反应的配体的浓度,$c_e(Y)$ 表示游离的没参加主反应的配体的浓度。从定义中可以得到,$\alpha_{Y(H)}$ 越大,则配体的副反应越严重,即相对于游离的配体 Y 来说,有大量的配位剂参加了与 H^+ 的副反应。

由于 $\alpha_{Y(H)}$ 随酸度改变而变化的范围很大,所以经常使用的是其对数值。EDTA 在不同 pH 下的酸效应系数是经常用到的数据,为便于使用,表 5-2 列出了 EDTA 在不同 pH 下的 $\lg\alpha_{Y(H)}$ 值。

表 5-2 EDTA 的 $\lg\alpha_{Y(H)}$ 值

pH	$\lg\alpha_{Y(H)}$	pH	$\lg\alpha_{Y(H)}$	pH	$\lg\alpha_{Y(H)}$
0.0	23.64	3.4	9.70	6.8	3.55
0.2	22.47	3.6	9.27	7.0	3.32
0.4	21.32	3.8	8.85	7.2	3.10
0.6	20.18	4.0	8.44	7.4	2.88
0.8	19.08	4.2	8.04	7.6	2.68
1.0	18.01	4.4	7.64	7.8	2.47
1.2	16.98	4.6	7.24	8.0	2.27
1.4	16.02	4.8	6.84	8.2	2.07
1.6	15.11	5.0	6.45	8.6	1.67
1.8	14.27	5.2	6.07	9.0	1.28
2.0	13.51	5.4	5.69	9.5	0.83
2.2	12.82	5.6	5.33	10.0	0.45
2.4	12.19	5.8	4.98	10.5	0.20
2.6	11.62	6.0	4.65	11.0	0.07
2.8	11.09	6.2	4.34	11.5	0.02
3.0	10.60	6.4	4.06	12.0	0.01
3.2	10.14	6.6	3.79	13.0	0.00

由表中的数据可以看出,随着溶液中 H^+ 浓度增大,$\lg\alpha_{Y(H)}$ 值也在增大,即 EDTA 越容易与 H^+ 结合发生副反应。相反,当溶液的碱性增强时,$\lg\alpha_{Y(H)}$ 值也在减小,当溶液的 pH 达到 12 时,$\lg\alpha_{Y(H)}$ 值已经接近 0,所以在 pH>12 的溶液中进行滴定时,可以忽略 EDTA 的酸效应的影响。

如果绘成 pH-$\lg\alpha_{Y(H)}$ 关系曲线,即可得到 EDTA 的酸效应曲线,如图 5-2 所示。

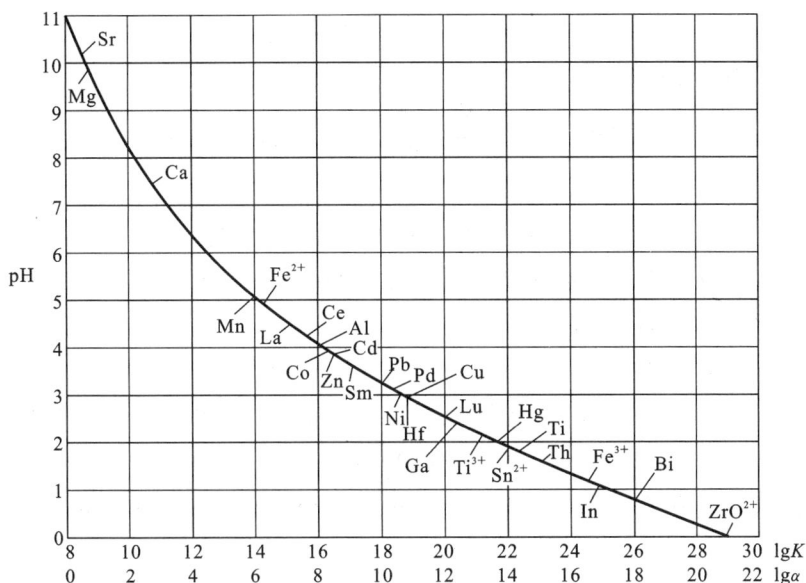

图 5-2　EDTA 的酸效应曲线

5.3.2　配位效应及配位效应系数

除了 EDTA 以外,如果溶液中有其他配体存在,也会降低金属离子 M 参加主反应的能力,这种现象称为配位效应。其他配体引起的副反应所对应的副反应系数称为配位效应系数,用 $\alpha_{M(L)}$ 表示。

$$\alpha_{M(L)} = \frac{c_e(M')}{c_e(M)}$$

式中,$c_e(M')$ 表示所有未参加主反应的金属离子的浓度,$c_e(M)$ 表示没参加主反应的游离金属离子的浓度。配位效应系数 $\alpha_{M(L)}$ 越大,表示金属离子被配位剂 L 配位得越完全,副反应越严重,对主反应的影响越严重。在没有其他配体存在的情况下,$\alpha_{M(L)} = 1$,即所有未参加主反应的配体都以游离形式存在。

5.3.3　条件稳定常数

当配位剂 EDTA 与金属离子 M 在溶液中发生反应时,如果不存在副反应,则 $K_f^{\ominus}(MY)$ 是衡量反应进行程度的主要标志。$K_f^{\ominus}(MY)$ 越大,则平衡时,配合物 MY 的浓度越大而未参加主反应的金属离子 M 和配位剂 Y 的浓度越小,即反应进行得越彻底。当有副反应发生时,则 $K_f^{\ominus}(MY)$ 已经不能准确反映出配位反应的进行程度。假定没参加主反应的金属离子和配位剂的浓度分别为 $c_e(M')$ 和 $c_e(Y')$,生成的配合物的浓度为 $c_e(MY')$,当达到平衡时,可以得到一个考虑了副反应的稳定常数,即**条件稳定常数**(conditional stability constant):

$$K_f^{\ominus'}(MY) = \frac{c_e(MY')}{c_e(M')c_e(Y')} \tag{5-4}$$

从上面对副反应系数的讨论中可以得出

$$\alpha_{M(L)} = \frac{c_e(M')}{c_e(M)}, \quad \alpha_{Y(H)} = \frac{c_e(Y')}{c_e(Y)}$$

忽略其他副反应,则可以得到

$$K_f^{\ominus'}(MY) = \frac{c_e(MY)}{c_e(M')c_e(Y')} = K_f^{\ominus}(MY)\frac{1}{\alpha_{M(L)}\alpha_{Y(H)}}$$

取对数后可以得到

$$\lg K_f^{\ominus'}(MY) = \lg K_f^{\ominus}(MY) - \lg\alpha_{M(L)} - \lg\alpha_{Y(H)} \tag{5-5}$$

例 5-1　假定溶液中没有其他金属离子,计算 pH=2 和 pH=5 时 ZnY 的条件稳定常数。

解　查表 5-1 可以得到 $\lg K_f^{\ominus}(ZnY) = 16.50$。

查表 5-2 可以得到 pH=2 时,$\lg\alpha_{Y(H)} = 13.51$;pH=5 时,$\lg\alpha_{Y(H)} = 6.45$。

因此,pH=2 时,$\lg K_f^{\ominus'}(ZnY) = \lg K_f^{\ominus}(ZnY) - \lg\alpha_{Y(H)} = 16.50 - 13.51 = 2.99$

$$K_f^{\ominus'}(ZnY) = 10^{2.99}$$

pH=5 时,$\lg K_f^{\ominus'}(ZnY) = \lg K_f^{\ominus}(ZnY) - \lg\alpha_{Y(H)} = 16.50 - 6.45 = 10.05$

$$K_f^{\ominus'}(ZnY) = 10^{10.05}$$

5.4　金属指示剂

5.4.1　金属指示剂的变色原理

在配位滴定中,通常利用一种能与金属离子生成有色配合物的显色剂来指示滴定过程中金属离子浓度的变化,这种显色剂称为金属离子指示剂,简称金属指示剂。

金属指示剂与被滴定金属离子反应,形成一种与指示剂本身颜色不同的配合物(为了书写方便,此处省略电荷,下同):

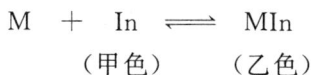

$$M \ + \ In \ \Longleftrightarrow \ MIn$$
$$(甲色) \qquad (乙色)$$

式中,M 代表金属离子,In 代表指示剂。

滴定前,溶液所呈现的是指示剂与金属离子形成的配合物的颜色。刚开始滴定时溶液中绝大部分金属离子仍处于游离状态,随着 EDTA 的滴入,游离的金属离子逐步被配位,形成无色或有色螯合物,溶液仍然显示 MIn 的颜色。直到接近化学计量点时,溶液中的游离金属离子几乎全部被 EDTA 配位,再加入稍微过量的 EDTA 便会夺取 MIn 配合物中的 M,而使指示剂 In 游离出来,引起溶液颜色的变化,从而指示滴定终点。终点时发生的置换反应表示如下:

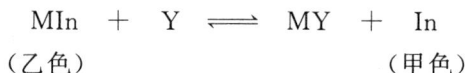

$$MIn \ + \ Y \ \Longleftrightarrow \ MY \ + \ In$$
$$(乙色) \qquad\qquad\qquad (甲色)$$

金属离子的显色剂很多,但是其中只有一部分能用作金属指示剂。一般来说,金属指示剂应具备下列条件:

(1) 金属指示剂与金属离子形成的显色配合物(MIn)与指示剂(In)的颜色有显著差异,这样才能使终点变色明显。

(2) 显色反应灵敏、迅速,有良好的变色可逆性。

（3）显色配合物的稳定性适当，既要有足够的稳定性，又要比该金属离子的 EDTA 配合物稳定性小。如果显色配合物的稳定性太小，则会使滴定终点提前到达；如果稳定性太大，就会使终点拖后，变色也不敏锐，甚至还有可能使 EDTA 无法置换出显色配合物中的金属离子，显色反应失去可逆性，得不到滴定终点。

（4）金属指示剂具有一定的选择性，即在一定的条件下，只对一种或几种金属离子发生显色反应。

（5）金属指示剂比较稳定，便于储藏和使用。

5.4.2　金属指示剂的封闭、僵化和氧化变质现象

1. 金属指示剂的封闭现象

有时某些金属指示剂能与某些金属离子生成极稳定的配合物，这些配合物比相应的与 EDTA 形成的配合物更稳定，以致滴入过量的 EDTA 也不能夺取指示剂配合物中的金属离子，使指示剂游离出来，因而在滴定过程中看不到颜色变化，这种现象称为金属指示剂的封闭。不仅不能用这种指示剂指示这些金属离子的滴定，而且当这些金属离子存在时，也不能用这种指示剂指示其他离子的滴定。例如，以铬黑 T 为指示剂，在 pH＝10 的条件下，用 EDTA 滴定 Ca^{2+} 和 Mg^{2+} 时，若溶液中有微量的 Fe^{3+} 和 Al^{3+} 等离子，由于后者与铬黑 T 形成极为稳定的红色配合物，指示剂被封闭，不能指示滴定终点。在实验室中往往由于蒸馏水不纯，含有微量重金属离子，妨碍终点的观察。解决的办法是在滴定前加入掩蔽剂，使干扰离子与掩蔽剂生成更稳定的配合物而不再与指示剂作用。例如加入三乙醇胺，可以消除少量 Fe^{3+} 和 Al^{3+} 对铬黑 T 的封闭；加入 KCN，可以消除 Cu^{2+}、Co^{2+} 和 Ni^{2+} 对指示剂的封闭。

2. 金属指示剂的僵化现象

有些金属指示剂本身及其与金属离子形成配合物的溶解度很小，因而使滴定终点的颜色变化不明显，这种现象称为金属指示剂的僵化。通常可采用加热以增大化学反应速率，或加入适当的有机溶剂以增大指示剂或指示剂配合物的溶解度等办法，来消除金属指示剂的僵化现象。

3. 金属指示剂的氧化变质现象

大多数金属指示剂具有双键基团，易因日光、空气、氧化剂等而分解，分解变质的速率与试剂的纯度有关。有些金属离子还会对分解起催化作用，例如，铬黑 T 在 Mn^{4+}、Ce^{4+} 存在下，数秒钟即分解褪色。由于上述原因，指示剂在水溶液中不稳定，日久会变质，因此，常将指示剂配成固体混合物，或加入还原性物质如抗坏血酸和盐酸羟胺等，最好是现用现配。

5.4.3　常用的金属指示剂

1. 铬黑 T

铬黑 T 简称 EBT，它属于偶氮染料，化学名称为 1-(1-羟基-2-萘偶氮基)-6-硝基-2-萘酚-4-磺酸钠。铬黑 T 溶于水后，结合在磺酸根上的 Na^+ 全部离解，以 H_2In^- 型体存在于溶液中。由于两个酚羟基具有弱酸性，因此，在溶液中存在一系列离解平衡，其溶液随 pH 不同而呈现不同的颜色。铬黑 T 在水溶液中存在下列平衡：

水中钙、镁
含量的测定

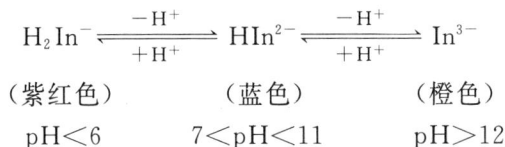

$$H_2In^- \underset{+H^+}{\overset{-H^+}{\rightleftharpoons}} HIn^{2-} \underset{+H^+}{\overset{-H^+}{\rightleftharpoons}} In^{3-}$$

（紫红色）　　　　（蓝色）　　　　（橙色）

pH<6　　　　7<pH<11　　　pH>12

当 pH<6 时,呈紫红色;当 pH=7～11 时,呈蓝色;当 pH>12 时,溶液呈现橙色。而铬黑 T 与金属离子形成的配合物呈红色,所以,只有当 pH=7～12 时,使用铬黑 T 作指示剂才能有明显的颜色变化。在 pH=10 的氨性缓冲溶液中,用 EDTA 直接滴定 Mg^{2+}、Zn^{2+}、Cd^{2+}、Pb^{2+} 和 Hg^{2+} 等离子时,铬黑 T 是良好的指示剂,但 Al^{3+}、Fe^{3+}、Co^{2+}、Ni^{2+}、Cu^{2+} 和 Ti^{4+} 等对指示剂有封闭作用,Al^{3+} 和 Ti^{4+} 可以用氟化物掩蔽,Fe^{3+} 可用抗坏血酸还原掩蔽,Co^{2+}、Ni^{2+}、Cu^{2+} 可以用邻二氮菲掩蔽,Cu^{2+} 还可用硫化物形成沉淀掩蔽。

虽然铬黑 T 性质稳定,但其水溶液易发生聚合反应而变质,只能保存几天,尤其在酸性溶液中,聚合反应更为严重。通常将固体铬黑 T 与惰性盐 NaCl 按质量比 1：100 混合研细,密闭保存在棕色瓶中备用。

2. 钙指示剂

钙指示剂简称 NN,化学名称是 2-羟基-1-(2-羟基-4-磺酸基-1-萘偶氮基)-3-萘甲酸。纯品为黑紫色粉末,其水溶液或乙醇溶液均不稳定,故一般取固体钙指示剂与干燥的纯 NaCl 按质量比 1：100 混合均匀后使用。

钙指示剂的颜色变化与 pH 的关系,可表示如下:

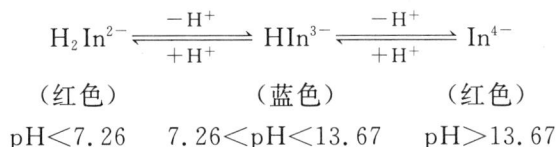

$$H_2In^{2-} \underset{+H^+}{\overset{-H^+}{\rightleftharpoons}} HIn^{3-} \underset{+H^+}{\overset{-H^+}{\rightleftharpoons}} In^{4-}$$

（红色）　　　　（蓝色）　　　　（红色）

pH<7.26　　7.26<pH<13.67　　pH>13.67

经常使用的酸度范围为 pH=12～13,此时,钙指示剂可以与 Ca^{2+} 形成红色配合物,指示剂自身呈纯蓝色,所以用 EDTA 进行滴定时,终点将由红色变为蓝色,颜色变化敏锐。钙指示剂受封闭的情况类似于铬黑 T,此时,可以用 KCN 和三乙醇胺联合掩蔽,消除指示剂的封闭情况。

3. 二甲酚橙

二甲酚橙简称 XO,化学名称是 3,3'-双(二羧甲基氨甲基)-邻甲酚磺酞,紫色结晶,易溶于水,它有 6 级酸式离解。当 pH>6.3 时,呈红色;pH<6.3 时,呈黄色;pH=6.3 时,呈中间颜色。二甲酚橙与金属离子形成的配合物都是红紫色,它只适用于 pH<6 的酸性溶液中,通常将其配成 0.5% 的水溶液,可以保存 2～3 周。

许多金属离子,如 Pr^{3+}（pH=1～2）、Th^{4+}（pH=2.5～3.5）、Pb^{2+}、Zn^{2+}、Cd^{2+}、Hg^{2+}、Tl^{3+} 以及稀土金属离子都可以用二甲酚橙作指示剂直接滴定,终点由红紫色转变为亮黄色,颜色变化敏锐。

有些金属离子,如 Fe^{3+}、Al^{3+}、Ni^{2+} 和 Cu^{2+} 等,对二甲酚橙有封闭作用,在对这些离子进行滴定时,可以采用返滴定法,即先加入过量的 EDTA,再用 Zn^{2+} 溶液返滴定。

当 Fe^{3+}、Al^{3+}、Ni^{2+} 和 Ti^{4+} 等离子由于对二甲酚橙的封闭作用而干扰到其他离子的测定时,依据不同的情况可以采用不同的方法消除干扰,其中 Fe^{3+} 和 Ti^{4+} 可用抗坏血酸还原,Al^{3+} 可以用氟化物掩蔽,Ni^{2+} 可以用邻二氮菲掩蔽。

4. PAN 指示剂

PAN 属于吡啶偶氮类显色剂,化学名称是 1-(2-吡啶偶氮)-2-萘酚,纯 PAN 是橙红色针状结晶,难溶于水,可溶于碱、氨溶液及甲醇、乙醇等溶剂中,通常配成 0.1% 的乙醇溶液使用。

PAN 在 pH＝1.9~12 范围内适用,在此范围内,PAN 呈黄色,而 PAN 与金属离子的配合物为红色,所以用 EDTA 进行滴定时,终点由红色变为黄色。PAN 可以与 Bi^{3+}、Cu^{2+}、Ni^{2+}、Pb^{2+}、Cd^{2+}、Zn^{2+}、Mn^{2+} 和稀土金属离子形成红色螯合物,但它们的水溶性差,大多出现沉淀,变色不敏锐。为了加快变色过程,可加入乙醇,并适当加热。

5.5　配位滴定的基本原理

在酸碱滴定的操作过程中,随着滴定剂的加入,H^+ 和 OH^- 发生的反应而导致溶液中 H^+ 浓度不断发生变化,在化学计量点附近,溶液的 pH 发生突变。根据酸碱理论,金属离子也可以看作酸(路易斯酸),EDTA 可以看作碱(路易斯碱),EDTA 与金属离子发生的反应在某种程度上也可以看作酸碱反应,而且 EDTA 与绝大多数金属离子发生的反应计量数比都为 1∶1,所以可以参考酸碱溶液的计算方法。但是,由于副反应的存在,EDTA 与金属离子的反应又比通常意义上的酸碱反应复杂。

5.5.1　配位滴定曲线

在配位滴定过程中,随着配位剂的加入,由于配合物的形成,溶液中金属离子的浓度不断减少,在化学计量点附近时,金属离子浓度的负对数(pM)会发生突变。如果以 pM 为纵坐标,以加入配位剂的量为横坐标作图,可以得到与酸碱滴定时相类似的滴定曲线。

现以 pH＝12.00 时,$0.01000\ mol \cdot L^{-1}$ EDTA 标准溶液滴定 $20.00\ mL\ 0.01000\ mol \cdot L^{-1}\ Ca^{2+}$ 溶液为例,计算 pCa 的变化情况。

假定滴定体系不存在其他辅助配位剂,只考虑 EDTA 的酸效应,先求条件稳定常数。

查表 5-1 和表 5-2 得知 $lgK_f^{\ominus}(CaY)＝10.69$,当 pH＝12.00 时,$\alpha_{Y(H)}$ 为 0.01,所以 $lgK_f^{\ominus'}(CaY)＝10.69-0.01＝10.68$。

然后计算 pCa 的变化值。

(1) 滴定前溶液中的 Ca^{2+} 浓度为 $0.01000\ mol \cdot L^{-1}$,所以 pCa＝2.00。

(2) 滴定开始至化学计量点前,溶液中未被滴定的 Ca^{2+} 与反应产物 CaY 同时存在。严格来说,溶液中的 Ca^{2+} 既来自剩余的 Ca^{2+},又来自 CaY 的离解。考虑到 $lgK_f^{\ominus'}(CaY)$ 数值较大,CaY 的离解程度很小,且溶液中剩余的 Ca^{2+} 对 CaY 的离解又起到抑制作用,故可忽略 CaY 的离解,近似地用剩余的 Ca^{2+} 来计算溶液中 Ca^{2+} 的浓度。

例如,当加入 19.98 mL EDTA 标准溶液(即滴定分数为 99.9%)时,有

$$c_e(Ca^{2+})＝0.01000 \times \frac{(20.00-19.98) \times 10^{-3}}{(20.00+19.98) \times 10^{-3}}\ mol \cdot L^{-1}＝5.0 \times 10^{-6}\ mol \cdot L^{-1}$$

$$pCa＝5.30$$

化学计量点以前其他各点的 pCa 按同法计算,列于表 5-3 中。

(3) 化学计量点时,由于 CaY 配合物相当稳定,Ca^{2+} 与加入的 EDTA 标准溶液几乎全部

配位生成 CaY,则

$$c_e(CaY) = \frac{0.01000 \times 20.00}{20.00 + 20.00}\ mol \cdot L^{-1} = 5.0 \times 10^{-3}\ mol \cdot L^{-1}$$

此时,溶液中的 Ca^{2+} 的浓度可以近似地由 CaY 的离解来计算,即 $c_e(Ca^{2+}) = c_e(Y')$,所以

$$K_f^{\ominus\prime}(CaY) = \frac{c_e(CaY)}{c_e(Ca^{2+})c_e(Y')} = \frac{5.0 \times 10^{-3}}{c_e^2(Ca^{2+})} = 4.8 \times 10^{10}$$

$$c_e(Ca^{2+}) = \sqrt{\frac{5.0 \times 10^{-3}}{4.8 \times 10^{10}}}\ mol \cdot L^{-1} = 3.0 \times 10^{-7}\ mol \cdot L^{-1}$$

$$pCa = 6.50$$

(4) 化学计量点后,溶液中过量的 Y 抑制了 CaY 的离解。因此,可以近似地认为 $c_e(CaY)$ 仍为 $5.0 \times 10^{-3}\ mol \cdot L^{-1}$。

设加入 20.02 mL EDTA 标准溶液(即滴定分数为 100.1%)时,过量的 EDTA 的浓度为

$$c_e(Y') = 0.01000 \times \frac{20.02 - 20.00}{20.00 + 20.02}\ mol \cdot L^{-1} = 5.0 \times 10^{-6}\ mol \cdot L^{-1}$$

$$K_f^{\ominus\prime}(CaY) = \frac{c_e(CaY)}{c_e(Ca^{2+})c_e(Y')} = \frac{5.0 \times 10^{-3}}{c_e(Ca^{2+}) \times 5.0 \times 10^{-6}}\ mol \cdot L^{-1}$$

$$= 4.8 \times 10^{10}\ mol \cdot L^{-1}$$

$$c_e(Ca^{2+}) = 2.0 \times 10^{-8}\ mol \cdot L^{-1}$$

$$pCa = 7.70$$

化学计量点后其他各点 pCa 值按同法计算,其结果见表 5-3。

表 5-3　pH=12 时用 0.01000 mol · L^{-1} EDTA 滴定 20.00 mL 0.01000 mol · L^{-1} Ca^{2+} 过程中 pCa 的变化

加入 EDTA 的量		被配位的 EDTA 分数/(%)	过量的 EDTA 分数/(%)	pCa
V/mL	分数/(%)			
0.00	0			2.00
18.00	90	90.0		3.00
19.80	99	99.0		4.30
19.98	99.9	99.9		5.30
20.00	100	100.0	(化学计量点)	6.50
20.02	100.1		0.1	7.70
20.20	101		1	8.70
40.00	200		100	10.70

（5.30、6.50、7.70 处标注：滴定突跃）

以 pCa 为纵坐标,加入 EDTA 的分数为横坐标作图,得到用 EDTA 标准溶液滴定 Ca^{2+} 的滴定曲线,如图 5-3 所示。

用同样的方法计算 pH=12,10,9,7,6 时滴定过程中的 pCa,其结果绘于图5-4中。

5.5.2　影响配位滴定突跃的主要因素

从上述各图可以看出,配合物的条件稳定常数和被滴定的金属离子的浓度是影响滴定突

跃的主要因素。

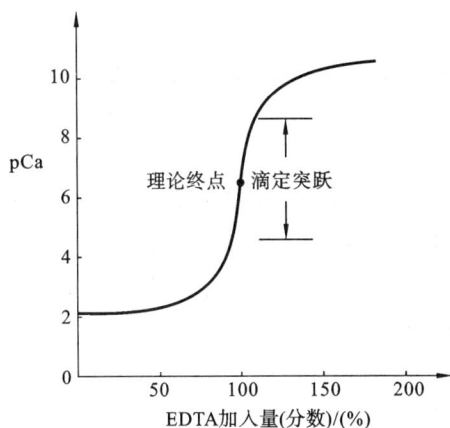

图 5-3　$0.01000\ mol \cdot L^{-1}$ EDTA 滴定 0.01000 $mol \cdot L^{-1}\ Ca^{2+}$ 的滴定曲线（$pH=12$）

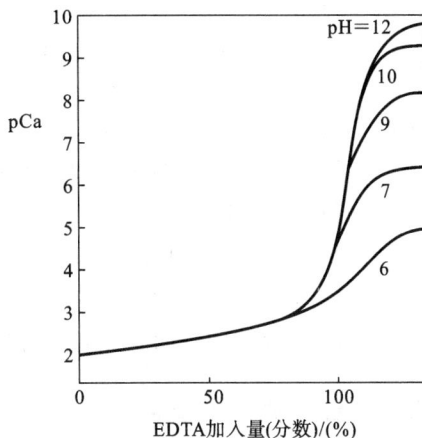

图 5-4　pH 对滴定突跃的影响

当用 $0.01000\ mol \cdot L^{-1}$ EDTA 标准溶液滴定 $0.01000\ mol \cdot L^{-1}$ 金属离子 M^{n+} 时，若配合物 MY 的 $\lg K_f^{\ominus\prime}(MY)$ 分别为 $2,4,6,8,10,12,14$，同样可计算并绘制出相应的滴定曲线，如图 5-5 所示。

若 $\lg K_f^{\ominus\prime}(MY)=10$，用相同浓度的 EDTA 标准溶液分别滴定不同浓度的金属离子，滴定过程中的 pM 也可以计算出来，其滴定曲线如图 5-6 所示。

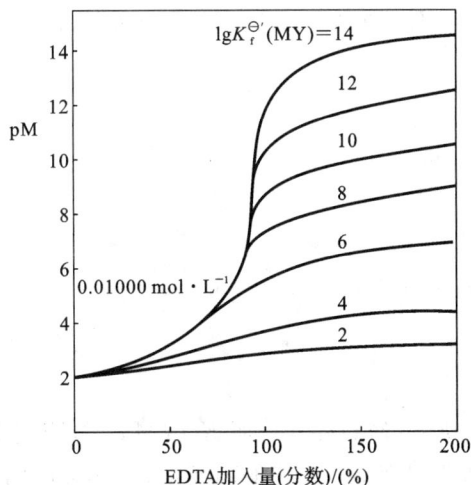

图 5-5　不同 $\lg K_f^{\ominus\prime}(MY)$ 时用 $0.01000\ mol \cdot L^{-1}$ EDTA 滴定 $0.01000\ mol \cdot L^{-1}\ M^{n+}$ 的滴定曲线

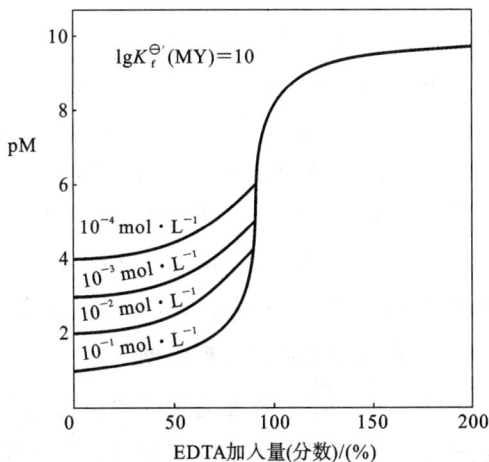

图 5-6　金属离子浓度对滴定突跃的影响

（1）配合物的条件稳定常数：由图 5-5 可见，在金属离子的浓度一定时，MY 配合物的条件稳定常数 $K_f^{\ominus\prime}(MY)$ 越大，其滴定曲线上的突跃也越大。由式（5-5）可以看出，配合物的稳定常数 $K_f^{\ominus}(MY)$、溶液的酸度以及金属离子的配位效应等都会通过影响配合物的条件稳定常数来影响滴定突跃的大小。

① $K_f^{\ominus'}(MY)$ 的影响:当溶液的酸度和其他配体的浓度一定时,$K_f^{\ominus'}(MY)$ 越大,滴定突跃越大,若 $K_f^{\ominus'}(MY)$ 太小,则无法滴定。

② 溶液酸度的影响:pH 升高,$\alpha_{Y(H)}$ 下降,条件稳定常数增大,滴定突跃增大。因此,滴定金属离子 M 时,应当选择较高的 pH 以便提高滴定的准确度,但是,pH 也不可过高,以防止金属离子发生水解,反而影响滴定的准确度。

③ 配位效应的影响:当溶液中有其他能与 M 作用的配体(如缓冲溶液、掩蔽剂等)时,也可以降低条件稳定常数,使滴定突跃变小,因此应尽可能减小溶液中其他配体的浓度。

(2) 被滴定金属离子浓度的影响:从图 5-6 可以看出,在条件稳定常数一定时,金属离子的浓度越小,则滴定曲线的起点越高,滴定突跃就越小。

5.5.3 准确滴定的条件

1. 单一金属离子准确滴定的条件

由前面的讨论可知,当 $c(M)$ 一定时,条件稳定常数越大,或者在条件稳定常数一定时,$c(M)$ 越大,其滴定突跃越大。即 $c(M)K_f^{\ominus'}(MY)$ 值人,滴定突跃越大。滴定突跃越大,越有利于指示剂的选择,分析结果的准确度越高。在允许误差为 0.1% 时,单一金属离子能被准确滴定的条件是

$$\lg[c(M)K_f^{\ominus'}(MY)] \geqslant 6 \tag{5-6}$$

在实际工作中,$c(M)$ 常为 0.01 mol·L^{-1} 左右,此时,准确滴定的条件为

$$\lg K_f^{\ominus'}(MY) \geqslant 8 \tag{5-7}$$

例 5-2 在 pH=5.0 时,能否用 0.01 mol·L^{-1} EDTA 标准溶液直接准确滴定 0.01 mol·L^{-1} Mg^{2+}? 在 pH=10.0 的溶液中呢?

解 pH=5.0 时,查表知 $\lg\alpha_{Y(H)}=6.45$,则

$$\lg K_f^{\ominus'}(MgY)=\lg K_f^{\ominus}(MgY)-\lg\alpha_{Y(H)}=8.70-6.45=2.25<8$$

故 pH=5.0 时不能直接准确滴定 Mg^{2+}。

在 pH=10.0 时,查表知 $\lg\alpha_{Y(H)}=0.45$,则

$$\lg K_f^{\ominus'}(MgY)=\lg K_f^{\ominus}(MgY)-\lg\alpha_{Y(H)}=8.70-0.45=8.25>8$$

所以在 pH=10.0 时,Mg^{2+} 可被准确滴定。

2. 配位滴定中的酸度控制

单一金属离子被准确滴定的条件是 $\lg[c(M)K_f^{\ominus'}(MY)] \geqslant 6$,而 $K_f^{\ominus'}(MY)$ 与滴定条件直接相关。假定在配位滴定中,除了 EDTA 的酸效应外,没有其他副反应,则 $K_f^{\ominus'}(MY)$ 主要受溶液酸度的影响。从式(5-6)可以看出,在 $c(M)$ 一定时,随着溶液酸度的增高,$\alpha_{Y(H)}$ 增大,$K_f^{\ominus'}(MY)$ 减小。当溶液的酸度增高到一定程度时,就可能导致 $\lg[c(M)K_f^{\ominus'}(MY)]<6$,这时就不能对金属离子进行准确滴定了,这时溶液的酸度称为准确滴定的最高酸度,与此相对应的溶液的 pH 称为溶液的最低 pH。

在不考虑其他副反应的情况下,滴定任意一种金属离子时所对应的最低 pH 可以按如下方法进行计算:

$$\lg K_f^{\ominus'}(MY) \geqslant 8$$

考虑到 EDTA 的酸效应,则

$$\lg K_f^{\ominus'}(MY) = \lg K_f^{\ominus}(MY) - \lg \alpha_{Y(H)} \geqslant 8$$

$$\lg \alpha_{Y(H)} \leqslant \lg K_f^{\ominus}(MY) - 8 \tag{5-8}$$

所以当 $c(M)$ 为 $0.01\ mol \cdot L^{-1}$ 时,由式(5-8)求得最大 $\lg \alpha_{Y(H)}$,并从表 5-2 中查出此最大 $\lg \alpha_{Y(H)}$ 所对应的 pH,即为最低 pH。

　　必须指出,滴定分析时实际所允许的 pH 要比所允许的最低 pH 稍高一些,这样可以使被滴定的金属离子反应更完全。由于酸效应曲线未能指出某金属离子被定量滴定时 pH 的最高限值(最低酸度),因此在滴定分析中,还应根据各被测金属离子以及所选用指示剂的性质综合进行考虑,拟定适合的酸度范围。过高的 pH 会引起金属离子的水解,生成多羟基配合物,从而降低金属离子与 EDTA 的配位能力,甚至会生成 $M(OH)_n$ 沉淀而妨碍 MY 的形成。所以对不同的金属离子进行滴定时,有不同的最高 pH(最低酸度)。在没有辅助配位剂存在的条件下,最低酸度可由 $M(OH)_n$ 的溶度积求得。

　　例 5-3　试计算用 $0.01\ mol \cdot L^{-1}$ EDTA 标准溶液滴定 $0.01\ mol \cdot L^{-1}\ Fe^{3+}$ 溶液时的 pH 范围。

　　解　由式(5-8)得

$$\lg \alpha_{Y(H)} \leqslant \lg K_f^{\ominus}(MY) - 8 = 25.1 - 8 = 17.1$$

通过查表或酸效应曲线可以看出:当 $pH \geqslant 1.2$ 时,$\lg \alpha_{Y(H)} \leqslant 17.1$,故滴定时的最低 pH 为 1.2。

　　最低酸度由 $Fe(OH)_3$ 的 $K_{sp}^{\ominus}$ 求得。

$$c(OH^-) = \sqrt[3]{\frac{K_{sp}^{\ominus}(Fe(OH)_3)}{c(Fe)}} = \sqrt[3]{\frac{4.0 \times 10^{-39}}{0.01}}\ mol \cdot L^{-1} = 7.37 \times 10^{-13}\ mol \cdot L^{-1}$$

$$pOH = 12.1, \quad pH = 1.9$$

即滴定时的最高 pH 为 1.9。

3. 缓冲溶液的作用

　　在配位滴定过程中,伴随着配合物的生成,不断有 H^+ 释放出来。

$$M + H_2Y \longrightarrow MY + 2H^+$$

因此,溶液的酸度不断增高,不仅降低了配合物的实际稳定性,即 $K_f^{\ominus'}(MY)$,使滴定突跃减小,同时也可能改变指示剂变色的适宜酸度,导致很大的误差,甚至无法滴定,因此,在配位滴定中,通常要加入缓冲溶液来控制溶液 pH。

　　总而言之,不同的金属离子用 EDTA 滴定时,都应有一定的 pH 范围,超过这个范围,不论是高还是低,都是不适宜的。且因 EDTA 与金属离子反应时,有 H^+ 放出,为了防止溶液 pH 的变化,需要用缓冲溶液控制溶液的酸度。

5.6　提高配位滴定选择性的方法

5.6.1　控制溶液酸度

　　如果滴定单一金属离子,只要满足 $\lg[c(M)K_f^{\ominus'}(MY)] \geqslant 6$ 的条件,就可以直接准确滴定。

　　但在实际的分析工作中,分析样品往往是多种金属离子共存,而 EDTA 又缺乏选择性,此时如果想对其中的某一离子进行滴定,其他离子就会造成干扰。

　　若溶液中含有 M、N 两种金属离子,它们均可与 EDTA 形成配合物,且 $K_f^{\ominus}(MY) > K_f^{\ominus}(NY)$。在浓度相同时,首先被滴定的是 M,如果 $K_f^{\ominus}(MY)$ 与 $K_f^{\ominus}(NY)$ 相差足够大,则 EDTA 与 M 定量作用后才会继续与 N 相互作用,这样就可以在 N 存在的情况下准确滴定 M。两种金属离子的条件稳定常数相差越大,就越有可能对 M 进行选择滴定。

　　根据理论推导,在 M、N 两种离子共存时,若满足要求:

$$\lg\left[c(M)K_f^{\ominus'}(MY)\right] \geqslant 6 \quad 且 \quad \frac{c(M)K_f^{\ominus'}(MY)}{c(N)K_f^{\ominus'}(NY)} \geqslant 10^5 \tag{5-9}$$

就可以在干扰离子 N 存在时,准确滴定 M。上式称为分别滴定判别式。

　　如果要通过控制酸度对 M 和 N 两种离子进行分别滴定,则必须满足条件:

$$\lg\left[c(M)K_f^{\ominus'}(MY)\right] \geqslant 6, \quad \lg\left[c(N)K_f^{\ominus'}(NY)\right] \geqslant 6 \quad 且 \quad \frac{c(M)K_f^{\ominus'}(MY)}{c(N)K_f^{\ominus'}(NY)} \geqslant 10^5 \tag{5-10}$$

　　例 5-4　当溶液中 Bi^{3+}、Pb^{2+} 浓度皆为 $0.01\ mol \cdot L^{-1}$ 时,用 EDTA 滴定 Bi^{3+} 有无可能?

　　解　查表 5-1 可知,$\lg K_f^{\ominus}(BiY) = 27.94$,$\lg K_f^{\ominus}(PbY) = 18.04$,两种离子浓度相等且同一溶液中的 EDTA 酸效应系数为一固定值,在无其他副反应时,有

　　　　$\lg\left[c(Bi)K_f^{\ominus'}(BiY)\right] - \lg\left[c(Pb)K_f^{\ominus'}(PbY)\right] = 27.94 - 18.04 = 9.90 > 5$

故滴定 Bi^{3+} 时 Pb^{2+} 不干扰。

　　由酸效应曲线查得滴定 Bi^{3+} 的最低 pH 约为 0.7。滴定时 pH 也不能太高,在 pH $\approx$ 2 时,Bi^{3+} 将开始水解析出沉淀。

　　因此滴定 Bi^{3+} 的适宜 pH 范围为 $0.7 \sim 2$。

　　例 5-5　若某溶液中 Fe^{3+}、Al^{3+} 浓度均为 $0.01\ mol \cdot L^{-1}$,能否用 EDTA 单独滴定 Fe^{3+}?

　　解　已知 $\lg K_f^{\ominus}(FeY) = 25.10$,$\lg K_f^{\ominus}(AlY) = 16.30$。同一溶液中的 EDTA 酸效应系数为一固定值,在无其他副反应时,有

　　　　$\lg\left[c(Fe)K_f^{\ominus'}(FeY)\right] - \lg\left[c(Al)K_f^{\ominus'}(AlY)\right] = 25.10 - 16.30 = 8.80 > 5$

所以可以控制溶液的酸度来滴定 Fe^{3+},而 Al^{3+} 不干扰。

5.6.2　利用掩蔽剂提高选择性

　　若被测离子配合物的稳定常数与干扰离子配合物相差不大,或者小于干扰离子配合物的稳定常数,就不能利用控制酸度的方法消除干扰,这时应该使用掩蔽剂与干扰离子反应以消除干扰。

　　根据掩蔽剂与干扰离子反应的类型不同,掩蔽法可以分为配位掩蔽法、沉淀掩蔽法、氧化还原掩蔽法等,其中用得最多的是配位掩蔽法。

　　1. 配位掩蔽法

　　加入另外一种配位剂,利用其与干扰离子的配位反应以降低干扰离子浓度,这种方法称为**配位掩蔽法**(complexing-masked method)。这种方法的实质是通过降低干扰离子的条件稳定常数,增大被测离子与干扰离子的条件稳定常数的差值,从而实现对被测离子的准确滴定。表 5-4 列出了一些常用的掩蔽剂和被掩蔽的离子。

表 5-4　一些常用的掩蔽剂和被掩蔽的离子

掩　蔽　剂	被掩蔽的离子	使　用　条　件
三乙醇胺	Al^{3+}、Fe^{3+}、Sn^{4+}、TiO^{2+}、Mn^{2+}	酸性溶液中加三乙醇胺,再调至碱性
氟化物	Al^{3+}、Sn^{4+}、TiO^{2+}、Mn^{2+}	溶液 pH>4
氰化物	Cd^{2+}、Hg^{2+}、Cu^{2+}、Co^{2+}、Ni^{2+}、Fe^{2+}	溶液 pH>8
2,3-二巯基丙醇	Cd^{2+}、Hg^{2+}、Bi^{3+}、Sb^{3+}	溶液 pH≈10
邻二氮菲	Cu^{2+}、Co^{2+}、Ni^{2+}、Cd^{2+}、Hg^{2+}、Zn^{2+}	溶液 pH=5～6
乙酰丙酮	Al^{3+}、Fe^{3+}	溶液 pH=5～6

2. 氧化还原掩蔽法

加入一种氧化还原剂,使之与干扰离子反应以消除其对被测离子的干扰,这种方法称为**氧化还原掩蔽法**(redox-masked method)。例如在 pH=1 的条件下用 EDTA 对 Bi^{3+} 进行检测时,如果溶液中有 Fe^{3+} 存在,就会干扰滴定,这时,如果加入还原剂抗坏血酸或盐酸羟胺把 Fe^{3+} 还原成 Fe^{2+},由于 Fe^{2+} 与 EDTA 形成的配合物的稳定性远远弱于 Bi^{3+} 与 EDTA 形成的配合物的稳定性,可达到消除干扰的目的。

3. 沉淀掩蔽法

加入能与干扰离子形成沉淀的沉淀剂,并在沉淀存在的情况下直接进行配位滴定,这种消除干扰的方法称为**沉淀掩蔽法**(precipitation-masked method)。例如在对 Ca^{2+} 和 Mg^{2+} 混合溶液中的 Ca^{2+} 进行测定时,无法通过上述的氧化还原掩蔽法和配位掩蔽法消除 Mg^{2+} 的干扰,这时,可以在强碱性的条件下,使 Mg^{2+} 生成 $Mg(OH)_2$ 沉淀,从而消除对 Ca^{2+} 的干扰。沉淀掩蔽法不是一种理想的方法,它存在以下缺点:

(1) 某些沉淀反应进行得不完全,掩蔽效率不高。

(2) 发生沉淀反应时,通常伴随共沉淀现象,影响滴定的准确度。当沉淀能吸附金属指示剂时,还会影响终点观察。

(3) 某些沉淀颜色很深,或体积庞大,妨碍终点观察。

在进行配位滴定时,采取沉淀掩蔽法的实例如表 5-5 所示。

表 5-5　沉淀掩蔽法实例

掩　蔽　剂	被掩蔽的离子	被滴定的离子	pH	指示剂
硫酸盐	Ba^{2+}、Sr^{2+}	Ca^{2+}、Mg^{2+}	10	铬黑 T
NH_4F	Ba^{2+}、Sr^{2+}、Ca^{2+}、Mg^{2+}、Al^{3+}	Hg^{2+}、Cd^{2+}、Zn^{2+}	10	铬黑 T
H_2SO_4	Pb^{2+}	Bi^{3+}	1	二甲酚橙
硫化物或铜试剂	Cu^{2+}、Pb^{2+}、Bi^{3+}、Hg^{2+}、Cd^{2+}	Ca^{2+}、Mg^{2+}	10	铬黑 T
KI	Cu^{2+}	Zn^{2+}	5～6	PAN
NaOH	Mg^{2+}	Ca^{2+}	12	钙指示剂

5.6.3　解蔽作用

将干扰离子掩蔽以滴定被测离子后,再加入一种试剂,使已被掩蔽剂掩蔽的干扰离子重新释放出来,这种作用称为解蔽作用,所用试剂称为解蔽剂。

　　例如,欲测定溶液中 Pb^{2+}、Zn^{2+} 的含量。这两种离子与 EDTA 形成配合物的稳定常数相近,无法控制酸度分步滴定。可在 pH=10 的氨性缓冲溶液中加入 KCN,它与 Zn^{2+} 形成配合物 $[Zn(CN)_4]^{2-}$ 而掩蔽 Zn^{2+},在用铬黑 T 作指示剂的条件下,用 EDTA 单独滴定 Pb^{2+}。然后在滴定过的溶液中加入甲醛,破坏 $[Zn(CN)_4]^{2-}$ 配离子,使 Zn^{2+} 重新释放出来,此过程称为解蔽作用,其反应如下:

$$4HCHO+[Zn(CN)_4]^{2-}+4H_2O \Longleftrightarrow Zn^{2+}+4OH^-+4HOCH_2CN$$

释放出来的 Zn^{2+},可用 EDTA 继续滴定。

5.7　配位滴定的应用

5.7.1　配位滴定方式

1. 直接滴定法

　　直接滴定法是配位滴定中的基本方法,这种方法是将试样处理成溶液后,调节至所需要的酸度,加入必要的其他试剂和指示剂,直接用 EDTA 滴定。采用直接滴定法时,必须符合下列条件:

　　(1) 被测离子的浓度 $c(M)$ 及与 EDTA 配合物的条件稳定常数 $K_f^{\ominus\prime}(MY)$ 满足 $\lg[c(M)K_f^{\ominus\prime}(MY)] \geqslant 6$ 的要求;

　　(2) 配位反应速率大;

　　(3) 有变色敏锐的指示剂,且没有封闭现象;

　　(4) 在选用的滴定条件下,被测离子不发生水解和沉淀反应。

2. 返滴定法

　　返滴定法是指加入过量 EDTA 标准溶液,用另一种金属盐类的标准溶液滴定过量的 EDTA,根据两种标准溶液的浓度和用量,即可求得被测物质的含量。

　　返滴定剂所生成的配合物应有足够的稳定性,但不宜超过被测离子配合物稳定性太多,否则在滴定过程中,返滴定剂会置换出被测离子,引起误差,而且终点不敏锐。

　　返滴定法主要用于下列情况:

　　(1) 采用直接滴定法时,缺乏符合要求的指示剂,或者被测离子对指示剂有封闭作用;

　　(2) 被测离子与 EDTA 的配位反应速率小;

　　(3) 被测离子发生水解等副反应,影响测定。

3. 置换滴定法

　　利用置换反应,置换出等物质的量的另一种金属离子,或者置换出 EDTA,然后滴定,这种方法就是置换滴定法。置换滴定法的方式灵活多样。

　　1) 置换出金属离子

　　被测离子 M 与 EDTA 反应不完全或所形成的配合物不稳定,可让 M 置换出另一配合物中等物质的量的 N,再用 EDTA 滴定 N,即可求出 M 的含量。

　　例如,Ag^+ 与 EDTA 形成的配合物稳定常数较小,$\lg[c(M)K_f^{\ominus\prime}(MY)] \leqslant 6$,不能用

EDTA 直接滴定,可将 Ag^+ 加入 $[Ni(CN)_4]^{2-}$ 溶液中,则发生下列反应:

$$2Ag^+ + Ni(CN)_2 \rightleftharpoons 2AgCN + Ni^{2+}$$

这一反应进行得比较彻底($K^{\ominus} = 10^{10.9}$),在 pH = 10 的氨性缓冲溶液中,以紫脲酸铵为指示剂,用 EDTA 滴定置换出来的 Ni^{2+},即可求得 Ag^+ 的含量。

2)置换出 EDTA

将被测离子 M 与干扰离子全部与 EDTA 发生配位反应,加入选择性高的配位剂 L 以夺取 M,并释放出 EDTA。

$$MY + L \rightleftharpoons ML + Y$$

反应后,释放出与 M 等物质的量的 EDTA,用金属盐类标准溶液滴定释放出来的 EDTA,即可测得 M 的含量。

例如,测定锡合金中的 Sn 时,可在试液中加入过量的 EDTA,将可能存在的 Pb^{2+}、Zn^{2+}、Cd^{2+}、Bi^{3+} 等与 Sn(Ⅳ)一起配位。用 Zn^{2+} 标准溶液滴定过量的 EDTA。加入 NH_4F,选择性地将 SnY 中的 EDTA 释放出来,再用 Zn^{2+} 标准溶液滴定释放出来的 EDTA,即可求得Sn(Ⅳ)的含量。

置换滴定法是提高配位滴定选择性的途径之一。

此外利用置换滴定法的原理,可以改善指示剂指示滴定终点的敏锐性。例如,铬黑 T 与 Mg^{2+} 显色很灵敏,但与 Ca^{2+} 显色的灵敏度较低,为此,在 pH = 10 的溶液中用 EDTA 滴定 Ca^{2+} 时,常于溶液中先加入少量 MgY,此时发生下列置换反应:

$$MgY + Ca^{2+} \rightleftharpoons Mg^{2+} + CaY$$

置换出来的 Mg^{2+} 与铬黑 T 显很深的红色。滴定时,EDTA 先与 Ca^{2+} 配位,当达到滴定终点时,EDTA 夺取 Mg-铬黑 T 配合物中的 Mg^{2+},形成 MgY,游离出指示剂,显蓝色,颜色变化很明显。在这里,滴定前加入的 MgY 的物质的量和最后生成的 MgY 是相等的,故加入的 MgY 不影响滴定结果。

用 CuY-PAN 作指示剂时,也是利用置换滴定法的原理。

4. 间接滴定法

一些金属离子与 EDTA 不能形成配合物或形成的配合物不够稳定,可以利用间接滴定法对其进行测定。如测定 Na^+ 时,使之沉淀为乙酸铀酰锌钠(NaAcZn$(Ac)_2$UO$_2$$(Ac)_2$ · $9H_2O$),分离出沉淀,洗净并将它溶解,然后用 EDTA 滴定 Zn^{2+},从而求得试样中 Na^+ 的含量。

间接滴定法手续烦琐,误差较大,故不是一种理想的方法。

5.7.2 EDTA 标准溶液的配制和标定

1. EDTA 标准溶液的配制

常用 EDTA 标准溶液的浓度是 $0.01 \sim 0.05$ mol · L^{-1},一般采用乙二胺四乙酸二钠盐(Na_2H_2Y · $2H_2O$)配制。试剂中常含 0.3% 的吸附水,若要直接配制标准溶液,必须将试剂在 80 ℃干燥过夜,或在 120 ℃下烘干至恒重,然后准确称量配制。由于蒸馏水中常含有一些金属离子,所以 EDTA 标准溶液常采用标定法配制。

2. EDTA 溶液的标定

可以用来标定 EDTA 的基准物质很多,比如金属铜、金属锌、金属镍、ZnO、$CaCO_3$ 和 $ZnSO_4 \cdot 7H_2O$ 等。其中,金属锌的纯度高且稳定,Zn^{2+} 及 ZnY 均无色,既可以在 pH=5～6 时以二甲酚橙为指示剂来标定,又可以在 pH=9～10 的氨性缓冲溶液中以铬黑 T 为指示剂来标定。需要注意的是,在选用锌作为标定的基准物质时,金属表面氧化膜的存在会带来标定误差,应将表面的氧化膜用细砂纸或稀盐酸除去,再用蒸馏水、丙酮清洗 1～2 次,沥干后于 110 ℃ 烘 5 min 备用。

另外,标定的条件应该尽可能与测定条件一致,用待测元素的纯金属或化合物作基准物质,可减小系统误差。

标定好的 EDTA 应当保存在聚乙烯容器中,如果保存在普通的玻璃瓶中,则玻璃瓶中的 Ca^{2+} 可以与 EDTA 发生配位反应生成 CaY,从而不断降低 EDTA 的浓度。长时间保存后的 EDTA 在使用之前应该重新进行标定。

5.7.3　水的硬度的测定

水的硬度取决于水中 Ca^{2+}、Mg^{2+} 的含量。通常称 Ca^{2+}、Mg^{2+} 在水中各种存在形式的总含量为总硬度,而分别把 Ca^{2+}、Mg^{2+} 的含量称为钙、镁硬度。水的总硬度的测定就是测定出水中 Ca^{2+}、Mg^{2+} 的量,再换算为相应的硬度单位,我国规定每升水中含 10 mg CaO 为 1 度。

测定水的硬度时,通常在两等份试样中进行,一份测定 Ca^{2+}、Mg^{2+} 的总量,另一份测定 Ca^{2+} 的含量,两者的差值则为 Mg^{2+} 的含量。测定 Ca^{2+}、Mg^{2+} 时,在 pH=10 的氨性缓冲溶液中以铬黑 T 为指示剂,用 EDTA 标准溶液滴定至溶液由酒红色变为纯蓝色;测定 Ca^{2+} 时,调节溶液 pH=12,使 Mg^{2+} 形成 $Mg(OH)_2$ 沉淀,用钙指示剂指示终点,用 EDTA 标准溶液滴定至溶液由红色变为纯蓝色。

阅读材料

水的硬度与生活

水的硬度最初是指水中钙离子、镁离子沉淀肥皂水化液的能力,其中包括碳酸盐硬度(又称暂时硬度)和非碳酸盐硬度(又称永久硬度)。碳酸盐硬度和非碳酸盐硬度之和称为总硬度。水中 Ca^{2+} 的含量称为钙硬度,水中 Mg^{2+} 的含量称为镁硬度。世界卫生组织所指测定饮水硬度即是统计总硬度,是将水中溶解的钙、镁均折合成碳酸钙,以每升水中碳酸钙含量为计量单位,根据水的硬度大小将其分为 7 个级别:0～75 mg·L^{-1} 为极软水,75～150 mg·L^{-1} 为软水,150～300 mg·L^{-1} 为中硬水,300～450 mg·L^{-1} 为硬水,450～700 mg·L^{-1} 为高硬水,700～1000 mg·L^{-1} 为超高硬水,1000 mg·L^{-1} 以上为特硬水。

软水对人们的生活有很多好处,例如:软水洗浴可以使头发柔顺光滑,使肌肤变得更加细腻、有弹性,减少身体皮屑;软水洗衣能使衣物柔软、洁净、色泽如新,并且晾干以后的衣服不会发白发硬;软水可以保护家中用水电器,可以降低热水器、壁挂炉、洗衣机等用水电器的维修率,延长用水机器的使用寿命,家庭内墙中安装的水管不易结垢堵塞;软水还可以减少日常生活器具表面的污垢产生量,如清洗过后的餐具、瓷器表面光洁,少留或者不留痕迹等。习惯上人们认为软水具有一定好处,饮用软水能减小结石病发率,维护健康。但是如果长期饮用软水可能导致人体某些营养元素的缺乏。

硬水的好处主要是硬水质的饮用水富含人体所需矿物质成分,是人们补充钙、镁等成分的一种重要渠道。当水中可溶性钙镁等化合物含量较高时,溶于水中的钙等成分较易被人体吸收。但也有研究表明长期引用硬度过高的水可能导致肾结石、胆结石或心血管等疾病。

根据我国最新 GB 5749—2022《生活饮用水卫生标准》要求,生活饮用水的总硬度(以碳酸钙计)不得超过 450 mg·L^{-1}。健康饮用水的硬度为 50~200 mg·L^{-1}。

扫码做题

思 考 题

1. EDTA 与金属离子形成的配合物有哪些特点?

2. 能够用于配位滴定法的配位反应必须具备的条件有哪些?

3. 配合物的稳定常数与条件稳定常数有何不同?为什么要引入条件稳定常数?

4. 在配位滴定中控制适当的酸度有什么重要意义?实际应用时应如何全面考虑选择滴定时的 pH?

5. 两种金属离子 M 和 N 共存时,什么条件下才可用控制酸度的方法进行分别滴定?

6. 金属指示剂的作用原理如何?它应该具备哪些条件?

习 题

1. 计算用 0.010 mol·L^{-1} EDTA 标准溶液滴定 Mn^{2+} 时所允许的最高酸度。

2. 计算 pH=5.0 时,EDTA 的酸效应系数 $\alpha_{Y(H)}$。若此时 EDTA 各种型体的总浓度为 0.02000 mol·L^{-1},则 $c_e(Y)$ 为多少?

3. 计算在 pH=10.0 条件下,用 0.010 mol·L^{-1} EDTA 标准溶液滴定 20.00 mL 同浓度的 Ca^{2+},滴定分数为 50%、100%、200% 时的 pCa。

4. 用配位滴定法测定氯化锌的含量。称取 0.2502 g 试样,溶于水后,调节至 pH=5~6,用二甲酚橙作指示剂,用 0.01032 mol·L^{-1} EDTA 标准溶液滴定,用去 20.56 mL,试计算试样中氯化锌的质量分数。

5. 称取 0.1000 g 含磷试样,处理成试液并把磷沉淀为 $MgNH_4PO_4$,将沉淀过滤洗涤后,再溶解并调至溶液的 pH=10,以铬黑 T 为指示剂,用 0.01000 mol·L^{-1} EDTA 标准溶液滴定 Mg^{2+},用去 20.00 mL,求试样中磷的含量。

6. 分析铜锌镁合金时,称取 0.5000 g 试样,溶解后定容至 100.0 mL。吸取 25.00 mL,调至 pH=6,用 PAN 作指示剂,用 0.05000 mol·L^{-1} EDTA 标准溶液滴定铜和锌,用去 37.30 mL。另吸取 25.00 mL 试液,调至 pH=10,加 KCN 掩蔽铜和锌,用同浓度的 EDTA 标准溶液滴定镁,用去 4.10 mL。再滴加甲醛以解蔽锌,又用 EDTA 标准溶液滴定,用去 13.40 mL。计算试样中铜、锌、镁的质量分数。

7. 计算 pH=5.0 时,Zn^{2+} 与 EDTA 形成配合物的条件稳定常数。此时能否用 EDTA 滴定 Zn^{2+}?(设 EDTA 和 Zn^{2+} 的浓度均为 0.010 mol·L^{-1} 且不考虑 Zn^{2+} 的副反应)

8. 计算 pH=6.0 时,Ca^{2+} 与 EDTA 形成配合物的条件稳定常数,并说明此时能否用 EDTA 标准溶液准确滴定 0.010 mol·L^{-1} 的 Ca^{2+}。求出滴定 Ca^{2+} 的最低 pH。

9. pH=3.0 时,能否用 0.010 mol·L^{-1} EDTA 标准溶液准确滴定同浓度的 Cu^{2+}?pH=5.0 时又怎样?计算滴定 Cu^{2+} 的最低和最高 pH。(已知 $K_{sp}^{\ominus}(Cu(OH)_2)=2.2\times10^{-20}$)

10. 铝盐中含有铜盐和锌盐的杂质,溶解后,加入过量的 EDTA,在 pH=5~6 时,用二甲酚橙作指示剂,用 0.1000 mol·L^{-1} $ZnCl_2$ 标准溶液滴定过量的 EDTA 至终点,再加入 NH_4F,继续用 0.1000 mol·L^{-1} $ZnCl_2$ 标准溶液滴定至终点,用去 22.30mL,试样质量为 0.4000 g。求铝盐中铝的含量。

第6章 氧化还原滴定法

基本要求

● 了解氧化还原反应方向、反应程度和反应速率及其影响因素,在实验和生产过程中能根据需要正确选择适当的反应条件,使氧化还原反应趋向完全。

● 理解氧化还原反应的实质和条件电势,初步掌握条件电势在实际生产、生活中的应用。

● 掌握氧化还原滴定过程中电极电势和离子浓度的变化规律,以及滴定过程中计量点电极电势和突跃范围电极电势的计算,正确选择指示剂指示滴定终点。

● 熟悉几种常用的氧化还原分析方法(高锰酸钾法、碘量法等)的原理、特点及应用。

氧化还原滴定法是以氧化还原反应为基础的滴定分析法,它在工农业生产和日常生活中的应用非常广泛,可以直接测定某些具有氧化性的物质(如废水中的 Cr^{6+} 等)和具有还原性的物质(如土壤中的有机质等),还可以用间接的方法测定一些氧化性和还原性很弱的物质(如 Ba^{2+} 等)。

氧化还原反应是基于电子转移的反应,机理比较复杂,反应往往是分步进行的,反应速率一般较小;有些氧化还原反应除主反应外,还常伴有各种副反应发生,使反应物之间没有确定的计量关系;有些氧化还原反应因介质不同而生成的产物不同。因此,在讨论和应用氧化还原滴定法时,除了从氧化还原反应的平衡常数来判断反应的可行性之外,还应根据实际应用的需要,利用反应速率、反应程度和反应热等知识通过改变反应条件(如加热、添加催化剂、掩蔽干扰离子等手段)来达到滴定测量要求。

6.1 氧化还原平衡

6.1.1 条件电势

无机化学中氧化还原反应基本原理表明氧化剂(oxidizing agent)和还原剂(reducing agent)的强弱可以用比较两个电对的电极电势(又称电极电位)来衡量。电对的电极电势越大,其氧化态的氧化能力越强,是强氧化剂;电对的电极电势越小,其还原态的还原能力越强,是强还原剂。例如:Fe^{3+}/Fe^{2+} 电对的标准电极电势($\varphi^{\ominus}(Fe^{3+}/Fe^{2+})=0.77$ V)比 Sn^{4+}/Sn^{2+} 电对的标准电极电势($\varphi^{\ominus}(Sn^{4+}/Sn^{2+})=0.15$ V)大,对氧化态 Fe^{3+} 和 Sn^{4+} 来说,Fe^{3+} 是更强的氧化剂;对还原态 Fe^{2+} 和 Sn^{2+} 来说,Sn^{2+} 是更强的还原剂,其反应如下:

$$2Fe^{3+} + Sn^{2+} \Longrightarrow 2Fe^{2+} + Sn^{4+}$$

因此,根据有关电对的电极电势值,可以判断氧化还原反应的方向和反应进行的完全程度。

对一个可逆反应来说,若以 Ox 表示某一电对的氧化态,Red 表示其还原态,n 为电子转移数,该电对的氧化还原半反应为

$$\text{Ox} + ne^- \rightleftharpoons \text{Red}$$

其能斯特(Nernst)方程为

$$\varphi(\text{Ox}/\text{Red}) = \varphi^{\ominus}(\text{Ox}/\text{Red}) + \frac{RT}{nF}\ln\frac{a(\text{Ox})}{a(\text{Red})} \tag{6-1}$$

式中,$\varphi(\text{Ox}/\text{Red})$ 是电对的实际电极电势;$\varphi^{\ominus}(\text{Ox}/\text{Red})$ 是电对的标准电极电势;$a(\text{Ox})$ 和 $a(\text{Red})$ 分别表示氧化态和还原态的活度;R 是摩尔气体常数($8.314\ \text{J} \cdot \text{K}^{-1} \cdot \text{mol}^{-1}$);$T$ 为热力学温度;F 是法拉第常数($96487\ \text{C} \cdot \text{mol}^{-1}$);$n$ 是电极反应中得失电子数。

在 298 K 时式(6-1)可写成

$$\varphi(\text{Ox}/\text{Red}) = \varphi^{\ominus}(\text{Ox}/\text{Red}) + \frac{0.0592\ \text{V}}{n}\lg\frac{a(\text{Ox})}{a(\text{Red})} \tag{6-2}$$

若 $a(\text{Ox}) = a(\text{Red}) = 1$,则

$$\varphi(\text{Ox}/\text{Red}) = \varphi^{\ominus}(\text{Ox}/\text{Red})$$

标准电极电势(standard-state potential)$\varphi^{\ominus}(\text{Ox}/\text{Red})$ 是在绝对温度 298 K、有关离子活度为 $1\ \text{mol} \cdot \text{L}^{-1}$ 或气体压力为 $1.013 \times 10^5\ \text{Pa}$ 时所测得的电极电势。

在氧化还原反应中,氧化还原电对通常可分为可逆氧化还原电对与不可逆氧化还原电对两大类。可逆氧化还原电对是指反应中氧化态和还原态能很快建立平衡的电对,其电极电势严格遵从能斯特方程,可准确计算;如 $\text{Fe}^{3+}/\text{Fe}^{2+}$、$\text{Ce}^{4+}/\text{Ce}^{3+}$、$\text{I}_2/\text{I}^-$ 等都是可逆氧化还原电对。不可逆氧化还原电对是指反应中不能真正建立起氧化还原反应方程式所示的氧化还原平衡的电对。如 $\text{MnO}_4^-/\text{Mn}^{2+}$、$\text{Cr}_2\text{O}_7^{2-}/\text{Cr}^{3+}$、$\text{S}_4\text{O}_6^{2-}/\text{S}_2\text{O}_3^{2-}$、$\text{CO}_2/\text{C}_2\text{O}_4^{2-}$、$\text{H}_2\text{O}_2/\text{H}_2\text{O}$ 和 $\text{SO}_4^{2-}/\text{SO}_3^{2-}$ 等都是不可逆氧化还原电对。这类电对的实际电极电势与理论计算值相差较大,但其计算结果对反应的初步判断和估计仍具有一定的实际意义。

在实际工作中,氧化还原电对的电极电势常用浓度代替活度进行计算,这实际上忽略了溶液中离子强度和其他副反应的影响。而在定量分析工作中这种影响往往是不可忽略的,即使是可逆氧化还原电对,结果计算的电极电势与实际电极电势也有一定的误差。因此,实际工作中必须考虑溶液中离子强度的影响,从而引出条件电极电势 $\varphi^{\ominus\prime}(\text{Ox}/\text{Red})$ 的概念。

例如,计算 HCl 溶液中 $\text{Fe}^{3+}/\text{Fe}^{2+}$ 电对的电极电势时,若不考虑溶剂的影响,由能斯特方程得到

$$\varphi(\text{Fe}^{3+}/\text{Fe}^{2+}) = \varphi^{\ominus}(\text{Fe}^{3+}/\text{Fe}^{2+}) + 0.0592\ \text{V} \times \lg\frac{a(\text{Fe}^{3+})}{a(\text{Fe}^{2+})}$$

$$= \varphi^{\ominus}(\text{Fe}^{3+}/\text{Fe}^{2+}) + 0.0592\ \text{V} \times \lg\frac{\gamma(\text{Fe}^{3+})c_e(\text{Fe}^{3+})}{\gamma(\text{Fe}^{2+})c_e(\text{Fe}^{2+})} \tag{6-3}$$

但是,在 HCl 溶液中由于铁离子与溶剂和易于配位的阴离子 Cl^- 存在下述平衡:

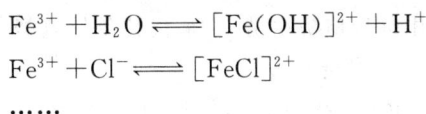

$$\text{Fe}^{3+} + \text{H}_2\text{O} \rightleftharpoons [\text{Fe}(\text{OH})]^{2+} + \text{H}^+$$

$$\text{Fe}^{3+} + \text{Cl}^- \rightleftharpoons [\text{FeCl}]^{2+}$$

$$\cdots\cdots$$

因此上述溶液中,除了 Fe^{3+} 和 Fe^{2+} 外,还存在 $[\text{Fe}(\text{OH})]^{2+}$、$[\text{Fe}(\text{OH})_2]^+$、$[\text{Fe}(\text{OH})]^+$、$\text{Fe}(\text{OH})_2$、$[\text{FeCl}]^{2+}$、$[\text{FeCl}_2]^+$、$[\text{FeCl}]^+$、$\text{FeCl}_2$ 等。若用 $c(\text{Fe}^{3+})$、$c(\text{Fe}^{2+})$ 分别表示溶液中

Fe^{3+} 和 Fe^{2+} 的分析浓度（即初始浓度），$\alpha(Fe^{3+})$、$\alpha(Fe^{2+})$ 分别表示 Fe^{3+} 和 Fe^{2+} 的副反应系数，则可得反应的平衡浓度，即

$$c_e(Fe^{3+}) = \frac{c(Fe^{3+})}{\alpha(Fe^{3+})} \tag{6-4}$$

$$c_e(Fe^{2+}) = \frac{c(Fe^{2+})}{\alpha(Fe^{2+})} \tag{6-5}$$

将式(6-4)和式(6-5)代入式(6-3)得

$$\varphi(Fe^{3+}/Fe^{2+}) = \varphi^{\ominus}(Fe^{3+}/Fe^{2+}) + 0.0592\ V \times lg\frac{\gamma(Fe^{3+})\alpha(Fe^{2+})c(Fe^{3+})}{\gamma(Fe^{2+})\alpha(Fe^{3+})c(Fe^{2+})} \tag{6-6}$$

式(6-6)是考虑了上述两个因素后的能斯特方程的表达式。但是当溶液的离子强度很大时，γ 不易求得；当副反应很多时，求 α 也很困难。因此可将式(6-6)改写为

$$\varphi(Fe^{3+}/Fe^{2+}) = \varphi^{\ominus}(Fe^{3+}/Fe^{2+}) + 0.0592\ V \times lg\frac{\gamma(Fe^{3+})\alpha(Fe^{2+})}{\gamma(Fe^{2+})\alpha(Fe^{3+})}$$

$$+ 0.0592\ V \times lg\frac{c(Fe^{3+})}{c(Fe^{2+})} \tag{6-7}$$

当 $c(Fe^{3+}) = c(Fe^{2+}) = 1\ mol \cdot L^{-1}$ 时，可得到

$$\varphi(Fe^{3+}/Fe^{2+}) = \varphi^{\ominus}(Fe^{3+}/Fe^{2+}) + 0.0592\ V \times lg\frac{\gamma(Fe^{3+})\alpha(Fe^{2+})}{\gamma(Fe^{2+})\alpha(Fe^{3+})}$$

$$= \varphi^{\ominus'}(Fe^{3+}/Fe^{2+}) \tag{6-8}$$

$\varphi^{\ominus'}(Fe^{3+}/Fe^{2+})$ 称为**条件电极电势**，简称**条件电势**(conditional potential)，它是在特定条件下，氧化态与还原态的分析浓度均为 $1\ mol \cdot L^{-1}$ 时，校正了各种外界影响因素后的实际电极电势，条件一定（分析浓度均为 $1\ mol \cdot L^{-1}$）时为一常数，此时式(6-7)可写作

$$\varphi(Fe^{3+}/Fe^{2+}) = \varphi^{\ominus'}(Fe^{3+}/Fe^{2+}) + 0.0592\ V \times lg\frac{c(Fe^{3+})}{c(Fe^{2+})} \tag{6-9}$$

推广到一般情况，如果该电对是可逆氧化还原电对，其电极电势可通过下式求得：

$$\varphi(Ox/Red) = \varphi^{\ominus'}(Ox/Red) + \frac{0.0592\ V}{n}lg\frac{c(Ox)}{c(Red)} \tag{6-10}$$

$$\varphi^{\ominus'}(Ox/Red) = \varphi^{\ominus}(Ox/Red) + \frac{0.0592\ V}{n}lg\frac{\gamma(Ox)\alpha(Red)}{\gamma(Red)\alpha(Ox)} \tag{6-11}$$

由条件电势的定义式(6-11)可以看出，条件电势的大小不仅与标准电极电势有关，还与活度系数和副反应系数有关，因而除受温度的影响外，还要受到溶液离子强度、酸度和配位剂浓度等因素的影响，只有在条件一定时才是常数，条件电势也因此而得名。

条件电势 $\varphi^{\ominus'}$ 与标准电极电势 $\varphi^{\ominus}$ 的关系和配位平衡中的稳定常数 $K^{\ominus}$ 与条件稳定常数 $K^{\ominus'}$ 的关系类似。显然，在引入条件电势后，处理实际问题就比较简单，也更符合实际情况。但由于条件电势的数据目前还较少，如果在计算中查不到相应的条件电势，可以采用条件相近的 $\varphi^{\ominus'}$ 值来代替；如仍没有，则可用标准电极电势 $\varphi^{\ominus}$ 来代替条件电势作近似计算。一些物质的标准电极电势和条件电势见附录F、附录G。

例6-1 计算 $1\ mol \cdot L^{-1}$ HCl 溶液中 $c(Ce^{4+}) = 1.00 \times 10^{-2}\ mol \cdot L^{-1}$，$c(Ce^{3+}) = 1.00 \times 10^{-3}\ mol \cdot L^{-1}$ 时 Ce^{4+}/Ce^{3+} 电对的电极电势。

解 查附录G，半反应 $Ce^{4+} + e^- \Longrightarrow Ce^{3+}$ 在 $1\ mol \cdot L^{-1}$ HCl 介质中的 $\varphi^{\ominus'} = 1.28\ V$，则

$$\varphi = \varphi^{\ominus}(Ce^{4+}/Ce^{3+}) + 0.0592 \text{ V} \times \lg \frac{c(Ce^{4+})}{c(Ce^{3+})}$$

$$= 1.28 \text{ V} + 0.0592 \text{ V} \times \lg \frac{1.00 \times 10^{-2}}{1.00 \times 10^{-3}} = 1.34 \text{ V}$$

例 6-2 $1 \text{ mol} \cdot L^{-1}$ HCl 溶液中 $\varphi^{\ominus\prime}(Cr_2O_7^{2-}/Cr^{3+}) = 1.00$ V,计算用固体亚铁盐将 $0.100 \text{ mol} \cdot L^{-1}$ $K_2Cr_2O_7$ 溶液还原一半时的电极电势。

解 $0.100 \text{ mol} \cdot L^{-1}$ $K_2Cr_2O_7$ 溶液还原一半时,$c(Cr_2O_7^{2-}) = 0.0500 \text{ mol} \cdot L^{-1}$,$c(Cr^{3+}) = 2 \times (0.100 \text{ mol} \cdot L^{-1} - c(Cr_2O_7^{2-})) = 0.100 \text{ mol} \cdot L^{-1}$。

$$Cr_2O_7^{2-} + 14H^+ + 6e^- \Longrightarrow 2Cr^{3+} + 7H_2O$$

$$\varphi(Cr_2O_7^{2-}/Cr^{3+}) = \varphi^{\ominus\prime}(Cr_2O_7^{2-}/Cr^{3+}) + \frac{0.0592 \text{ V}}{6} \lg \frac{c(Cr_2O_7^{2-})c^{14}(H^+)}{c^2(Cr^{3+})}$$

$$= 1.00 \text{ V} + \frac{0.0592 \text{ V}}{6} \lg \frac{0.0500}{(0.100)^2}$$

$$= 1.01 \text{ V}$$

6.1.2 氧化还原反应的方向

在标准状态下,氧化还原反应可根据反应中两个电对的标准电极电势(或条件电势)的大小,或通过有关氧化还原电对的电极电势计算来判断反应的方向;在非标准状态下,由于外界条件(如温度、浓度、酸度等)发生变化时,氧化还原电对的电极电势也将随之改变,故氧化还原的方向也可能发生变化。

1. 浓度对氧化还原反应方向的影响

由能斯特方程可知,改变氧化态或还原态的浓度,溶液中电对的电极电势也发生改变。因而在一些氧化还原反应中,当氧化态和还原态两个电对的标准电极电势 $\varphi^{\ominus}$(或条件电势 $\varphi^{\ominus\prime}$)相差较小时,可以通过改变氧化态和还原态的浓度来改变氧化还原反应的方向。浓度的改变可通过生成沉淀或生成配合物来实现,从而达到改变电极电势大小和氧化还原反应方向的目的。

例如:生成沉淀改变反应方向,用碘量法测定 Cu^{2+} 时,可利用下列反应进行:

$$2Cu^{2+} + 4I^- \Longrightarrow 2CuI \downarrow + I_2$$

已知 $\varphi^{\ominus}(Cu^{2+}/Cu^+) = 0.159$ V,$\varphi^{\ominus}(I_2/I^-) = 0.5345$ V。从两个电对的标准电极电势看,似乎应当是 I_2 氧化 Cu^+,而事实上却是 Cu^{2+} 氧化 I^-。其原因是 Cu^+ 与 I^- 能生成溶解度很小的 CuI 沉淀,降低了溶液中 Cu^+ 浓度,从而使铜电对的电极电势升高。此时 Cu^{2+}/Cu^+ 电对的电极电势为

$$\varphi(Cu^{2+}/Cu^+) = \varphi^{\ominus}(Cu^{2+}/Cu^+) + 0.0592 \text{ V} \times \lg \frac{c(Cu^{2+})}{c(Cu^+)}$$

$$= \varphi^{\ominus}(Cu^{2+}/Cu^+) + 0.0592 \text{ V} \times \lg \frac{c(Cu^{2+})c(I^-)}{K_{sp}^{\ominus}}$$

设 $c(Cu^{2+}) = c(I^-) = 1.0 \text{ mol} \cdot L^{-1}$,则

$$\varphi(Cu^{2+}/Cu^+) = 0.159 \text{ V} + 0.0592 \text{ V} \times \lg \frac{1.0 \times 1.0}{1.1 \times 10^{-12}} = 0.865 \text{ V}$$

可见,由于 CuI 沉淀的生成,铜电对的电极电势由 0.159 V 升高到 0.865 V,氧化能力大大增强。

在实际工作中,如果有 Fe^{3+} 存在,也会使 I^- 氧化为 I_2,而干扰 Cu^{2+} 测定。此时,可加入 NaF(或 NH_4F)使 Fe^{3+} 生成配合物 $[FeF_6]^{3-}$ 而被掩蔽,降低 Fe^{3+} 的浓度,从而降低 Fe^{3+}/Fe^{2+} 电对的电极电势和 Fe^{3+} 的氧化能力,防止 Fe^{3+} 的干扰。

2. 酸度对氧化还原反应方向的影响

在氧化还原反应中,有 H^+ 或 OH^- 参与反应,而且两个电对的电极电势相差不大时,溶液的酸度改变,就有可能改变氧化还原反应的方向。

例 6-3 I^- 与砷酸的反应为

$$H_3AsO_4 + 2I^- + 2H^+ \rightleftharpoons H_3AsO_3 + I_2 + H_2O$$

在标准状态下,$\varphi^{\ominus}(I_2/I^-) = 0.5345$ V,$\varphi^{\ominus}(H_3AsO_4/H_3AsO_3) = 0.559$ V。显然,$\varphi^{\ominus}(H_3AsO_4/H_3AsO_3) > \varphi^{\ominus}(I_2/I^-)$,$H_3AsO_4$ 是相对较强的氧化剂,I^- 是较强的还原剂,故上述反应向右自发进行。当 pH = 8(非标准状态),$c(H^+) = 10^{-8}$ mol·L^{-1},$c(H_3AsO_4) = c(H_3AsO_3)$ 时,根据能斯特方程有

$$\varphi(H_3AsO_4/H_3AsO_3) = \varphi^{\ominus}(H_3AsO_4/H_3AsO_3) + \frac{0.0592\text{ V}}{2}\lg\frac{c(H_3AsO_4)c^2(H^+)}{c(H_3AsO_3)}$$

$$= 0.559\text{ V} + \frac{0.0592\text{ V}}{2}\lg c^2(H^+)$$

$$= 0.559\text{ V} + \frac{0.0592\text{ V}}{2}\lg(10^{-8})^2 = 0.087\text{ V}$$

此时改变了溶液的酸度,使 $\varphi(H_3AsO_4/H_3AsO_3)$ 显著降低,而 $\varphi^{\ominus}(I_2/I^-)$ 不受酸度的影响,结果 I_2 能将 H_3AsO_3 氧化为 H_3AsO_4,使反应从右向左进行,改变了反应方向。

在实际情况下,往往是几种作用(如酸效应、配位效应、沉淀作用等)同时存在于一个体系中,此时应考虑各种因素对氧化还原反应方向的影响,才符合实际情况。

6.1.3 氧化还原反应进行的程度

滴定分析要求化学反应必须定量地进行,并尽可能地进行完全。氧化还原反应进行的完全程度可以通过计算一个反应达到平衡时的平衡常数 $K^{\ominus}$ 或条件平衡常数 $K^{\ominus}$(condional equilibrium constant)的大小来衡量,而氧化还原反应的平衡常数可以根据能斯特方程由两个电对的标准电极电势($\varphi^{\ominus}$)或条件电势($\varphi^{\ominus\prime}$)来求得。

例如下列氧化还原反应:

$$n_2 Ox_1 + n_1 Red_2 \rightleftharpoons n_2 Red_1 + n_1 Ox_2 \tag{6-12}$$

平衡时的平衡常数为

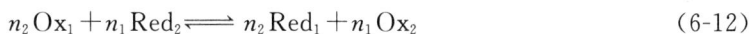

$$K^{\ominus} = \frac{c_e^{n_2}(Red_1)c_e^{n_1}(Ox_2)}{c_e^{n_2}(Ox_1)c_e^{n_1}(Red_2)} \tag{6-13}$$

其电极反应为

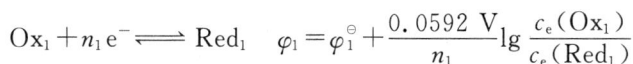

$$Ox_1 + n_1 e^- \rightleftharpoons Red_1 \quad \varphi_1 = \varphi_1^{\ominus} + \frac{0.0592\text{ V}}{n_1}\lg\frac{c_e(Ox_1)}{c_e(Red_1)}$$

$$Ox_2 + n_2 e^- \rightleftharpoons Red_2 \quad \varphi_2 = \varphi_2^\ominus + \frac{0.0592 \text{ V}}{n_2} \lg \frac{c_e(Ox_2)}{c_e(Red_2)}$$

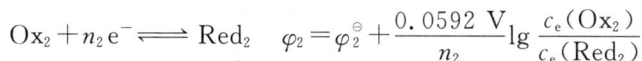

反应达到平衡时,两个电对的电极电势相等($\varphi_1 = \varphi_2$)。于是

$$\varphi_1^\ominus + \frac{0.0592 \text{ V}}{n_1} \lg \frac{c_e(Ox_1)}{c_e(Red_1)} = \varphi_2^\ominus + \frac{0.0592 \text{ V}}{n_2} \lg \frac{c_e(Ox_2)}{c_e(Red_2)}$$

整理得

$$\lg \frac{c_e^{n_2}(Red_1) c_e^{n_1}(Ox_2)}{c_e^{n_2}(Ox_1) c_e^{n_1}(Red_2)} = \frac{n(\varphi_1^\ominus - \varphi_2^\ominus)}{0.0592 \text{ V}} = \lg K^\ominus \tag{6-14}$$

n 为氧化剂和还原剂得失电子数的最小公倍数。

若用条件电势 $\varphi^{\ominus'}$ 代替式(6-14)中的标准电极电势 $\varphi^\ominus$,可得相应的条件平衡常数 $K^{\ominus'}$,即

$$\lg K^{\ominus'} = \frac{n(\varphi_1^{\ominus'} - \varphi_2^{\ominus'})}{0.0592 \text{ V}} \tag{6-15}$$

由式(6-14)或式(6-15)可见,氧化还原反应的平衡常数 $K^\ominus$(或 $K^{\ominus'}$)的大小与氧化剂和还原剂两个电对的标准电极电势 $\varphi^\ominus$(或条件电势 $\varphi^{\ominus'}$)之差有关。两个电对的标准电极电势相差越大,氧化还原反应的平衡常数越大,反应进行得越完全。那么,平衡常数 $K^\ominus$(或 $K^{\ominus'}$)达到多大时,才认为反应进行得完全? 现以式(6-12)为例来说明。

由于滴定分析中一般要求反应的完全程度达到99.9%以上,允许误差在0.1%以内,即对于氧化还原反应 $n_2 Ox_1 + n_1 Red_2 \rightleftharpoons n_2 Red_1 + n_1 Ox_2$,有

$$c_e(Ox_2) \geqslant 99.9\% c(Red_2), \quad c_e(Red_1) \geqslant 99.9\% c(Ox_1)$$
$$c_e(Red_2) \leqslant 0.1\% c(Red_2), \quad c_e(Ox_1) \leqslant 0.1\% c(Ox_1)$$

将上式代入式(6-13)中得

$$K^\ominus \geqslant \frac{[99.9\% c(Ox_1)]^{n_2} [99.9\% c(Red_2)]^{n_1}}{[0.1\% c(Ox_1)]^{n_2} [0.1\% c(Red_2)]^{n_1}} \approx 10^{3(n_1 + n_2)} \tag{6-16}$$

将式(6-16)代入式(6-14),整理得

$$\varphi_1^\ominus - \varphi_2^\ominus \geqslant 0.177 \text{ V} \times \frac{n_1 + n_2}{n_1 n_2} \tag{6-17}$$

由此可见,只要参加氧化还原反应的两个电对的标准电极电势之差满足式(6-17),就可认为该反应能定量完成。例如:当两个电对的电子转移数 $n_1 = n_2 = 1$ 时,平衡常数 $K^\ominus \geqslant 10^6$,此时,$\varphi_1^\ominus - \varphi_2^\ominus \geqslant 0.177 \text{ V} \times \frac{1+1}{1 \times 1} = 0.354 \text{ V}$,反应便能定量完成。当两个电对的电子转移数 $n_1 = 1, n_2 = 2$ 时,$\varphi_1^\ominus - \varphi_2^\ominus \geqslant 0.177 \text{ V} \times \frac{1+2}{1 \times 2} = 0.266 \text{ V}$,反应便能定量完成。所以一般认为 $\varphi_1^\ominus - \varphi_2^\ominus \geqslant 0.4 \text{ V}$(或 $\varphi_1^{\ominus'} - \varphi_2^{\ominus'} \geqslant 0.4 \text{ V}$)的氧化还原反应便可用于氧化还原滴定法。若副反应严重,不能用此标准判断。

6.1.4 影响氧化还原反应速率的因素

通过上述讨论可知,根据氧化还原反应两个电对的标准电极电势(或条件电势)可以判断氧化还原反应进行的方向、次序和完全程度,但这只能说明反应进行的可能性,并不能说明反应速率。实际上不同的氧化还原反应,其反应速率会有很大的差别,有的反应速率较大,有的则较小;有的反应虽然从理论上看是可以进行的,但由于反应速率太小,可认为它们几乎没有

发生。所以对氧化还原反应,不能单从平衡的观点来考虑反应的可能性,而且还应从它们的反应速率(动力学)来考虑反应的现实性。氧化还原反应速率的大小,除了与参加反应的氧化还原电对本身的性质有关外,还与下列因素有关。

1. 浓度

由于氧化还原反应的机理比较复杂,所以不能简单地从总的反应方程式来定量判断反应物的浓度对反应速率的影响程度。但一般来说,反应物浓度越大,分子之间的有效碰撞概率越大,反应速率也越大。

例如,用 $K_2Cr_2O_7$ 标定 $Na_2S_2O_3$ 溶液时,一定量的 $K_2Cr_2O_7$ 和 KI 反应:

$$Cr_2O_7^{2-} + 6I^- + 14H^+ \rightleftharpoons 2Cr^{3+} + 3I_2 + 7H_2O$$

此反应速率不是很大,而增大 I^- 的浓度或提高溶液的酸度都可使反应速率增大。

2. 温度

对大多数反应来说,升高温度可以加快分子之间的有效碰撞,从而增大反应速率。通常温度每升高 $10℃$,反应速率增大 $2\sim3$ 倍。

例如在酸性溶液中,用 $KMnO_4$ 滴定 $H_2C_2O_4$:

$$2MnO_4^- + 5C_2O_4^{2-} + 16H^+ \rightleftharpoons 2Mn^{2+} + 10CO_2 \uparrow + 8H_2O$$

在室温下,该反应速率较小,如果将溶液加热到 $75\sim85℃$,反应速率明显增大。

3. 催化剂

催化剂对反应速率的影响很大,而且催化反应的机理比较复杂。反应过程中由于催化剂的存在,可能产生一些中间价态的离子、游离基或活泼的中间配合物,从而改变原来的反应历程,使反应速率发生变化。

例如,Mn^{2+} 对 MnO_4^- 与 $C_2O_4^{2-}$ 的反应有催化作用。加入适量的 Mn^{2+} 能使反应速率增大。即使不加入 Mn^{2+},而利用 MnO_4^- 与 $C_2O_4^{2-}$ 反应后生成的微量 Mn^{2+} 作为催化剂,也可以增大反应速率。这种生成物本身起催化作用的反应称为**自身催化反应**(autocatalytic reaction)。

4. 诱导反应

在氧化还原反应中,有些氧化还原反应进行得极慢或根本不发生反应,但当有另一个反应进行时,会促使这一反应加速进行,这一现象称为**诱导效应**(induction effect)。例如,$KMnO_4$ 氧化 Cl^- 的速率很小,但是,当溶液中同时存在 Fe^{2+} 时,$KMnO_4$ 与 Fe^{2+} 的反应可以加速 $KMnO_4$ 与 Cl^- 的反应。

$$MnO_4^- + 5Fe^{2+} + 8H^+ \rightleftharpoons Mn^{2+} + 5Fe^{3+} + 4H_2O \quad (诱导反应)$$
$$2MnO_4^- + 10Cl^- + 16H^+ \rightleftharpoons 2Mn^{2+} + 5Cl_2 \uparrow + 8H_2O \quad (受诱反应)$$

其中 MnO_4^- 称为作用体,Fe^{2+} 称为诱导体,Cl^- 称为受诱体。

诱导反应和催化反应是不同的。在催化反应中,催化剂参加反应后,又回到原来的组成;而诱导反应中,诱导体参加反应后,变为其他物质。诱导反应与副反应也不相同,副反应的反应速率不受主反应的影响,而诱导反应则能促使主反应加速进行。

诱导反应在定量分析中往往是有害的,它增加了作用体的消耗量,从而产生误差。如在含

Cl^- 的介质中用 $KMnO_4$ 滴定 Fe^{2+} 时,由于诱导反应,增加了 $KMnO_4$ 的用量,使测定结果偏高。因此,在定量分析中尽可能地避免诱导反应的发生。但是,也可利用一些诱导反应来进行选择性的分离和鉴定。如 Pb^{2+} 被 Na_2SnO_2 还原为金属 Pb 的反应速率很小,但只要有很少量的 Bi^{3+} 存在,Pb^{2+} 将迅速被还原,可立即观察到明显的黑色沉淀。利用这一诱导反应来鉴定 Bi^{3+},比直接用 Na_2SnO_2 还原法鉴定 Bi^{3+} 要灵敏 250 倍。

6.2　氧化还原滴定原理

6.2.1　氧化还原滴定曲线

在氧化还原滴定中,随着滴定剂的加入和反应的进行,物质的氧化态和还原态的浓度逐渐变化,有关电对的电极电势也随之不断改变,这种变化可用氧化还原滴定曲线(redox titration curve)来表示。滴定曲线可以通过实验测得的数据进行绘制,对于比较简单的可逆体系,也可根据能斯特方程通过理论计算绘制。

现以在 $1\ mol\cdot L^{-1}\ H_2SO_4$ 介质中,用 $0.1000\ mol\cdot L^{-1}\ Ce(SO_4)_2$ 标准溶液滴定 20.00 mL $0.1000\ mol\cdot L^{-1}\ FeSO_4$ 溶液为例,计算溶液中电对的电极电势变化情况。其滴定反应为

$$Ce^{4+}+Fe^{2+}\rightleftharpoons Ce^{3+}+Fe^{3+}$$

已知两个可逆氧化还原电对的电极反应和条件电势是

$$Ce^{4+}+e^-\rightleftharpoons Ce^{3+}\quad \varphi^{\ominus\prime}(Ce^{4+}/Ce^{3+})=1.44\ V$$

$$Fe^{3+}+e^-\rightleftharpoons Fe^{2+}\quad \varphi^{\ominus\prime}(Fe^{3+}/Fe^{2+})=0.68\ V$$

滴定过程中,溶液中电对的电极电势变化可按下列方法进行计算。

1. 滴定前

体系为 $0.1000\ mol\cdot L^{-1}\ Fe^{2+}$ 溶液,由于空气中氧气的氧化作用,溶液中必有极少量的 Fe^{3+} 存在,组成 Fe^{3+}/Fe^{2+} 电对,但由于 Fe^{3+} 的浓度无法确定,故无法计算体系初始瞬间的电极电势。

2. 滴定开始至化学计量点前

在化学计量点前,溶液中同时存在 Fe^{3+}/Fe^{2+}、Ce^{4+}/Ce^{3+} 两个电对。在滴定过程中的任何一点,达到平衡时,两个电对的电极电势都是相等的,即

$$\varphi=\varphi^{\ominus\prime}(Fe^{3+}/Fe^{2+})+0.0592\ V\times \lg\frac{c(Fe^{3+})}{c(Fe^{2+})}$$

$$=\varphi^{\ominus\prime}(Ce^{4+}/Ce^{3+})+0.0592\ V\times \lg\frac{c(Ce^{4+})}{c(Ce^{3+})}$$

由于化学计量点前体系中 Fe^{2+} 过量,滴加的 Ce^{4+} 几乎全部被还原为 Ce^{3+},Ce^{4+} 的浓度极小,不易求得,而 Fe^{3+}、Fe^{2+} 的浓度却容易确定,因此可采用 Fe^{3+}/Fe^{2+} 电极电势的公式来计算 φ 值。

例如:当加入 19.98 mL Ce^{4+} 溶液时,即有 99.9% 的 Fe^{2+} 被氧化成 Fe^{3+},还有 0.1% 的 Fe^{2+} 未被氧化,溶液的总体积为 39.98 mL。此时有

$$\varphi = \varphi^{\ominus'}(Fe^{3+}/Fe^{2+}) + 0.0592\ V \times \lg \frac{c(Fe^{3+})}{c(Fe^{2+})}$$

$$= 0.68\ V + 0.0592\ V \times \lg \frac{0.1000 \times 19.98/(20.00+19.98)}{0.1000 \times (20.00-19.98)/(20.00+19.98)}$$

$$= 0.86\ V$$

3. 化学计量点时

当滴入 20.00 mL Ce^{4+} 溶液时,反应到达化学计量点,此时 Ce^{4+} 和 Fe^{2+} 均已定量反应,它们的浓度极小,不易求得,这时单独采用任一电对都无法求得 φ,但可利用平衡时两个电对的电极电势相等的关系进行求算,即

$$\varphi = \varphi^{\ominus'}(Fe^{3+}/Fe^{2+}) + 0.0592\ V \times \lg \frac{c(Fe^{3+})}{c(Fe^{2+})}$$

$$\varphi = \varphi^{\ominus'}(Ce^{4+}/Ce^{3+}) + 0.0592\ V \times \lg \frac{c(Ce^{4+})}{c(Ce^{3+})}$$

将两式相加,并整理得

$$2\varphi = \varphi^{\ominus'}(Fe^{3+}/Fe^{2+}) + \varphi^{\ominus'}(Ce^{4+}/Ce^{3+}) + 0.0592\ V \times \lg \frac{c(Ce^{4+})c(Fe^{3+})}{c(Ce^{3+})c(Fe^{2+})}$$

化学计量点时溶液中 $c(Ce^{4+}) = c(Fe^{2+})$,$c(Ce^{3+}) = c(Fe^{3+})$。将此浓度关系代入上式,得

$$\varphi = \frac{\varphi^{\ominus'}(Fe^{3+}/Fe^{2+}) + \varphi^{\ominus'}(Ce^{4+}/Ce^{3+})}{2}$$

$$= \frac{0.68\ V + 1.44\ V}{2} = 1.06\ V$$

对于反应前后化学计量数相等的氧化还原反应,其化学计量点时的电极电势可按下式进行计算:

$$\varphi = \frac{n_1\varphi_1^{\ominus'} + n_2\varphi_2^{\ominus'}}{n_1 + n_2} \tag{6-18}$$

对反应前后化学计量数不等的氧化还原反应,且有 H^+ 参加反应时,其化学计量点的电极电势不能按照式(6-18)计算。例如,在酸性介质中,$K_2Cr_2O_7$ 溶液滴定 Fe^{2+} 的反应为

$$Cr_2O_7^{2-} + 6Fe^{2+} + 14H^+ \Longrightarrow 6Fe^{3+} + 2Cr^{3+} + 7H_2O$$

化学计量点的电极电势为

$$\varphi = \frac{6\varphi^{\ominus'}(Cr_2O_7^{2-}/Cr^{3+}) + \varphi^{\ominus}(Fe^{3+}/Fe^{2+})}{6+1} + \frac{0.0592\ V}{6+1}\lg \frac{c^{14}(H^+)}{2c(Cr^{3+})}$$

如用条件电势表示,有

$$\varphi = \frac{6\varphi^{\ominus'}(Cr_2O_7^{2-}/Cr^{3+}) + \varphi^{\ominus'}(Fe^{3+}/Fe^{2+})}{6+1} + \frac{0.0592\ V}{6+1}\lg \frac{1}{2c(Cr^{3+})}$$

4. 化学计量点后

此时加入过量的 Ce^{4+},溶液中的 Fe^{2+} 几乎全部被氧化为 Fe^{3+},$c(Fe^{2+})$ 极小,不易直接求得,这时可采用 Ce^{4+}/Ce^{3+} 电对的公式来计算 φ。

例如,当滴入 20.02 mL Ce^{4+} 溶液时,即 Ce^{4+} 过量了 0.1%,溶液的总体积为 40.02 mL,则

$$\varphi = \varphi^{\ominus'}(Ce^{4+}/Ce^{3+}) + 0.0592\ V \times \lg \frac{c(Ce^{4+})}{c(Ce^{3+})}$$

$$= 1.44\ V + 0.0592\ V \times \lg \frac{0.1000 \times (20.02 - 20.00)/(20.02 + 20.00)}{0.1000 \times 20.00/(20.02 + 20.00)}$$

$$= 1.26\ V$$

其他各点的电极电势均可按上述方法计算得到。计算结果列于表 6-1。

表 6-1　在 1 mol·L⁻¹ H_2SO_4 介质中用 0.1000 mol·L⁻¹ Ce^{4+} 标准溶液滴定
20.00 mL 0.1000 mol·L⁻¹ Fe^{2+} 溶液时体系的电极电势变化

加入 Ce^{4+} 溶液的体积 V/mL	滴定分数 T	体系的电极电势 φ/V
1.00	0.050	0.60
10.00	0.500	0.68
18.00	0.900	0.74
19.80	0.990	0.80
19.98	0.999	0.86 ⎫
20.00	1.000	1.06 ⎬滴定突跃
20.02	1.001	1.26 ⎭
20.20	1.010	1.32
22.00	1.100	1.38
30.00	1.500	1.42
40.00	2.000	1.44

根据表 6-1 的数据可绘出图 6-1 所示的氧化还原滴定曲线。

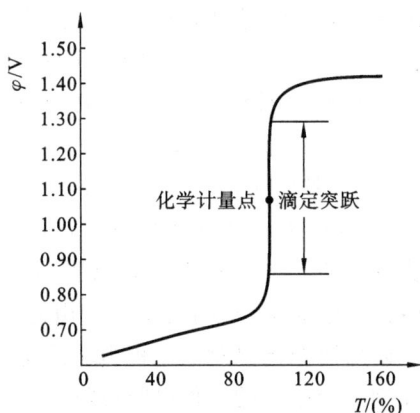

图 6-1　在 1 mol·L⁻¹ H_2SO_4 介质中用 0.1000 mol·L⁻¹ Ce^{4+} 滴
定 20.00 mL 0.1000 mol·L⁻¹ Fe^{2+} 的滴定曲线

从氧化还原滴定曲线可以看出,由于在滴定过程中有关电对的氧化态和还原态的浓度比发生了变化,特别是在化学计量点附近(少加 0.1% 的 Ce^{4+} 溶液到多加 0.1% 的 Ce^{4+} 溶液),溶液中电对的电极电势发生了急剧变化,产生明显的电极电势突跃(0.86 V→1.26 V),电极电势增加了 0.40 V。其电极电势变化的范围称为氧化还原滴定突跃范围。氧化还原滴定突跃范围的大小是氧化还原滴定能否准确进行的判断依据,也是选择氧化还原指示剂的依据。

6.2.2 影响氧化还原滴定突跃的因素

化学计量点附近氧化还原滴定突跃范围的大小与氧化剂和还原剂两个电对的条件电势（或标准电极电势）差值的大小有关。电极电势相差越大，滴定突跃范围越大；反之则越小。例如，在相同的条件下，利用 $KMnO_4$、$K_2Cr_2O_7$、$Ce(SO_4)_2$ 等不同的氧化剂滴定 Fe^{2+} 时，得到滴定突跃范围分别是 $0.86\sim1.46$ V、$0.86\sim1.06$ V、$0.86\sim1.26$ V。由滴定突跃范围可以看出，滴定突跃范围的下限相同，主要是由同一电对 Fe^{3+}/Fe^{2+} 的电极电势决定；而上限则随着氧化剂的不同而不同。不同氧化剂对 Fe^{2+} 的滴定曲线如图 6-2 所示。

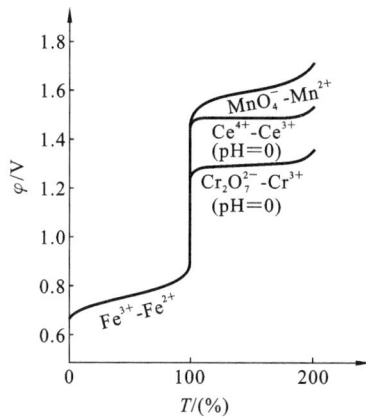

图 6-2 不同氧化剂对 Fe^{2+} 的滴定曲线

从图 6-2 可以看到：①氧化剂的氧化性越强，滴定突跃范围越大，越容易准确滴定。②曲线的形状与氧化剂或还原剂得失电子数有关。如得失电子数相等，化学计量点曲线两端对称；若得失电子数不相等，化学计量点两端不对称，得失电子数少的曲线要陡些（如 Fe^{3+}/Fe^{2+} 和 Ce^{4+}/Ce^{3+} 电对），得失电子数多的曲线比较平坦（如 MnO_4^-/Mn^{2+} 和 $Cr_2O_7^{2-}/Cr^{3+}$ 电对）。

又如在同一介质中用 $KMnO_4$ 分别滴定 $H_2C_2O_4$、H_2O_2 和 Fe^{2+} 时，其条件电势差分别为：$[1.49-(-0.49)]$ V$=1.98$ V，$(1.49-0.61)$ V$=0.88$ V，$(1.49-0.68)$ V$=0.81$ V。滴定突跃范围最大的是 $H_2C_2O_4$，最小的是 Fe^{2+}。此时滴定突跃范围的上限由同一电对 MnO_4^-/Mn^{2+} 决定，而下限则随着待测物（还原剂）的不同而不同。由此可见，滴定突跃范围的上限由氧化剂电对的电极电势决定，下限由还原剂电对的电极电势决定。

通常情况下，氧化剂和还原剂两个电对的条件电势（或标准电极电势）差值大于 0.2 V 时，滴定突跃才明显，才有可能进行准确滴定。实际工作中两个电对的电极电势差值为 $0.2\sim0.4$ V 时，多采用电极电势法确定终点；电极电势差值大于 0.4 V，常选用氧化还原指示剂确定终点。

另外，在不同介质的条件下，氧化还原电对的条件电势不同，滴定突跃范围大小和曲线的位置不同。例如，在不同的介质中 $KMnO_4$ 滴定 Fe^{2+} 的滴定曲线如图 6-3 所示。从图 6-3 可以看出，化学计量点前体系的电极电势由 $\varphi^{\ominus}(Fe^{3+}/Fe^{2+})$ 决定，因 Fe^{3+} 与阴离子的配位不同而影响该电极电势的大小。介质 PO_4^{3-} 能与 Fe^{3+} 形成稳定的 $[Fe(HPO_4)]^+$，使 $\varphi^{\ominus}(Fe^{3+}/Fe^{2+})$ 降低，ClO_4^- 不与 Fe^{3+} 配位，$\varphi^{\ominus}(Fe^{3+}/Fe^{2+})$ 较高，而 $HCl\text{-}H_3PO_4$ 介质中滴定

Fe^{2+} 的曲线位置最低,突跃范围最大,终点颜色变化最明显。化学计量点后,体系的电极电势取决于过量的 $KMnO_4$ 电对,一些阴离子可以与溶液中 Mn^{2+} 形成配离子,对滴定曲线的位置也有一定的影响。MnO_4^-/Mn^{2+} 是不可逆氧化还原电对,计算得到的滴定曲线(理论值)与实验测得值有一定的差异。

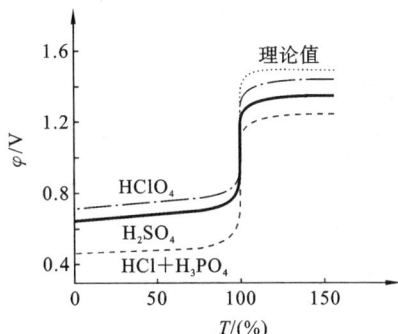

图 6-3　$KMnO_4$ 在不同介质中滴定 Fe^{2+} 的滴定曲线

6.2.3　氧化还原滴定的计算

氧化还原滴定的计算,可根据"化学计量数比"规则或"等物质的量"规则进行。

例 6-4　某实验室标定高锰酸钾标准溶液时,准确称取 0.1500 g 基准物 $Na_2C_2O_4$,溶解后酸化,用 25.00 mL $KMnO_4$ 标准溶液滴定至终点。计算此高锰酸钾标准溶液的浓度。

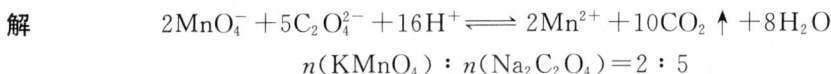

解
$$2MnO_4^- + 5C_2O_4^{2-} + 16H^+ \rightleftharpoons 2Mn^{2+} + 10CO_2 \uparrow + 8H_2O$$
$$n(KMnO_4) : n(Na_2C_2O_4) = 2 : 5$$

即
$$n(KMnO_4) = \frac{2}{5}n(Na_2C_2O_4)$$

$$c(KMnO_4) = \frac{2m(Na_2C_2O_4)}{5M(Na_2C_2O_4)V(KMnO_4)}$$
$$= \frac{2}{5} \times \frac{0.1500 \text{ g}}{134.0 \text{ g} \cdot \text{mol}^{-1} \times 0.02500 \text{ L}}$$
$$= 0.01791 \text{ mol} \cdot \text{L}^{-1}$$

例 6-5　用 $K_2Cr_2O_7$ 标准溶液滴定 0.4000 g 褐铁矿,若所用 $K_2Cr_2O_7$ 溶液的体积(mL)与试样中 Fe_2O_3 质量分数在数值上相等,求 $K_2Cr_2O_7$ 对铁的滴定度 $T(Fe/K_2Cr_2O_7)$。

解　滴定反应为
$$Cr_2O_7^{2-} + 6Fe^{2+} + 14H^+ \rightleftharpoons 2Cr^{3+} + 6Fe^{3+} + 7H_2O$$
$$n(Cr_2O_7^{2-}) : n(Fe^{2+}) = 1 : 6$$

即
$$n(Fe^{2+}) = 6n(Cr_2O_7^{2-})$$
$$n(Fe_2O_3) = 3n(K_2Cr_2O_7)$$

根据反应的"等物质的量"关系有
$$n(Fe_2O_3) = \frac{0.4000 \text{ g} \times w(Fe_2O_3)}{159.69 \text{ g} \cdot \text{mol}^{-1}}$$
$$= 3 \times c(K_2Cr_2O_7)V(K_2Cr_2O_7) \times 10^{-3} \text{ L} \cdot \text{mL}^{-1}$$

由题意可知，$K_2Cr_2O_7$ 的体积 $V(mL)$ 与试样中 Fe_2O_3 的质量分数 $w(Fe_2O_3)$ 在数值上相等，故

$$c(K_2Cr_2O_7) = 0.8349 \text{ mol} \cdot L^{-1}$$

据滴定度的定义，有

$$T(Fe/K_2Cr_2O_7) = 6 \times c(K_2Cr_2O_7)M(Fe) \times 10^{-3} \text{ L} \cdot mL^{-1}$$
$$= 0.2798 \text{ g} \cdot mL^{-1}$$

例 6-6 测定某铜矿中铜含量时，称取 0.5218 g 试样，用 HNO_3 溶解，除去 HNO_3 及氮的氧化物后，加入 1.5 g KI，析出的 I_2 用 $c(Na_2S_2O_3) = 0.1974 \text{ mol} \cdot L^{-1}$ 的硫代硫酸钠标准溶液滴定至淀粉的蓝色退去，消耗 21.01 mL 标准溶液。计算样品中铜的质量分数（%）。

解
$$2Cu^{2+} + 4I^- \rightleftharpoons 2CuI \downarrow + I_2$$
$$I_2 + 2S_2O_3^{2-} \rightleftharpoons 2I^- + S_4O_6^{2-}$$

根据反应的"等物质的量"关系有

$$n(Cu) = n(Cu^{2+}) = n(Na_2S_2O_3)$$

因此

$$w(Cu) = \frac{c(Na_2S_2O_3)V(Na_2S_2O_3)M(Cu)}{m_s}$$
$$= \frac{0.1974 \text{ mol} \cdot L^{-1} \times 0.02101 \text{ L} \times 63.54 \text{ g} \cdot mol^{-1}}{0.5218 \text{ g}}$$
$$= 50.50\%$$

例 6-7 称取含有 As_2O_3 和 As_2O_5 的试样 1.5000 g，处理为含有 AsO_3^{3-} 和 AsO_4^{3-} 的溶液。将溶液调节为弱碱性，以淀粉为指示剂，以 $0.05000 \text{ mol} \cdot L^{-1} I_3^-$ 溶液滴定至终点，消耗 30.00 mL。将此溶液用 HCl 溶液调节至酸性并加入过量的 KI 溶液，释放出的 I_2 仍以淀粉为指示剂，再用 $0.3000 \text{ mol} \cdot L^{-1} Na_2S_2O_3$ 标准溶液滴定至终点，消耗 30.00 mL。计算试样中 As_2O_3 和 As_2O_5 的质量分数（%）。（已知 $M(As_2O_3) = 197.8 \text{ g} \cdot mol^{-1}$，$M(As_2O_5) = 229.84 \text{ g} \cdot mol^{-1}$）

解 在弱碱性溶液中，滴定的是三价砷，其反应为

$$H_3AsO_3 + I_3^- + H_2O \rightleftharpoons H_3AsO_4 + 3I^- + 2H^+$$

根据反应的"等物质的量"关系有

$$n(As_2O_3) = \frac{1}{2}n(I_3^-)$$

$$w(As_2O_3) = \frac{\frac{1}{2} \times 0.05000 \times 30.00 \times 10^{-3} \times 197.8}{1.5000} = 0.0989 = 9.89\%$$

在酸性溶液中反应为

$$H_3AsO_4 + 3I^- + 2H^+ \rightleftharpoons H_3AsO_3 + I_3^- + H_2O$$

根据反应的"等物质的量"关系有

$$As_2O_5 \sim 2AsO_4^{3-} \sim 4I^- \sim 4Na_2S_2O_3$$

故

$$n(As_2O_5) = \frac{1}{4}n(Na_2S_2O_3)$$

$$w(As_2O_5) = \frac{\frac{1}{4} \times (0.3000 \times 30.00 - 2 \times 0.05000 \times 30.00) \times 10^{-3} \times 229.84}{1.5000}$$

$$= 0.2298 = 22.98\%$$

6.3　氧化还原滴定中的指示剂

在氧化还原滴定法中,除了用电极电势法确定终点外,还可以通过选择不同的指示剂来确定滴定的终点。常用的指示剂有以下几种类型。

6.3.1　自身指示剂

在氧化还原滴定法中,有些标准溶液或被滴定的物质本身具有颜色,而滴定产物为无色或颜色很浅,滴定时无须另加指示剂,溶液本身颜色的变化就起着指示剂的作用,这叫**自身指示剂**(self-indicator)。例如,用 $KMnO_4$ 作滴定剂时,MnO_4^- 本身显紫红色,在酸性溶液中被还原为无色的 Mn^{2+},所以当滴定到化学计量点时,只要 MnO_4^- 稍微过量就可使溶液显粉红色(此时 MnO_4^- 的浓度约为 2×10^{-6} mol·L^{-1}),指示终点的到达。

6.3.2　专属指示剂

专属指示剂(specific-indicator)本身并不具有氧化还原性,但它能与氧化剂或还原剂产生特殊的颜色,从而指示滴定终点。例如,可溶性淀粉溶液能与 I_2 生成深蓝色的吸附化合物,当 I_2 被还原为 I^- 时,蓝色立即消失,反应极为灵敏。当 I_2 溶液的浓度为 1×10^{-5} mol·L^{-1} 时,可看到蓝色出现。因此在碘量法中常用淀粉作指示剂,根据蓝色的出现或消失指示终点的到达。

6.3.3　氧化还原指示剂

氧化还原指示剂(redox-indicator)是指在滴定过程中本身发生氧化还原反应的指示剂。指示剂的氧化态和还原态具有不同的颜色,在滴定过程中,指示剂由氧化态变为还原态,或由还原态变为氧化态,根据颜色的突变来指示滴定终点的到达。若以 In(Ox)和 In(Red)分别表示指示剂的氧化态和还原态,其氧化还原半反应和能斯特方程为

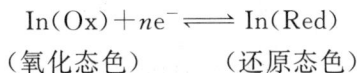

$$\varphi = \varphi^{\ominus'}(In(Ox)/In(red)) + \frac{0.0592\ V}{n} lg \frac{c(In(Ox))}{c(In(Red))}$$

(1) 当 $c(In(Ox))/c(In(Red)) = 1$ 时,溶液呈中间色,体系的电极电势 $\varphi = \varphi^{\ominus'}(In)$,此时为氧化还原指示剂的理论变色点。

(2) 当 $c(In(Ox))/c(In(Red)) \geqslant 10$ 时,溶液呈现氧化态 In(Ox)的颜色,此时体系的电极电势为

$$\varphi \geqslant \varphi^{\ominus'}(In) + \frac{0.0592\ V}{n} lg10 = \varphi^{\ominus'}(In) + \frac{0.0592\ V}{n}$$

（3）当 $c(\mathrm{In(Ox)})/c(\mathrm{In(Red)}) \leqslant \dfrac{1}{10}$ 时，溶液呈现还原态 In(Red)的颜色，此时体系的电极电势为

$$\varphi \leqslant \varphi^{\ominus'}(\mathrm{In}) + \frac{0.0592\ \mathrm{V}}{n}\lg\frac{1}{10} = \varphi^{\ominus'}(\mathrm{In}) - \frac{0.0592\ \mathrm{V}}{n}$$

因此，氧化还原指示剂的变色范围是

$$\varphi = \varphi^{\ominus'}(\mathrm{In}) \pm \frac{0.0592\ \mathrm{V}}{n}$$

不同的指示剂，其标准电极电势（或条件电势）不同。在选择氧化还原指示剂时，应尽量选择指示剂的标准电极电势（或条件电势）落在滴定突跃范围内，并且与滴定的化学计量点电极电势越接近越好。常用的氧化还原指示剂如表 6-2 所示。

表 6-2　几种常见的氧化还原指示剂

指 示 剂	$\varphi^{\ominus'}(\mathrm{In})/\mathrm{V}$ $(c(\mathrm{H^+})=1\ \mathrm{mol \cdot L^{-1}})$	颜 色 变 化		指示剂溶液
		氧化态	还原态	
亚甲基蓝	0.36	蓝色	无色	0.05％水溶液
甲基蓝	0.53	蓝紫色	无色	0.05％水溶液
二苯胺	0.76	紫色	无色	0.1％的浓 $\mathrm{H_2SO_4}$ 溶液
二苯胺磺酸钠	0.85	紫红色	无色	0.05％水溶液
邻二氮菲-亚铁	1.06	浅蓝色	红色	0.025 $\mathrm{mol \cdot L^{-1}}$ 水溶液
邻苯氨基苯甲酸	0.89	紫红色	无色	0.1％的 $\mathrm{Na_2CO_3}$ 溶液
硝基邻二氮菲-亚铁	1.25	浅蓝色	紫红色	0.025 $\mathrm{mol \cdot L^{-1}}$ 水溶液

下面介绍几种常用的氧化还原指示剂颜色变化机理。

1. 二苯胺磺酸钠

二苯胺磺酸钠是二苯胺磺酸的钠盐，易溶于水，常配制成 0.05％水溶液使用。它在氧化还原滴定中常用作 $\mathrm{Ce^{4+}}$ 滴定 $\mathrm{Fe^{2+}}$ 的指示剂，其条件电势为 0.85 V。在酸性溶液中，主要是以二苯胺磺酸的形式存在，当二苯胺磺酸遇到氧化剂 $\mathrm{Ce^{4+}}$（或其他氧化剂）时，首先被氧化为无色的二苯联苯胺磺酸（不可逆反应），进一步被氧化为紫色的二苯联苯胺磺酸紫（可逆反应），显示出颜色的变化。其反应过程如下：

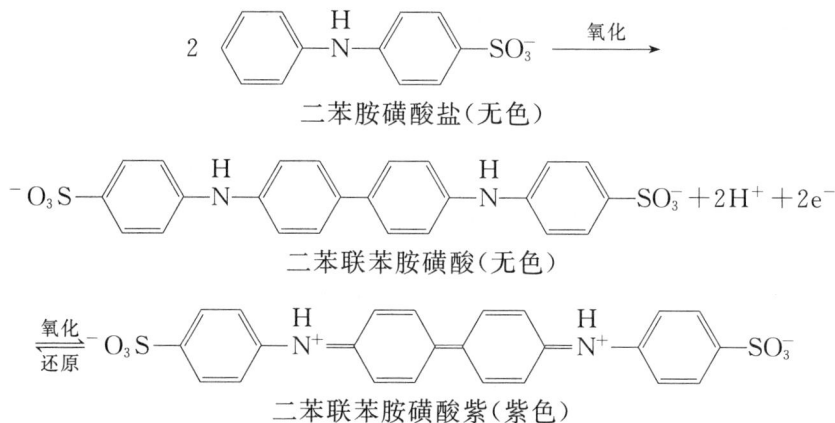

二苯胺磺酸盐（无色）

二苯联苯胺磺酸（无色）

二苯联苯胺磺酸紫（紫色）

由反应式可以看出,得失电子数为 2,故指示剂变色的电极电势范围为

$$\varphi(\text{In}) = 0.85 \text{ V} \pm \frac{0.059 \text{ V}}{2} \approx 0.85 \text{ V} \pm 0.03 \text{ V}$$

即二苯胺磺酸钠变色时的电极电势范围为 0.82~0.88 V。

但是,在用 Ce^{4+} 标准溶液滴定 Fe^{2+} 时,化学计量点附近电极电势的突跃范围为 0.86~1.26 V。如果用二苯胺磺酸钠作指示剂,指示剂变色的电极电势范围为 0.82~0.88 V,显然,指示剂变色的电极电势只有很少一部分落在滴定突跃范围内,此时滴定会产生较大的误差。为了减小误差,可在被滴定的溶液中先加入适量的 H_3PO_4 或 NaF 与 Fe^{3+} 形成无色稳定的 $[Fe(HPO_4)_2]^-$ 或 $[FeF_6]^{3-}$ 等配离子,以降低 Fe^{3+}/Fe^{2+} 电对的电极电势,加大滴定突跃范围,使指示剂的变色电极电势全部或大部分落在滴定突跃范围内,从而正确指示滴定终点。同时,也可消除 Fe^{3+} 颜色对滴定终点观察的影响,使滴定终点颜色变化更加敏锐。如在 $2 \text{ mol} \cdot L^{-1}$ H_3PO_4 介质中,$\varphi^{\ominus\prime}(Fe^{3+}/Fe^{2+}) = 0.46 \text{ V}$,此时滴定突跃范围下限为

$$\varphi_{\text{下限}} = \varphi^{\ominus\prime}(Fe^{3+}/Fe^{2+}) + 0.0592 \text{ V} \times \lg \frac{c(Fe^{3+})}{c(Fe^{2+})}$$

$$= 0.46 \text{ V} + 0.0592 \text{ V} \times \lg \frac{99.9}{0.1}$$

$$= 0.64 \text{ V}$$

故滴定突跃范围变为 0.64~1.26 V,这时二苯胺磺酸钠的变色电极电势完全落在滴定突跃范围内,因而可正确指示滴定终点。

2. 邻二氮菲-亚铁

邻二氮菲-亚铁也是一种常用的氧化还原指示剂。邻二氮菲也称为邻菲罗啉,其分子式为 $C_{12}H_8N_2$,易溶于亚铁盐溶液形成红色的配离子 $[Fe(C_{12}H_8N_2)_3]^{2+}$,遇到氧化剂时发生颜色变化。其反应如下:

$$[Fe(C_{12}H_8N_2)_3]^{3+} + e^- \Longleftrightarrow [Fe(C_{12}H_8N_2)_3]^{2+}$$
　　　　（浅蓝色）　　　　　　　　　　　（红色）

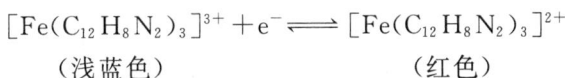

在 $1 \text{ mol} \cdot L^{-1}$ H_2SO_4 溶液中,它的条件电势 $\varphi^{\ominus\prime}(\text{In}) = 1.06 \text{ V}$。因此在用 Ce^{4+} 滴定 Fe^{2+} 时,用邻二氮菲-亚铁作指示剂更为合适,终点时溶液由红色变为浅蓝色,变化十分明显。也可用 Fe^{2+} 滴定 Ce^{4+},终点时溶液由浅蓝色变为红色。

6.4　常用的氧化还原滴定法

氧化还原滴定法一般是根据所采用的滴定剂来进行分类的,常用的方法有高锰酸钾法、重铬酸钾法和碘量法等,每种方法各有其特点和应用范围。下面针对几种常用的方法进行介绍。

6.4.1　高锰酸钾法及应用示例

1. 概述

原理:$KMnO_4$ 是一种强的氧化剂,其氧化能力与溶液的酸度有关。

在强酸性溶液中与还原剂作用,MnO_4^- 被还原为 Mn^{2+}。

$$MnO_4^- + 8H^+ + 5e^- \Longleftrightarrow Mn^{2+} + 4H_2O \qquad \varphi^{\ominus}(MnO_4^-/Mn^{2+}) = 1.51 \text{ V}$$

（紫红色） （无色）

在微酸性、中性或弱碱性溶液中，MnO_4^- 被还原为 MnO_2。

$$MnO_4^- + 2H_2O + 3e^- \Longleftrightarrow MnO_2 \downarrow + 4OH^- \qquad \varphi^{\ominus}(MnO_4^-/MnO_2) = 0.588 \text{ V}$$

（褐色）

在强碱性溶液中，MnO_4^- 能被还原为 MnO_4^{2-}。

$$MnO_4^- + e^- \Longleftrightarrow MnO_4^{2-} \qquad \varphi^{\ominus}(MnO_4^-/MnO_4^{2-}) = 0.564 \text{ V}$$

（绿色）

根据电极电势可知，在强酸性溶液中，$KMnO_4$ 是较强的氧化剂，而本身被还原为无色的 Mn^{2+}，有利于终点的观察，此时 MnO_4^- 为自身指示剂。因此，用高锰酸钾作为氧化剂一般在强酸性条件下进行。常用 H_2SO_4 来控制溶液的酸度，而不用 HNO_3、HCl 或 HAc 来控制酸度。这是因为 HNO_3 具有氧化性，它可能氧化某些被滴定的还原性物质；HCl 具有还原性，能与 MnO_4^- 作用或发生诱导反应而干扰滴定，HAc 酸性太弱也不宜用来控制溶液的酸度。

高锰酸钾法的应用非常广泛，它可以直接滴定 Fe^{2+}、As^{3+}、Sb^{3+}、H_2O_2、$C_2O_4^{2-}$、NO_2^- 以及其他具有还原性的物质（包括许多有机物），也可以利用间接法测定能与 $C_2O_4^{2-}$ 定量沉淀为草酸盐的金属离子（如 Ca^{2+}、Ba^{2+}、Pb^{2+} 以及稀土离子等），还可以利用返滴定法测定一些不能直接滴定的氧化性和还原性物质（如 MnO_2、PbO_2、SO_3^{2-} 和 $HCHO$ 等）。

高锰酸钾法的优点是氧化能力强，滴定时无须另加指示剂。因采用不同的滴定方式，应用范围广泛。它的主要缺点是试剂含有少量杂质，标准溶液不够稳定，浓度需标定后才可使用，而且反应历程复杂，并常伴有副反应发生。滴定时要严格控制条件，使用过的 $KMnO_4$ 标准溶液放置一段时间后应重新标定。

2. 高锰酸钾标准溶液的配制和标定

市售 $KMnO_4$ 试剂纯度为 $99.0\% \sim 99.5\%$，含有少量的 MnO_2 及其他杂质。同时由于 $KMnO_4$ 的强氧化性，容易在生产、储藏和配制溶液时与蒸馏水中含有的还原性物质作用，生成 $MnO(OH)_2$ 沉淀。而 MnO_2 和 $MnO(OH)_2$ 又能促进 $KMnO_4$ 溶液的分解。因此，$KMnO_4$ 标准溶液不能采取直接配制法，常采用标定法配制标准溶液。配制方法：称取稍多于理论量的 $KMnO_4$ 固体，溶解在规定体积的蒸馏水中，并加热煮沸约 1 h，放置 $7 \sim 10$ d 后，用微孔玻璃砂芯漏斗过滤，除去析出的沉淀。将过滤的 $KMnO_4$ 溶液储藏于棕色瓶中，放置于暗处，以待标定。

标定 $KMnO_4$ 的基准物质很多，有 $H_2C_2O_4 \cdot 2H_2O$、$Na_2C_2O_4$、$(NH_4)_2Fe(SO_4)_2 \cdot 6H_2O$、$As_2O_3$、纯铁丝等。其中最常用的是 $Na_2C_2O_4$，因为它易提纯、稳定，不含结晶水，在 $105 \sim 110$ ℃烘干 2 h，放入干燥器中冷却后，即可使用。下面以在 H_2SO_4 介质中 MnO_4^- 与 $C_2O_4^{2-}$ 的反应为例：

$$2MnO_4^- + 5C_2O_4^{2-} + 16H^+ \Longleftrightarrow 2Mn^{2+} + 10CO_2 \uparrow + 8H_2O$$

为了使上述反应能快速定量地进行，应注意以下条件。

1）温度

在室温下，上述反应的反应速率较小，因此常需将溶液加热至 $75 \sim 85$ ℃下进行滴定。滴定完毕时溶液的温度也不应低于 60 ℃。而且滴定时溶液的温度不宜太高，超过 90 ℃时，部分 $H_2C_2O_4$ 会发生分解。

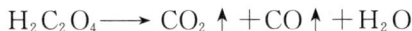

$$H_2C_2O_4 \longrightarrow CO_2 \uparrow + CO \uparrow + H_2O$$

2) 酸度

溶液应保持足够的酸度。酸度过低,$KMnO_4$ 易分解为 MnO_2;酸度过高,会促使 $H_2C_2O_4$ 分解。一般在开始滴定时,$c(H^+)$ 为 $0.5 \sim 1.0$ mol・L^{-1},滴定结束时,$c(H^+)$ 为 $0.2 \sim 0.5$ mol・L^{-1}。

3) 滴定速度

由于上述反应是一个自动催化反应,随着 Mn^{2+} 的产生,反应速率逐渐增大。特别是滴定开始,加入第一滴 $KMnO_4$ 溶液时,溶液褪色很慢(溶液中仅存在极少量的 Mn^{2+}),所以开始滴定时,应逐滴缓慢加入,在 $KMnO_4$ 红色退去之前,不要急于加入第二滴。待几滴 $KMnO_4$ 溶液加入,反应速率增大后,滴定速度就可以稍快些。如果开始就快速滴定,加入的 $KMnO_4$ 溶液来不及与 $C_2O_4^{2-}$ 反应,就会在热的酸性溶液中发生分解。

$$4MnO_4^- + 12H^+ \rightleftharpoons 4Mn^{2+} + 5O_2 \uparrow + 6H_2O$$

导致标定结果偏低。若滴定前加入少量的 $MnSO_4$ 作催化剂,则滴定一开始,反应就能迅速进行。在接近终点时,滴定速度要慢,可缓慢逐滴加入,以防过量。

4) 滴定终点

用 $KMnO_4$ 溶液滴定至终点后,溶液中出现的粉红色不能持久。因为空气中的还原性物质和灰尘等能与 MnO_4^- 缓慢作用,使 MnO_4^- 被还原,故溶液的粉红色逐渐退去。因此,滴定至溶液出现粉红色且半分钟内不褪色,即可认为达到滴定终点。

用 NaC_2O_4 作基准物质标定 $KMnO_4$ 溶液时,$KMnO_4$ 的浓度可由下式计算:

$$c(KMnO_4) = \frac{\frac{2}{5}m(Na_2C_2O_4)}{M(Na_2C_2O_4)V(KMnO_4)}$$

3. 高锰酸钾法的应用示例

1) H_2O_2 含量的测定

过氧化氢溶液是一种常用的消毒剂,在医药和日常生活中使用较为广泛。在酸性条件下,可用 $KMnO_4$ 标准溶液直接测定 H_2O_2,其反应方程式如下:

$$2MnO_4^- + 5H_2O_2 + 6H^+ \rightleftharpoons 2Mn^{2+} + 5O_2 \uparrow + 8H_2O$$

此反应可在室温下进行。开始时反应速率较小,随着 Mn^{2+} 的产生,反应速率会逐渐增大。但滴定时的速度仍不能太快。因为 H_2O_2 不稳定,反应不能加热。测定时,移取一定体积 H_2O_2 的稀释液,用 $KMnO_4$ 标准溶液滴定至终点,根据 $KMnO_4$ 标准溶液的浓度和所消耗的体积,计算 H_2O_2 的含量。计算可按下式进行:

$$\rho(H_2O_2) = \frac{\frac{5}{2}c(KMnO_4)V(KMnO_4)M(H_2O_2)}{V(H_2O_2)}$$

2) 钙盐中钙的测定(间接测定法)

钙是植物细胞壁和动物骨骼、牙齿的重要成分,又是维持人体正常血液凝固功能的重要因素。因此,对钙的测定具有十分重要的意义。钙的测定可采用 $KMnO_4$ 间接法进行。首先将样品处理成 Ca^{2+} 溶液,Ca^{2+} 与 $C_2O_4^{2-}$ 反应生成 CaC_2O_4 沉淀,并将其过滤洗涤,溶于热的稀 H_2SO_4 中,加热至 $75 \sim 85$ ℃,用 $KMnO_4$ 标准溶液滴定至终点。根据滴定终点时 $C_2O_4^{2-}$ 所消

耗 KMnO₄ 的量,间接求出样品中的钙含量。测定过程反应方程式如下:

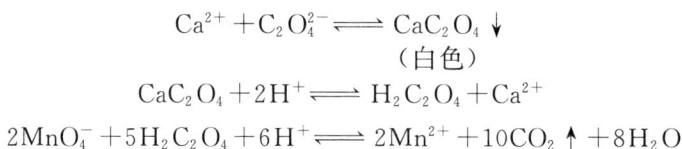

$$Ca^{2+} + C_2O_4^{2-} \rightleftharpoons CaC_2O_4 \downarrow$$
$$(白色)$$
$$CaC_2O_4 + 2H^+ \rightleftharpoons H_2C_2O_4 + Ca^{2+}$$
$$2MnO_4^- + 5H_2C_2O_4 + 6H^+ \rightleftharpoons 2Mn^{2+} + 10CO_2 \uparrow + 8H_2O$$

在生成 CaC_2O_4 沉淀时,为了获得易于过滤、洗涤的粗晶形沉淀,可事先在含 Ca^{2+} 溶液中加 HCl 酸化,然后在酸性溶液中加入过量的 $(NH_4)_2C_2O_4$ 沉淀剂,待溶液中 CaC_2O_4 沉淀析出。用稀氨水慢慢中和试液中的 H^+,使酸性条件下的 $HC_2O_4^-$ 逐渐转变为 $C_2O_4^{2-}$,溶液中的 $C_2O_4^{2-}$ 缓慢地增加,CaC_2O_4 沉淀缓慢形成,最后控制溶液的 pH 在 3.5~4.5,并继续保温约 30 min 使沉淀陈化,即可得到粗晶形沉淀。这样,既沉淀完全,又可防止 $Ca(OH)_2$ 或 $Ca_2(OH)_2C_2O_4$ 生成。样品中的 Ca 含量可按下式计算:

$$w(Ca) = \frac{\frac{5}{2}c(KMnO_4)V(KMnO_4)M(Ca)}{m_s}$$

6.4.2 重铬酸钾法及应用示例

1. 概述

原理:重铬酸钾($K_2Cr_2O_7$)在酸性溶液中具有强氧化性,与还原剂作用时,$K_2Cr_2O_7$ 得到 6 个电子而被还原成 Cr^{3+},其半反应和标准电极电势为

$$Cr_2O_7^{2-} + 14H^+ + 6e^- \rightleftharpoons 2Cr^{3+} + 7H_2O \quad \varphi^\ominus(Cr_2O_7^{2-}/Cr^{3+}) = 1.33 \text{ V}$$

可见 $K_2Cr_2O_7$ 的氧化能力比 KMnO₄ 稍弱些,但它仍是一种较强的氧化剂,能测定许多具有还原性的无机物和有机物,应用仍较为广泛。其重要的应用之一就是铁含量的测定。通过 $Cr_2O_7^{2-}$ 与 Fe^{2+} 的反应,还可以测定其他氧化性和还原性的物质。又如,此法可应用于土壤中有机质的测定和土壤中还原性物质总量的测定等。

重铬酸钾法与高锰酸钾法相比,重铬酸钾法具有以下特点:

(1) $K_2Cr_2O_7$ 易提纯(99.99%),在 140~150 ℃干燥后,可作为基准物质直接准确称量,配制标准溶液。

(2) $K_2Cr_2O_7$ 标准溶液非常稳定,在密闭容器中可长期保存,浓度基本不变。

(3) $K_2Cr_2O_7$ 氧化性较 KMnO₄ 弱,但选择性比较高。

(4) $K_2Cr_2O_7$ 可以用于在 HCl 溶液中滴定 Fe^{2+},因为在 $c(HCl) = 1 \text{ mol} \cdot L^{-1}$ 溶液中,$\varphi^\ominus(Cr_2O_7^{2-}/Cr^{3+}) = 1.00 \text{ V}$,而 $\varphi^\ominus(Cl_2/Cl^-) = 1.36 \text{ V}$,故在室温下 $Cr_2O_7^{2-}$ 不能氧化 Cl^-。但应当注意的是当 HCl 的浓度较高或将溶液煮沸时,$K_2Cr_2O_7$ 也能部分地被 Cl^- 还原。

在 $K_2Cr_2O_7$ 滴定法中,虽然橙黄色的 $Cr_2O_7^{2-}$ 还原后转变为绿色的 Cr^{3+},而 $K_2Cr_2O_7$ 的颜色较浅,不能根据它本身的颜色变化来指示终点,所以需使用氧化还原指示剂来指示滴定终点。常用的指示剂是二苯胺磺酸钠。

2. K_2CrO_7 标准溶液的配制

实验室的 K_2CrO_7 标准溶液可直接配制,将 $K_2Cr_2O_7$(99.99%)在 140~150 ℃下烘干 1~2 h,放入干燥器中冷却后,准确称取一定的量,加水溶解后定量转入一定体积的容量瓶中,稀

释至刻度,摇匀。然后根据称取 $K_2Cr_2O_7$ 的质量和定容的体积,即可计算 $K_2Cr_2O_7$ 标准溶液的浓度。计算按下式进行:

$$c(K_2Cr_2O_7) = \frac{m(K_2Cr_2O_7)}{M(K_2Cr_2O_7)V(K_2Cr_2O_7)}$$

3. 重铬酸钾法的应用实例

1) 铁矿石中全铁含量的测定

试样用浓盐酸加热溶解,趁热用 $SnCl_2$ 溶液将 Fe^{3+} 全部还原为 Fe^{2+}。过量的 $SnCl_2$ 可用 $HgCl_2$ 氧化,此时溶液中析出 Hg_2Cl_2 白色丝状沉淀,用水稀释,加入 $1\sim2$ $mol\cdot L^{-1}$ H_2SO_4-H_3PO_4 混合酸和二苯胺磺酸钠指示剂,立即用 $K_2Cr_2O_7$ 标准溶液滴定至溶液由浅绿色(Cr^{3+} 的颜色)变为紫红色,即为终点。其反应方程式为

$$Cr_2O_7^{2-} + 6Fe^{2+} + 14H^+ \Longrightarrow 2Cr^{3+} + 6Fe^{3+} + 7H_2O$$

根据反应可计算出样品中铁的含量,计算公式为

$$w(Fe) = \frac{6c(K_2Cr_2O_7)V(K_2Cr_2O_7)M(Fe)}{m_s}$$

此法中加入 H_3PO_4 的目的:一是降低 Fe^{3+}/Fe^{2+} 电对的电极电势,增大滴定突跃范围,使二苯胺磺酸钠电极电势的变化落在滴定突跃范围内,可正确指示滴定终点;二是生成无色的 $[Fe(HPO_4)]^+$,消除了 Fe^{3+}(黄色)的干扰,有利于终点的观察和确定。

2) 土壤中有机质的测定

土壤中有机质是土壤中结构复杂的有机物。土壤中有机质含量是判断土壤肥力的重要指标,同时还影响土壤的物理性质和耕作性能等。所以测定土壤中有机质含量对农业生产有着重要的意义。

土壤中有机质含量是通过测定土壤中碳的含量来换算的,即在浓 H_2SO_4 与少量 Ag_2SO_4 催化剂的存在下,加入过量的 $K_2Cr_2O_7$ 溶液,并在 $170\sim180$ ℃温度下,使土壤中的碳被 $K_2Cr_2O_7$ 氧化成 CO_2,剩余的 $K_2Cr_2O_7$ 中加入 85% H_3PO_4 和二苯胺磺酸钠指示剂,用 $FeSO_4$ 标准溶液滴定至溶液由紫色变为亮绿色,即为终点。记录所消耗 $FeSO_4$ 标准溶液的体积 V(mL)。其反应方程式如下:

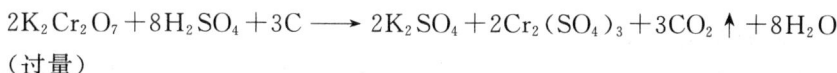

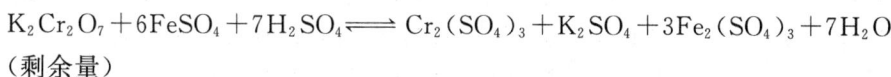

$$2K_2Cr_2O_7 + 8H_2SO_4 + 3C \longrightarrow 2K_2SO_4 + 2Cr_2(SO_4)_3 + 3CO_2 \uparrow + 8H_2O$$

(过量)

$$K_2Cr_2O_7 + 6FeSO_4 + 7H_2SO_4 \Longrightarrow Cr_2(SO_4)_3 + K_2SO_4 + 3Fe_2(SO_4)_3 + 7H_2O$$

(剩余量)

在进行试样测定的同时,应做空白实验。可设同样量的 $K_2Cr_2O_7$ 溶液(不加待测试样)所消耗 $FeSO_4$ 溶液的总体积为 V_0(mL)。

由 $K_2Cr_2O_7$ 氧化 C 的反应可知,2 mol $K_2Cr_2O_7$ 与 3 mol C 反应,其物质的量之比为 $\dfrac{2}{3}$;

$K_2Cr_2O_7$ 与 $FeSO_4$ 反应的物质的量之比为 $\dfrac{1}{6}$,而 C 的物质的量

$$n(C) = \frac{3}{2} \times \frac{1}{6}n(FeSO_4) = \frac{1}{4}n(FeSO_4)$$

所以土壤中有机质含量的计算式为

$$w(\text{有机质})=\dfrac{\frac{1}{4}c(\text{FeSO}_4)[V_0(\text{FeSO}_4)-V(\text{FeSO}_4)]M(\text{C})\times1.724\times1.08}{m(\text{风干土})}$$

式中,1.724 为 C 转换为有机质的换算系数,即有机质中 C 的含量为 58%,58 g C 就相当于 100 g 有机质,1 g C 相当于$\frac{100}{58}$ g(即 1.724 g)有机质;1.08 为氧化校正系数,在 Ag_2SO_4 催化条件下,$\text{K}_2\text{Cr}_2\text{O}_7$ 只能氧化 92.6% 的有机质,所以式中应乘以氧化校正系数$\frac{100}{92.6}$(即 1.08)。

6.4.3　碘量法及应用示例

1. 概述

原理:碘量法也是常用的氧化还原滴定法之一,它是利用 I_2 的氧化性和 I^- 的还原性进行滴定的分析方法。固体 I_2 水溶性比较差,为了增加其溶解度,通常将 I_2 溶解在 KI 溶液中,此时 I_2 以 I_3^- 形式存在(为了简化起见,I_3^- 一般仍简写为 I_2)。其电极反应为

$$\text{I}_2+2\text{e}^-\Longleftrightarrow 2\text{I}^- \qquad \varphi^{\ominus}(\text{I}_2/\text{I}^-)=0.5345\ \text{V}$$

由 $\varphi^{\ominus}(\text{I}_2/\text{I}^-)$ 可知,I_2 是一种较弱的氧化剂,能与较强的还原剂作用,而 I^- 则是中等强度的还原剂,能与许多氧化剂作用。碘量法又分为直接碘量法(又称为碘滴定法)和间接碘量法(又称为滴定碘法)两种。

1)直接碘量法(碘滴定法)

电极电势比 $\varphi^{\ominus}(\text{I}_2/\text{I}^-)$ 低的还原性物质,可以用 I_2 的标准溶液直接滴定,但可被 I_2 直接滴定的物质并不多,一般只限于强还原剂,如 S^{2-}、SO_3^{2-}、$\text{S}_2\text{O}_3^{2-}$、$\text{Sn}^{2+}$、$\text{AsO}_3^{3-}$、$\text{SbO}_3^{3-}$、抗坏血酸和还原糖等。同时 I_2 在碱性溶液中易生成 I^- 及 IO^-,而 IO^- 不稳定,很快转化为 IO_3^-。其反应方程式为

$$\text{I}_2+2\text{OH}^-\Longleftrightarrow \text{IO}^-+\text{I}^-+\text{H}_2\text{O}$$
$$3\text{IO}^-\Longleftrightarrow 2\text{I}^-+\text{IO}_3^-$$

这种情况会给测定带来误差,使碘量法的应用范围受到限制。因此,直接碘量法的应用不太广泛。

2)间接碘量法(滴定碘法)

电极电势比 $\varphi^{\ominus}(\text{I}_2/\text{I}^-)$ 高的氧化物,在一定条件下与 I^- 作用,使 I^- 氧化而析出 I_2,再用 $\text{Na}_2\text{S}_2\text{O}_3$ 标准溶液滴定析出的 I_2。这种方法称为间接碘量法(又称滴定碘法)。例如,KMnO_4 在酸性溶液中与过量的 KI 作用,析出的 I_2 用 $\text{Na}_2\text{S}_2\text{O}_3$ 标准溶液滴定。其反应方程式如下

$$2\text{MnO}_4^-+10\text{I}^-+16\text{H}^+\Longleftrightarrow 2\text{Mn}^{2+}+5\text{I}_2+8\text{H}_2\text{O}$$
$$2\text{S}_2\text{O}_3^{2-}+\text{I}_2\Longleftrightarrow 2\text{I}^-+\text{S}_4\text{O}_6^{2-}$$

根据 $\text{Na}_2\text{S}_2\text{O}_3$ 的用量可求出 KMnO_4 的含量。利用这种方法可以测定许多氧化物,如 Cu^{2+}、H_2O_2、$\text{Cr}_2\text{O}_7^{2-}$、$\text{CrO}_4^{2-}$、$\text{ClO}_3^-$、$\text{ClO}^-$、$\text{BrO}_3^-$、$\text{IO}_3^-$、$\text{AsO}_4^{3-}$ 等,还能测定与 CrO_4^{2-} 生成沉淀的阳离子(如 Pb^{2+}、Ba^{2+} 等),所以间接碘量法的应用非常广泛。

碘量法常用淀粉作指示剂。淀粉与 I_2 作用形成蓝色的吸附化合物,灵敏度很高。在室温和 I^- 存在下,即使在 5×10^{-6} mol·L^{-1} I_2 溶液中变色也很明显。实践证明,直链淀粉遇 I_2 变色必须有 I^-(或 I_3^-)存在,而且 I^-(或 I_3^-)的浓度越大,显色的灵敏度也越高。同时,该显色反

应还受温度、酸度、溶剂和电解质等因素的影响,使用时应加注意。淀粉指示剂须现配现用,因为放置时间过长的淀粉液会腐败分解,不能正确指示滴定终点。淀粉指示剂应在滴定快到终点时加入,否则,由于 I_2 和淀粉形成大量的蓝色化合物或乳状物,妨碍 $Na_2S_2O_3$ 对 I_2 的还原作用,使溶液的蓝色很难退去,从而增加滴定误差。

碘量法误差的主要来源有两个方面:一是 I_2 具有挥发性,易挥发而损失;二是在酸性溶液中 I^- 易被空气中的氧气氧化。因此,碘量法的反应条件和滴定条件非常重要,现分别阐述如下:

(1) 控制溶液的酸度。$Na_2S_2O_3$ 与 I_2 的反应必须在中性或弱酸性溶液中进行,H^+ 浓度一般以 $0.2\sim0.4\ mol\cdot L^{-1}$ 为宜。如在碱性溶液中,$Na_2S_2O_3$ 与 I_2 将会发生副反应,I_2 也会发生歧化反应,即

$$S_2O_3^{2-}+4I_2+10OH^-\rightleftharpoons 2SO_4^{2-}+8I^-+5H_2O$$

$$3I_2+6OH^-\rightleftharpoons IO_3^-+5I^-+3H_2O$$

如在强酸性溶液中,$Na_2S_2O_3$ 会发生分解,而 I^- 容易被空气中的氧气氧化,其反应方程式为

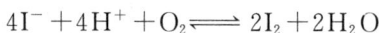

$$S_2O_3^{2-}+2H^+\rightleftharpoons SO_2+S\downarrow+H_2O$$

$$4I^-+4H^++O_2\rightleftharpoons 2I_2+2H_2O$$

(2) 加入过量的碘化钾。在滴定溶液中加入 KI 必须过量,一般比理论值大 $2\sim3$ 倍,这样既可降低 I_2 的挥发量,又可增大 I_2 的溶解度,还可提高淀粉指示剂的灵敏度,增大反应速率,提高反应的完全程度。

(3) 控制溶液的温度。在碘量法滴定过程中,溶液的温度不宜太高,一般在室温下进行即可。因温度升高将增大 I_2 的挥发性,降低淀粉指示的灵敏度。在保存 $Na_2S_2O_3$ 溶液时,室温升高会增大细菌的活性,加速 $Na_2S_2O_3$ 的分解。

(4) 防止光照。光能催化 I^- 被空气中的氧气氧化,增大 $Na_2S_2O_3$ 溶液中细菌的活性,促进 $Na_2S_2O_3$ 的分解。

(5) 控制滴定前的放置时间。当氧化性物质与 KI 作用时,一般在暗处放置 5 min,待反应完全后,立即用 $Na_2S_2O_3$ 溶液进行滴定。如放置时间过长,I_2 过多挥发,将增大滴定误差。

为了减少 I_2 的挥发和 I^- 被空气中的氧气氧化而造成的误差,滴定时的速度须快些,滴定最好在碘量瓶中进行,溶液不需剧烈摇动。

2. 标准溶液的配制和标定

1) $Na_2S_2O_3$ 溶液的配制和标定

市售 $Na_2S_2O_3\cdot5H_2O$(俗称"海波"),一般含有少量的杂质,如 S、SO_3^{2-}、SO_4^{2-}、CO_3^{2-}、Cl^- 等,所以不能直接称量来配制标准溶液,需用基准物质标定。$Na_2S_2O_3$ 溶液不稳定,易与水中的 H_2CO_3 和空气中的 O_2 作用,并能被细菌分解,使其浓度发生变化。

$$S_2O_3^{2-}+CO_2+H_2O\rightleftharpoons HSO_3^-+HCO_3^-+S\downarrow$$

$$2S_2O_3^{2-}+O_2\rightleftharpoons 2SO_4^{2-}+2S\downarrow$$

$$S_2O_3^{2-}\xrightarrow{\text{细菌}}SO_3^{2-}+S\downarrow$$

水中微量的 Cu^{2+} 或 Fe^{2+} 可以促进 $Na_2S_2O_3$ 溶液的分解。

$$2Cu^{2+}+2S_2O_3^{2-}\rightleftharpoons 2Cu^++S_4O_6^{2-}$$

$$2Cu^+ + \frac{1}{2}O_2 + H_2O \Longrightarrow 2Cu^{2+} + 2OH^-$$

因此,配制 $Na_2S_2O_3$ 溶液时,需要用新煮沸并冷却的蒸馏水,以除去 CO_2、O_2 和杀死细菌。并加入少量的纯净 Na_2CO_3,使溶液呈弱碱性,以抑制细菌的生长,防止 $Na_2S_2O_3$ 分解。光照也会促使 $Na_2S_2O_3$ 分解,因此,配制好的 $Na_2S_2O_3$ 溶液应储存于棕色试剂瓶中,放置于暗处大约一周后进行标定。标定过的 $Na_2S_2O_3$ 溶液也不宜长期保存,使用一段时间后要重新标定。

标定 $Na_2S_2O_3$ 溶液的基准物质有 $KBrO_3$、$K_2Cr_2O_7$、纯铜等。标定操作采用滴定碘法,即在弱酸性溶液中,氧化剂与 I^- 作用析出 I_2。

$$BrO_3^- + 6I^- + 6H^+ \Longrightarrow 3I_2 + Br^- + 3H_2O$$
$$Cr_2O_7^{2-} + 6I^- + 14H^+ \Longrightarrow 2Cr^{3+} + 3I_2 + 7H_2O$$
$$Cu^{2+} + 4I^- \Longrightarrow 2CuI + I_2 \uparrow$$

析出的 I_2 用 $Na_2S_2O_3$ 溶液滴定。

$$I_2 + 2S_2O_3^{2-} \Longrightarrow 2I^- + S_4O_6^{2-}$$

根据"等物质的量"规则进行计算,即可得 $Na_2S_2O_3$ 标准溶液的浓度。

例如以 $KBrO_3$ 为基准物质标定,则 $Na_2S_2O_3$ 标准溶液的浓度可按下式算出:

$$c(Na_2S_2O_3) = \frac{6m(KBrO_3)}{M(KBrO_3)V(Na_2S_2O_3)}$$

2）I_2 溶液的配制和标定

用升华法制得的纯 I_2,可用直接法配制成 I_2 的标准溶液。但是,由于 I_2 易挥发,难以准确称取,所以一般仍采用间接法配制。I_2 在水中的溶解度很小(20 ℃为 1.33×10^{-3} mol·L^{-1}),先将一定量的 I_2 溶于过量的 KI 溶液中,稀释至一定的体积。溶液储存于棕色试剂瓶中,放置于暗处保存。I_2 液具有腐蚀性和杀菌性,储存和使用碘液时,应避免其与橡皮塞和橡皮管接触。

I_2 溶液的标准浓度常用 As_2O_3 基准物质标定,也可用已标定好的 $Na_2S_2O_3$ 溶液标定。As_2O_3(俗称"砒霜",剧毒,操作时须十分小心)难溶于水,易溶于碱性溶液中,生成亚砷酸盐,其反应方程式为

$$As_2O_3 + 6OH^- \Longrightarrow 2AsO_3^{3-} + 3H_2O$$

以 $NaHCO_3$ 调节溶液 pH=8,再用 I_2 溶液滴定 AsO_3^{3-},其反应方程式为

$$AsO_3^{3-} + I_2 + H_2O \Longrightarrow AsO_4^{3-} + 2I^- + 2H^+$$

此反应是可逆反应,在中性或微碱性溶液中,反应能定量地向右进行;在酸性溶液中,AsO_4^{3-} 氧化 I^- 而析出 I_2。

根据反应方程式可按下式计算 I_2 溶液的浓度:

$$c(I_2) = \frac{2m(As_2O_3)}{M(As_2O_3)V(I_2)}$$

3. 碘量法应用示例

1）胆矾中铜含量的测定

胆矾($CuSO_4 \cdot 5H_2O$)是农药波尔多液的主要成分,也是补充肥料和饲料中铜微量元素的添加剂。胆矾中铜的含量常用滴定碘法进行测定。

一定量的胆矾试样经溶解后,加入过量的 KI,使 Cu^{2+} 与 I^- 作用生成难溶性 CuI 沉淀,并

析出等物质的量的 I_2，然后用 $Na_2S_2O_3$ 标准溶液滴定析出的 I_2。其反应方程式为

$$2Cu^{2+} + 4I^- \Longrightarrow 2CuI\downarrow + I_2$$

$$I_2 + 2S_2O_3^{2-} \Longrightarrow 2I^- + S_4O_6^{2-}$$

CuI 沉淀表面吸附 I_2，会使测定结果偏低。为了减少 CuI 对 I_2 的吸附，在滴定快到终点时加入 KSCN，使 CuI 沉淀（$K_{sp}^{\ominus} = 1.1 \times 10^{-12}$）转化为溶解度更小的颗粒更大的 CuSCN 沉淀（$K_{sp}^{\ominus} = 4.8 \times 10^{-15}$），即

$$CuI + SCN^- \Longrightarrow CuSCN\downarrow + I^-$$

生成的 CuSCN 沉淀吸附 I_2 的倾向大大减小，使反应终点变得更加明显，提高了分析结果的准确度。但是 KSCN 不宜较早加入，否则 SCN^- 可直接还原 Cu^{2+}，使测定结果偏低。

溶液中如果含有 Fe^{3+}，对测定结果也有一定的影响，因为 Fe^{3+} 能将 I^- 氧化 I_2。

$$2Fe^{3+} + 2I^- \Longrightarrow 2Fe^{2+} + I_2$$

从而使测定结果偏高。为了消除这一干扰，可先用氨水将 Fe^{3+} 沉淀分离，或加入 NH_4F 或 NaF 与 Fe^{3+} 形成 $[FeF_6]^{3-}$ 而掩蔽。

为了防止 Cu^{2+} 的水解及 I_2 的歧化，反应必须在 pH＝3.5～4.0 的弱酸性溶液中进行。酸度过低，反应速率小，滴定终点拖长，使测定结果产生误差；酸度过高，Cu^{2+} 对 I^- 被空气氧化为 I_2 的反应有催化作用，而使测定结果偏高。由于 Cu^{2+} 易与 Cl^- 形成配离子，因此酸化时常用 H_2SO_4 或 HAc，不能用 HCl 和 HNO_3。

根据反应方程式可按下式计算溶液中铜的含量：

$$w(Cu) = \frac{c(Na_2S_2O_3)V(Na_2S_2O_3)M(Cu)}{m_s}$$

2）漂白粉中有效氯的测定

漂白粉在工农业生产和日常生活中可用作消毒、杀菌和漂白剂，漂白粉的主要成分是 $Ca(ClO)_2$、$CaCl_2$、$Ca(OH)_2 \cdot H_2O$ 和 CaO，常用化学式 Ca(ClO)Cl 表示。

漂白粉的有效成分是次氯酸盐，在酸的作用下可放出氯气，其反应方程式为

$$Ca(ClO)Cl + 2H^+ \Longrightarrow Ca^{2+} + Cl_2\uparrow + H_2O$$

加酸后所放出的氯气称为有效氯，具有漂白作用，以此表示漂白粉的纯度。一般漂白粉中有效氯含量为 30%～35%；漂白精为纯度较高的次氯酸钙，它的有效氯含量可达 90% 以上。

漂白粉中的有效氯含量常用滴定碘法进行测定，即在一定量的漂白粉中加入过量的 KI，加 H_2SO_4 酸化，有效氯与 I^- 作用析出等量的 I_2，析出的 I_2 立即用 $Na_2S_2O_3$ 标准溶液滴定，在接近终点时加入淀粉指示剂，继续用 $Na_2S_2O_3$ 标准溶液滴定至终点。有关反应方程式为

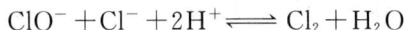

$$ClO^- + Cl^- + 2H^+ \Longrightarrow Cl_2 + H_2O$$

$$Cl_2 + 2I^- \Longrightarrow I_2 + 2Cl^-$$

$$I_2 + 2S_2O_3^{2-} \Longrightarrow 2I^- + S_4O_6^{2-}$$

根据反应方程式可按下式计算溶液中有效氯的含量：

$$w(Cl) = \frac{c(Na_2S_2O_3)V(Na_2S_2O_3)M(Cl)}{m_s}$$

3）葡萄糖含量的测定

I_2 在碱性溶液中可生成 IO^-，葡萄糖分子中的醛基能被过量的 IO^- 定量地氧化为葡萄糖

酸,剩余的 IO^- 在碱性溶液中发生歧化反应,生成 IO_3^- 和 I^-,溶液酸化后,析出的 I_2 用 $Na_2S_2O_3$ 标准溶液回滴至终点。其反应方程式为

$$I_2 + 2OH^- \rightleftharpoons IO^- + I^- + H_2O$$

$$C_6H_{12}O_6 + IO^- + OH^- \rightleftharpoons C_6H_{12}O_7 + I^- + H_2O$$

$$3IO^- \rightleftharpoons IO_3^- + 2I^-$$

$$IO_3^- + 5I^- + 6H^+ \rightleftharpoons 3I_2 + 3H_2O$$

$$I_2 + 2S_2O_3^{2-} \rightleftharpoons 2I^- + S_4O_6^{2-}$$

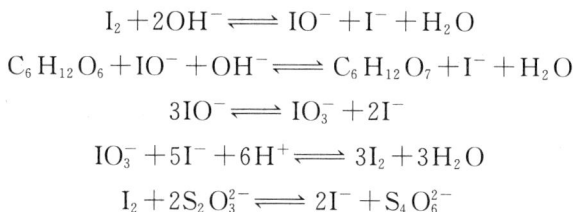

根据反应方程式可按下式计算溶液中葡萄糖的含量:

$$w(C_6H_{12}O_6) = \frac{\left[c(I_2)V(I_2) - \frac{1}{2}c(Na_2S_2O_3)V(Na_2S_2O_3) \right] M(C_6H_{12}O_6)}{m_s}$$

本法可用于测定医用葡萄糖注射液的浓度以及甲醛、丙酮和硫脲等还原性有机物的含量。

4) 水中溶解氧的测定

水体与大气交换或经化学、生物化学反应后溶解在水中的氧称为**溶解氧**(又称水中含氧量),常用 DO(dissolved oxygen 的缩写)表示。溶解氧量是反映水质好坏的重要指标之一,溶解氧是鱼类和其他水生物生存的必要条件。水中氧的溶解度随水温的升高及水中含盐量的增加而降低。水体受污染时其溶解氧逐渐减少。比较清洁的河流湖泊中的溶解氧量在 7.5 mg·L^{-1}以上,溶解氧量低于 2 mg·L^{-1}时,水质被严重污染,水体因厌氧菌繁殖而发臭,鱼类等水生生物因缺氧而难以生存。因此,水中溶解氧量是衡量水是否污染的重要指标,保护水资源和测定水中溶解氧量具有十分重要的意义。水中的溶解氧测定常用碘量法进行。其原理如下:

在碱性介质中溶解氧能将 Mn^{2+} 氧化生成 Mn^{4+} 的氢氧化物棕色沉淀,在酸性介质中 Mn^{4+} 又可氧化 I^- 而析出与溶解氧等量的 I_2,用 $Na_2S_2O_3$ 标准溶液滴定析出的 I_2,即可计算出溶解氧的含量。其反应方程式为

$$MnSO_4 + 2NaOH \rightleftharpoons Mn(OH)_2 \downarrow + Na_2SO_4$$
$$\text{(白色)}$$

$$2Mn(OH)_2 + O_2 \rightleftharpoons 2MnO(OH)_2 \downarrow$$
$$\text{(棕色)}$$

$$MnO(OH)_2 + 2H_2SO_4 \rightleftharpoons Mn(SO_4)_2 + 3H_2O$$

$$Mn(SO_4)_2 + 2KI \rightleftharpoons MnSO_4 + K_2SO_4 + I_2$$

$$I_2 + 2Na_2S_2O_3 \rightleftharpoons Na_2S_4O_6 + 2NaI$$

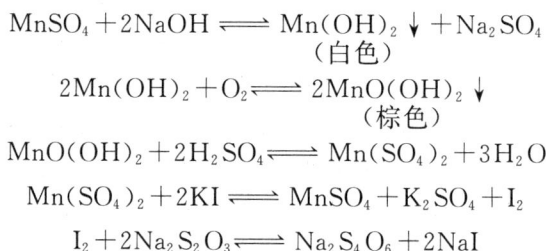

根据上述反应方程式可计算出溶解氧的含量:

$$w(O_2) = \frac{\frac{1}{4}c(Na_2S_2O_3)V(Na_2S_2O_3)M(O_2)}{V_s}$$

6.4.4　其他氧化还原滴定法

1. 溴酸钾法

溴酸钾法是以溴酸钾为标准溶液,在酸性介质中直接滴定还原性物质的方法。其半反应

如下：

$$BrO_3^- + 6H^+ + 6e^- \rightleftharpoons Br^- + 3H_2O \quad \varphi^\ominus(BrO_3^-/Br^-) = 1.44 \text{ V}$$

2. 亚硝酸钠-亚砷酸钠法

亚硝酸钠-亚砷酸钠法是以 $NaNO_2$-$NaAsO_2$ 混合溶液为标准溶液的氧化还原滴定法，可用于普通钢和低合金钢中锰的测定。

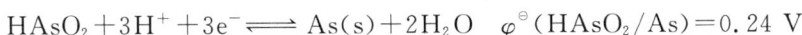

$$HNO_2 + H^+ + e^- \rightleftharpoons NO(g) + H_2O \quad \varphi^\ominus(HNO_2/NO) = 0.99 \text{ V}$$

$$HAsO_2 + 3H^+ + 3e^- \rightleftharpoons As(s) + 2H_2O \quad \varphi^\ominus(HAsO_2/As) = 0.24 \text{ V}$$

6.5　氧化还原滴定法中样品的预处理

用氧化还原滴定法分析试样时，往往需要对试样进行预处理，使试样中的组分处于一定的价态。如将待测组分氧化为高价态后，可用还原剂测定；待测组分被还原为低价态后，可用氧化剂测定。测定前，将待测组分转变为一定价态的步骤，称为预先氧化或预先还原处理。预先氧化或还原处理要符合下列要求：

(1) 能定量地将待测组分氧化或还原；

(2) 与被处理组分的反应要完全，反应速率大；

(3) 反应具有一定的选择性；

(4) 过量的氧化剂或还原剂易于除去。

预处理时常用的氧化剂有 $(NH_4)_2S_2O_8$、$KMnO_4$、H_2O_2、KIO_4、$HClO_4$ 等，常用的还原剂有 $SnCl_2$、SO_2、$TiCl_3$、金属还原剂(锌、铝、铁)等。

例如：测定试样中 Mn^{2+} 时，由于无适宜的氧化性滴定剂，一般在 H_2SO_4 介质中及 Ag^+ 催化剂存在下，用 $(NH_4)_2S_2O_8$ 作为氧化剂将 Mn^{2+} 氧化为 MnO_4^-，过量的 $(NH_4)_2S_2O_8$ 可煮沸除去，然后用 $(NH_4)_2Fe(SO_4)_2$ 标准溶液滴定生成的 MnO_4^-。

又如，当试样中 Fe^{3+} 和 Fe^{2+} 共存时，可选用还原剂金属锌或 SO_2，将 Fe^{3+} 还原成 Fe^{2+}，除去还原剂后，用 $K_2Cr_2O_7$ 标准溶液滴定 Fe^{2+}，求得 Fe 的总含量。试样预处理是否合理直接关系到测定结果的准确性和可靠性，这需要在实验和工作中不断学习和积累。

阅读材料

氧化还原反应在绿色能源材料中的应用

在绿色能源建设过程中，白天的光伏能源和强风下的风电能源需要调节和储存，电能高效储存和平衡调节是目前绿色能源建设过程中遇到的技术难题。氢储能在电网用电平衡、海洋作业等工农业生产中发挥着越来越重要的作用。氢储能是利用低谷期富余的新能源电能使水发生氧化还原反应，即电解水制氢(反应方程式如下)，将制得的氢气等储存起来或供下游产业使用；在用电高峰期，储存起来的氢气可通过燃料电池进行发电并入公共电网或者供应海洋作业等各种用电场所。氢储能是基于"电-氢-电"(power-to-power，P2P)的转换过程，主要包含电解槽、储氢罐和燃料电池等装置。随着其生产工艺的改进，特别是安全工艺指标的提高，其应用范围越来越广。

$$\text{正极：} H_2O - 2e^- \longrightarrow 2H^+ + \frac{1}{2}O_2 \uparrow$$

$$\text{负极：} 2H^+ + 2e^- \longrightarrow H_2 \uparrow$$

$$\text{总反应：} H_2O \xrightarrow{\text{电解}} H_2 \uparrow + \frac{1}{2}O_2 \uparrow$$

又如近年来,钙钛矿太阳能电池的光电转换效率从最初的 3.8% 迅速提升至 26.1%。研究表明,适度添加碘化铅,利用碘化铅等物质发生氧化还原反应可以显著提高光伏性能,但同时也加速了钙钛矿材料的光降解,导致电荷复合中心增加,离子迁移加速,开路电压和光电转换效率有所降低。针对这一问题,有学者研发了一种新的分子钝化策略,展示了一种利用 TBP 分子增强钙钛矿结晶的方法,有效提高了钙钛矿太阳能电池的光伏性能和稳定性,从而实现了 24% 以上的光电转换效率,此外还使光伏器件在强湿度和持续光照条件下表现出优异的稳定性。此项研究对于加速功能型表面钝化分子的开发,以及实现高效稳定的钙钛矿太阳能电池具有重要意义。

<h1 style="text-align:center">思　考　题</h1>

扫码做题

1. 氧化还原滴定法共分为几类? 这些方法的基本反应是什么?

2. 应用于氧化还原滴定法的反应需要满足哪些条件?

3. 何谓条件电势? 它与标准电极电势有何关系?

4. 影响氧化还原反应速率的因素主要有哪些?

5. 怎样判断一个氧化还原反应是否进行完全?

6. 试比较酸碱滴定、氧化还原滴定的滴定曲线,说明它们具有哪些共性和特性。

7. 化学计量点在滴定曲线上的位置与氧化剂和还原剂的电子转移数有何关系?

8. 氧化还原滴定中的指示剂分为几类? 各自如何指示滴定终点?

9. 氧化还原指示剂的变色原理和选择与酸碱指示剂有何不同?

10. 碘量法的主要误差来源有哪些? 为什么碘量法不适宜在强酸或强碱性介质中进行?

11. 在 Cl^-、Br^- 和 I^- 三种离子的混合液中,欲将 I^- 氧化为 I_2,而又不使 Br^- 和 Cl^- 被氧化,在常用的 $Fe_2(SO_4)_3$ 和 $KMnO_4$ 氧化剂中应选择哪一种?

12. 在 $1\ mol \cdot L^{-1}\ H_2SO_4$ 介质中,用 Ce^{4+} 滴定 Fe^{2+} 时,使用二苯胺磺酸钠作指示剂,误差超过 0.1%,而加入 $0.5\ mol \cdot L^{-1}\ H_3PO_4$ 后,滴定终点的误差小于 0.1%,试述其原因。

<h1 style="text-align:center">习　题</h1>

1. 计算在 H_2SO_4 介质中,用 20.00 mL $KMnO_4$ 溶液恰好能氧化 0.1500 g $Na_2C_2O_4$ 时的 $KMnO_4$ 溶液的物质的量浓度。

2. 计算在 $1.000\ mol \cdot L^{-1}\ H_2SO_4$ 和 $0.0100\ mol \cdot L^{-1}\ H_2SO_4$ 介质中,VO_2^+ / VO^{2+} 电对的条件电势(忽略离子强度的影响)。

3. pH 为 1.0 的 $0.1000\ mol \cdot L^{-1}\ K_2Cr_2O_7$ 溶液中加入固体亚铁盐使 Cr^{6+} 还原成 Cr^{3+},若平衡时的电极电势为 1.17 V,求 $Cr_2O_7^{2-}$ 的转化率。(已知 $\varphi^{\ominus} Cr_2O_7^{2-} / Cr^{3+} = 1.33$ V)

4. 计算 $0.1\ mol \cdot L^{-1}$ HCl 溶液中,用 Fe^{3+} 滴定 Sn^{2+} 至化学计量点时的电极电势,并计算滴定到 99.9% 和 100.1% 时的电极电势。(已知 $\varphi^{\ominus}(Fe^{3+}/Fe^{2+}) = 0.771$ V,$\varphi^{\ominus}(Sn^{4+}/Sn^{2+}) = 0.14$ V)

5. 计算在 $1.0\ mol \cdot L^{-1}$ HCl 介质中 Fe^{3+} 与 Sn^{2+} 反应的平衡常数及化学计量点时反应进行的程度。(已知 $\varphi^{\ominus'}(Fe^{3+}/Fe^{2+})=0.68$ V，$\varphi^{\ominus'}(Sn^{4+}/Sn^{2+})=0.14$ V)

6. 以 $K_2Cr_2O_7$ 标准溶液滴定 Fe^{2+}，计算 25 ℃时反应的平衡常数。若在计量点时，$c(Fe^{3+})=0.05000$ $mol \cdot L^{-1}$，要使反应定量进行，此时所需 H^+ 的最低浓度为多少？(已知 $\varphi^{\ominus'}(Fe^{3+}/Fe^{2+})=0.68$ V，$\varphi^{\ominus'}(Cr_2O_7^{2-}/Cr^{3+})=1.00$ V)

7. 称取 0.2473 g 纯 As_2O_3，用 NaOH 溶液溶解后，再用 H_2SO_4 将此溶液酸化，以待标定的 $KMnO_4$ 溶液滴定至终点时，消耗 $KMnO_4$ 溶液 25.00 mL。计算 $KMnO_4$ 溶液的浓度。(已知 $M(As_2O_3)=197.8$ g $\cdot$ mol^{-1})

8. 1.234 g PbO_2 试样用 20.00 mL 0.2500 $mol \cdot L^{-1}$ $H_2C_2O_4$ 溶液处理，此时 Pb^{4+} 被还原为 Pb^{2+}，将溶液中和，使 Pb^{2+} 定量沉淀为 PbC_2O_4，过滤，将滤液酸化，以 0.04000 $mol \cdot L^{-1}$ $KMnO_4$ 溶液滴定，用去 10.00 mL。沉淀以酸溶解，用相同浓度的 $KMnO_4$ 溶液滴定，消耗 30.00 mL。计算试样中 PbO 及 PbO_2 的质量分数。(已知 $M(PbO)=223.2$ g $\cdot$ mol^{-1}，$M(PbO_2)=239.0$ g $\cdot$ mol^{-1})

9. 已知在酸性溶液中 $KMnO_4$ 对 Fe^{2+} 的滴定度 $T(Fe/KMnO_4)=0.02792$ g $\cdot$ mL^{-1}，而在酸性条件下 1.00 mL $KH(HC_2O_4)_2$ 溶液恰好与 0.80 mL 上述 $KMnO_4$ 溶液完全反应。上述 $KH(HC_2O_4)_2$ 溶液作为酸与 0.1000 $mol \cdot L^{-1}$ NaOH 溶液反应时，1.00 mL 可中和多少毫升的 NaOH 溶液？

10. 取 0.3567 g KIO_3，溶于水并稀释至 100.0 mL。移取 25.00 mL 该溶液，加入 H_2SO_4 和 KI 溶液，以淀粉为指示剂，用 $Na_2S_2O_3$ 溶液滴定析出的 I_2，终点时，消耗 $Na_2S_2O_3$ 溶液 24.98 mL。求 $Na_2S_2O_3$ 溶液的浓度。

11. 今有 0.5180 g 不纯的 KI 试样，用 0.1940 g $K_2Cr_2O_7$(过量的)处理后，将溶液加热煮沸，除去析出的碘；然后用过量的 KI 处理，使之与剩余的 $K_2Cr_2O_7$ 作用，这时析出的碘用 0.1000 $mol \cdot L^{-1}$ $Na_2S_2O_3$ 标准溶液滴定至终点，用去 10.00 mL。求试样中 KI 的质量分数。

12. 吸取 20.00 mL HCOOH 和 HAc 的混合溶液，以 0.1000 $mol \cdot L^{-1}$ NaOH 标准溶液滴定至终点，消耗 25.00 mL。另取 20.00 mL 上述溶液，准确加入 50.00 mL 0.02500 $mol \cdot L^{-1}$ $KMnO_4$ 的强碱性溶液，反应完全后，酸化溶液，以 0.2000 $mol \cdot L^{-1}$ Fe^{2+} 标准溶液滴定至终点，耗去 25.00 mL。计算试液中 HCOOH 及 HAc 的浓度。

第7章 重量分析法和沉淀滴定法

基本要求

- 理解重量分析法的一般程序及重量分析法对沉淀形式和称量形式的要求。
- 掌握溶度积的概念,能熟练进行溶度积和溶解度的换算。
- 掌握溶度积规则,能利用溶度积规则分析沉淀-溶解平衡的有关问题。
- 掌握同离子效应、溶液酸度等因素对沉淀-溶解平衡的影响。
- 理解分步沉淀和沉淀转化的原理、应用,掌握有关计算。
- 掌握莫尔法、佛尔哈德法和法扬司法的滴定条件、适用范围及注意事项。
- 了解沉淀滴定法的有关应用。

重量分析法是较为古老而准确的的一类常量分析方法,本章将介绍重量分析法中的沉淀法。将沉淀反应直接应用于滴定分析,即为沉淀滴定法。实际能用于滴定分析的沉淀反应并不多,主要为银离子参与的沉淀反应(银量法)。

7.1 重量分析法概述

7.1.1 重量分析法分类

通过称量物质的质量确定被测组分含量的分析方法称为**重量分析法**(gravimetric methods of analysis),或者说在一定的条件下,采用适当的方法,使被测组分与试样中的其他组分分离后,经过称量得到被测组分的质量,以计算被测组分的含量的分析方法。

根据分离方法的不同,重量分析法可分为四大类。

1. 沉淀法

沉淀法是重量分析法中的重要方法,这种方法是将被测组分以微溶化合物的形式沉淀出来,再将沉淀过滤、洗涤、烘干或灼烧,最后称重并计算其含量。

2. 气化法(挥发法)

利用物质的挥发性,通过加热或者其他方法使被测组分从试样中挥发逸出,利用其质量的减轻值来确定待测组分的含量;或者选择适当的吸收剂,将逸出的被测组分完全吸收,根据吸收剂质量的增加值来计算出被测组分的含量。挥发法只适用于可挥发性物质的测定。农业试样中水分、灰分的测定均采用挥发法。

3. 萃取法(提取法)

利用被测组分与其他组分在互不混溶的两种溶剂中分配比不同,加入某种提取剂使被测组分从原来的溶剂中定量转移至提取剂中而与其他组分分离,除去提取剂,通过称量干燥提取物的质量来计算被测组分含量。

4. 电解法

利用电解反应使被测组分以纯金属或金属氧化物的形式在电极上析出,根据电极质量的增加值计算被测组分的含量。

上述四种重量分析法直接用分析天平称量而获得分析结果,不需要称标准试样或基准物质进行比较。如果分析方法可靠,操作细心,而称量误差一般是很小的,所以对于常量组分的测定,通常能得到较为准确的结果,相对误差不大于 0.2%。然而,重量分析法操作烦琐,耗时较长,也不适用于微量和痕量组分的测定,已逐渐被滴定分析法取代。

目前在含量不太低的硅、钨、镍及水分、灰分的分析测定中,仍较多使用重量分析法;在校对其他分析方法的准确度时,也常以重量分析法的测定结果为标准,因此重量分析法仍然是定量分析的基本内容之一。

7.1.2 沉淀法对沉淀形式和称量形式的要求

沉淀法是利用沉淀反应,将被测组分转化成难溶物,以沉淀形式从溶液中分离出来,经过滤、洗涤、烘干或灼烧成"称量形式"称重,计算其含量的方法。

难溶物的化学组成称为沉淀形式。沉淀经处理后,供最后称量的化学组成称为称量形式。沉淀形式与称量形式可以相同,也可以不同。例如,用沉淀法测定 SO_4^{2-},加 $BaCl_2$ 为沉淀剂,沉淀形式和称量形式都是 $BaSO_4$,两者相同;在 Ca^{2+} 的测定中,沉淀形式是 CaC_2O_4,灼烧后所得的称量形式是 CaO,两者不同。

为了保证测定有足够的准确度并便于操作,沉淀法对沉淀形式和称量形式有一定的要求。

1. 对沉淀形式的要求

(1) 沉淀形式的溶解度必须足够小,这样就不致因沉淀溶解的损失而影响沉淀的完全程度。一般要求沉淀的溶解损失不超过天平的称量误差,即溶解损失小于 0.1 mg。

(2) 沉淀形式应易于过滤和洗涤,为此尽量获得粗大的晶形沉淀。如果是无定形沉淀,应注意掌握好沉淀条件,改善沉淀的性质。

(3) 沉淀形式应力求纯净,尽量避免其他杂质的污染。

2. 对称量形式的要求

(1) 称量形式必须有确定的化学组成,否则无法计算分析结果。

(2) 称量形式必须足够稳定,不受空气中水分、CO_2、O_2 等的影响,以保证结果的准确度。

(3) 称量形式的摩尔质量要大,被测组分在称量形式中的质量分数要小,这样可以提高分析的准确度。例如,沉淀法测定 Al^{3+} 时,可用氨水将 Al^{3+} 沉淀为 $Al(OH)_3$ 后灼烧成 Al_2O_3 再称量,也可以用 8-羟基喹啉沉淀为 8-羟基喹啉铝,但两种方法获得的分析结果准确度有差异。

例 7-1 以氨水、8-羟基喹啉分别获得 Al^{3+} 的两类沉淀物(Al_2O_3、$Al(C_9H_6NO)_3$),烘干后称量。若在分析过程中沉淀的损失均为 1 mg,计算两类方法对 Al^{3+} 的分析误差。

解 (1) 设以 Al_2O_3 为称量形式时 Al^{3+} 的损失量为 x_1。

$$M(Al_2O_3) : 2M(Al) = 1 \text{ mg} : x_1$$

$$x_1 = \frac{2M(Al) \times 1 \text{ mg}}{M(Al_2O_3)} = \frac{2 \times 27 \times 1}{101.96} \text{ mg} = 0.5 \text{ mg}$$

（2）设以 8-羟基喹啉铝为称量形式时 Al^{3+} 的损失量为 x_2。

$$M(Al(C_9H_6NO)_3) : M(Al) = 1 \text{ mg} : x_2$$

$$x_2 = \frac{27}{459.44} \text{ mg} = 0.06 \text{ mg}$$

显然，采用生成称量形式摩尔质量大的 8-羟基喹啉铝的沉淀法测定 Al^{3+} 的准确度要比生成称量形式摩尔质量小的 Al_2O_3 的沉淀法准确度高。

7.2　沉淀的溶解度及其影响因素

利用沉淀法进行重量分析时，沉淀的溶解度损失是误差的主要来源之一。人们总是希望被测组分沉淀得尽可能完全，且要求沉淀在溶液中的残留量不超过分析天平的称量误差，即 0.1 mg。而能达到这一要求的沉淀却很少。因此，如何减少沉淀的溶解损失便成为保证重量分析结果准确性的主要问题。这里仅结合重量分析法，着重讨论沉淀的溶解度及其影响因素。

7.2.1　沉淀的溶解度

难溶化合物 MA 在溶液中达到沉淀-溶解平衡时，其平衡关系可表达如下：

$$MA(s) \Longleftrightarrow MA(w) \Longleftrightarrow M^+ + A^-$$

即除 M^+、A^- 外，尚有溶解的分子状态（或离子对化合物状态）的 MA(w)。如 AgCl 在水中的沉淀-溶解平衡过程：

$$AgCl(s) \Longleftrightarrow AgCl(w) \Longleftrightarrow Ag^+ + Cl^-$$

MA(s)、MA(w) 具有如下平衡关系：

$$\frac{\alpha(MA(w))}{\alpha(MA(s))} = S_0$$

纯固体物质的活度 $\alpha(MA(s)) = 1$，故 $\alpha(MA(w)) = S_0$。溶液中分子状态难溶物的活度为一常数（S_0）。S_0 称为 MA 的固有溶解度，也称分子溶解度，即 MA 在水溶液中以分子状态或离子对化合物状态存在的活度，该值在一定温度下恒定而不受溶液中其他平衡的影响。各种难溶化合物的固有溶解度相差较大。如 AgCl，不同研究者测得其固有溶解度为 $1.0 \times 10^{-7} \sim 6.2 \times 10^{-7}$ mol·L^{-1}，而 8-羟基喹啉铁、丁二酮肟镍等金属螯合物的固有溶解度为 $10^{-6} \sim 10^{-9}$ mol·L^{-1}。因此，除离子化溶解外，难溶化合物的溶解度（S）计算也应考虑其固有溶解度，即

$$S = S_0 + [M^+] = S_0 + [A^-]$$

根据 MA 在水溶液中的平衡关系：

$$\frac{\alpha(M^+)\alpha(A^-)}{\alpha(MA(w))} = K_2$$

由 $\alpha(MA(w)) = S_0$ 得

$$\alpha(M^+)\alpha(A^-) = K_2 S_0 = K_{ap}$$

式中,K_{ap} 为 MA 在水溶液中的离子活度积。

若 MA(w) 接近完全离解,则计算溶解度时,固有溶解度可以忽略不计,如 AgBr、AgI 和 AgSCN 的固有溶解度占总溶解度的 $0.1\% \sim 1\%$,一般可忽略固有溶解度的影响。

$$S = [M^+] = [A^-] = \sqrt{K_{sp}} = \sqrt{\frac{K_{ap}}{\gamma(M)\gamma(A^-)}}$$

式中,K_{sp} 为溶度积常数,简称为溶度积。由于微溶化合物溶液中离子强度通常较小,一般应用时取 $\gamma(M^+) = \gamma(A^-) = 1$,而对活度积、溶度积不加区别,即

$$S = \sqrt{K_{sp}} = \sqrt{K_{ap}}$$

当溶液中存在高浓度电解质溶液,离子强度较大时,两者需严格区分。

在纯水及稀溶液中,对于其他类型的沉淀,如 $M_m A_n$,则有

$$M_m A_n \Longrightarrow m M^+ + n A^-$$

$$S = \sqrt[m+n]{\frac{K_{sp}}{m^m n^n}}$$

7.2.2 影响沉淀溶解度的因素

影响沉淀溶解度的因素很多,如同离子效应、盐效应、酸效应、配位效应等,此外,温度、介质、晶体结构和颗粒大小也对溶解度有影响。

1. 同离子效应

组成沉淀的离子称为构晶离子。当沉淀反应达到平衡后,如果向溶液中加入含有某一构晶离子的试剂或溶液,则沉淀的溶解度减小,这就是**同离子效应**(common ion effect)。

例 7-2 25 ℃ 时,$BaSO_4$ 在水中的溶解度为

$$S = [Ba^{2+}] = [SO_4^{2-}] = \sqrt{K_{sp}} = \sqrt{1.1 \times 10^{-10}} \text{ mol} \cdot L^{-1} = 1.05 \times 10^{-5} \text{ mol} \cdot L^{-1}$$

如使溶液中的 Ba^{2+} 增至 $0.10 \text{ mol} \cdot L^{-1}$,则此时 $BaSO_4$ 的溶解度为

$$S = [Ba^{2+}] = \frac{K_{sp}}{[SO_4^{2-}]} = \frac{1.1 \times 10^{-10}}{0.10} \text{ mol} \cdot L^{-1} = 1.1 \times 10^{-9} \text{ mol} \cdot L^{-1}$$

即 $BaSO_4$ 的溶解度由原来的 $1.05 \times 10^{-5} \text{ mol} \cdot L^{-1}$ 降低至 $1.1 \times 10^{-9} \text{ mol} \cdot L^{-1}$,减少近 4 个数量级。

实际工作中,常利用同离子效应(即加大沉淀剂的用量)使被测组分沉淀完全。但也不能片面理解为沉淀剂加得越多越好,当沉淀剂加得太多时,将产生盐效应并有可能引起配位效应等副反应,使得沉淀的溶解度增大。一般情况下,沉淀剂过量 $50\% \sim 100\%$ 是合适的。

2. 盐效应

实验结果表明,在 KNO_3、$NaNO_3$ 等强电解质存在的情况下,$PbSO_4$、$AgCl$ 的溶解度比纯水中大,而且溶解度随这些强电解质的浓度的增加而增大,这种由于加入了强电解质而增大沉淀溶解度的现象称为**盐效应**(salt effect)。

沉淀-溶解平衡和其他平衡一样,严格来讲应以活度来处理平衡问题,前面已经讨论过溶度积与活度积的区别和联系。盐效应即为强电解质的加入,引起离子强度(I)增大、活度系数(γ)减小,而使沉淀的实际溶解度(S)增大。

例 7-3　计算:$BaSO_4$ 在 $0.01\ mol \cdot L^{-1}$ $NaNO_3$ 溶液中的溶解度比在纯水中的溶解度增大多少?

解　对于在 $0.01\ mol \cdot L^{-1}$ $NaNO_3$ 溶液中的情况,欲计算 r,先求 I。

$$I = \frac{1}{2}(c(Na^+) \times 1^2 + c(NO_3^-) \times 1^2 + c(Ba^{2+}) \times 2^2 + c(SO_4^{2-}) \times 2^2)$$

$$\approx \frac{1}{2}(c(Na^+) \times 1^2 + c(NO_3^-) \times 1^2) = \frac{1}{2} \times (0.01 \times 1^2 + 0.01 \times 1^2)\ mol \cdot L^{-1}$$

$$= 0.01\ mol \cdot L^{-1}$$

根据戴维斯公式有

$$\lg\gamma = -0.50Z^2\left(\frac{\sqrt{I}}{1+\sqrt{I}} - 0.30I\right) = -0.50 \times 2^2 \times \left(\frac{\sqrt{0.01}}{1+\sqrt{0.01}} - 0.30 \times 0.01\right) = -0.18$$

$$\gamma(Ba^{2+}) = \gamma(SO_4^{2-}) = 0.67$$

$$S = \sqrt{\frac{K_{sp}}{\gamma(Ba^{2+})\gamma(SO_4^{2-})}} \times 100\% = 1.57 \times 10^{-5}\ mol \cdot L^{-1}$$

与纯水中的溶解度相比较,有

$$\frac{1.57 \times 10^{-5} - 1.05 \times 10^{-5}}{1.05 \times 10^{-5}} \times 100\% = 49\%$$

从上面讨论可知,沉淀反应中,应当尽量避免其他强电解质的存在。但为了沉淀完全,根据同离子效应,常要加入过量沉淀剂(多为强电解质)。这是一对矛盾,由表 7-1 中 $PbSO_4$ 在 Na_2SO_4 溶液中的溶解度可清楚地看出。

表 7-1　$PbSO_4$ 在 Na_2SO_4 溶液中的溶解度

Na_2SO_4 的浓度/$(mol \cdot L^{-1})$	$PbSO_4$ 的溶解度/$(mol \cdot L^{-1})$
0.00	0.150
0.001	0.024
0.01	0.016
0.02	0.014
0.04	0.013
0.100	0.016
0.200	0.023

3. 酸效应

溶液酸度对沉淀溶解度的影响称为**酸效应**(acid effect)。

酸度对沉淀溶解度的影响比较复杂。例如:对于沉淀 M_mA_n,降低酸度,可能使 M^{n+} 发生水解,生成相应的羟基配合物;提高酸度,则可能使 A^{m-} 与 H^+ 结合,生成相应的共轭酸。这两种情况的发生,都将导致沉淀的溶解度增大。以 CaC_2O_4 为例,见表 7-2。

$$M_mA_n \rightleftharpoons mM^{n+} + nA^{m-}$$

$$M^{n+} \underset{}{\overset{OH^-}{\rightleftharpoons}} [M(OH)]^{(n-1)+}$$

$$A^{m-} \underset{}{\overset{H^+}{\rightleftharpoons}} HA^{(m-1)-}$$

表 7-2　CaC_2O_4 在不同 pH 溶液中的溶解度

pH	CaC_2O_4 的溶解度/$(mol \cdot L^{-1})$
2.0	6.1×10^{-4}
3.0	1.9×10^{-4}
4.0	7.2×10^{-5}
5.0	4.8×10^{-5}
6.0	4.5×10^{-5}
7.0	4.5×10^{-5}

　　金属离子的水解,特别是高价金属离子的水解是非常复杂的,常有多核羟基配合物的生成,定量处理这样的问题比较困难。下面仅以弱酸根形成的沉淀为例,说明酸度对溶解度的影响(计算时不考虑阳离子水解的影响)。如二元弱酸 H_2A 形成的盐 MA 在溶液中有下列沉淀-溶解平衡:

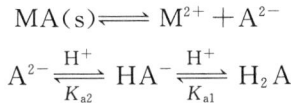

$$MA(s) \Longrightarrow M^{2+} + A^{2-}$$

$$A^{2-} \xrightarrow[K_{a2}]{H^+} HA^- \xrightarrow[K_{a1}]{H^+} H_2A$$

　　当溶液中的 H^+ 浓度增大时,平衡向右移动,生成 HA^-,$[H^+]$更大时,甚至生成 H_2A,破坏了 MA 的沉淀-溶解平衡,使 MA 进一步溶解。

　　设 MA 的溶解度为 S,则由溶度积公式可得

$$[M^{2+}][A^{2-}] = Sc(A^{2-})\alpha(A^{2-}) = S^2\alpha(A^{2-}) = K_{sp}$$

$$S = \sqrt{\frac{K_{sp}}{\alpha(A^{2-})}} = \sqrt{K'_{sp}}$$

　　对于由一元弱酸 HA 形成的 MA、MA_2 和由二元弱酸形成的盐 M_2A 等,均可得到其相应的计算公式。

4. 配位效应

　　由于溶液中存在能与构晶离子形成可溶性配合物的配位剂,而使沉淀的溶解度增大甚至完全溶解,这种现象称为**配位效应**(coordination effect)。

　　配位效应的大小主要取决于配位剂的浓度和所形成配合物的稳定性。配位剂的浓度越大,生成的配合物越稳定,则配位效应的影响越大,沉淀的溶解度越大。例如,AgCl 沉淀在纯水中的溶解度为 1.3×10^{-5} $mol \cdot L^{-1}$;在 0.01 $mol \cdot L^{-1}$ 氨水中的溶解度为 4.2×10^{-4} $mol \cdot L^{-1}$;氨水浓度为 0.1 $mol \cdot L^{-1}$时,其溶解度为 4.2×10^{-3} $mol \cdot L^{-1}$;如果氨水的浓度足够大,则 AgCl 沉淀可完全溶解。

　　沉淀反应中,有时沉淀剂本身又是配位剂,当加入的沉淀剂适当过量时,主要表现为同离子效应,沉淀的溶解度减小;当沉淀剂过量太多时,由于配位效应的影响,反而使沉淀的溶解度增大,因此必须避免沉淀剂过量太多。

5. 其他影响因素

1) 温度

溶解一般是吸热过程,绝大多数沉淀的溶解度是随着温度的升高而增大的。对无定形沉

淀（如 $Fe_2O_3 \cdot nH_2O$、$Al_2O_3 \cdot nH_2O$ 等），由于它们溶解度很小，且易产生溶胶作用，一般趁热过滤并采用热洗涤液洗涤。

2）溶剂

大部分无机沉淀是离子晶体，它们的溶解度受溶剂极性影响：溶剂极性强，溶解度就大。改变溶剂极性，可以改变沉淀的溶解度。对一些水中溶解度较大的沉淀，加入适量与水互溶的有机溶剂，可以降低极性，减小溶解度。如 $PbSO_4$ 在 30％乙醇溶液中，溶解度约为在水中的 $\frac{1}{20}$。

3）颗粒大小与结构

晶体内部的分子或离子都处于静电平衡状态，彼此间内聚力大，而处于表面的分子或离子，尤其是晶体的棱上或角上的分子或离子，受内部的吸引力小，表面能显著增加。同一沉淀，在质量相同时，颗粒越小，表面积越大。因此，小颗粒沉淀溶解度比大颗粒沉淀大。有些沉淀，初生成时为一种亚稳态晶型，有较大的溶解度，待转化成稳定结构，才有较小的溶解度。如 CoS 沉淀初生成时为 α 型，$K_{sp}^{\ominus}=4\times10^{-20}$，放置后转化为 β 型，$K_{sp}^{\ominus}=7.9\times10^{-24}$。

综上所述，在进行沉淀反应时，只有充分利用各种积极因素，消除或减小不利因素，才能降低沉淀的溶解度，使沉淀完全。

7.3 沉淀的类型及沉淀的形成过程

了解沉淀的形成过程是为了选择适宜的沉淀条件，以获得完全、纯净的沉淀。讨论前有必要对沉淀的类型作简单介绍。

7.3.1 沉淀的类型

根据沉淀的物理性质，可粗略地将沉淀进行分类：一类是晶形沉淀，如 $BaSO_4$ 等；另一类是无定形沉淀，如 $Fe(OH)_3$ 等；而介于两者之间的是凝乳状沉淀，如 AgCl 等。它们之间的主要差别是颗粒大小不同。如晶形沉淀的颗粒直径为 $0.1\sim1\ \mu m$，无定形沉淀的颗粒直径在 $0.02\ \mu m$ 以下，凝乳状沉淀的颗粒大小介于两者之间。

7.3.2 沉淀的形成过程

沉淀的形成是一个复杂的过程，有关这方面的理论大都是定性解释或经验公式的描述。这里只作简单的介绍。

沉淀形成过程可大致表示如下：

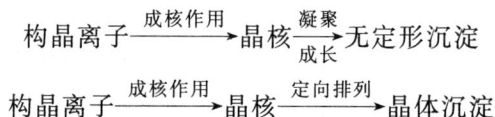

$$构晶离子 \xrightarrow{成核作用} 晶核 \xrightarrow[成长]{凝聚} 无定形沉淀$$

$$构晶离子 \xrightarrow{成核作用} 晶核 \xrightarrow{定向排列} 晶体沉淀$$

1. 晶核的生成过程

对于未形成晶核的过饱和溶液中，从宏观来看，溶质是均匀分布的。但从微观来看，由于溶质离子或分子的热运动，在溶液中的不同部分，可形成瞬时性的离子或分子聚集体，若该聚集体又瞬时分散为离子、分子，则溶液仍为均一液相。如果这种聚集体进一步结合构晶离子，达到临界核大小,便产生晶核而不再分解,此时便出现了固相。此过程称为均相成核。

临界核所含构晶离子的多少与沉淀物质的本性有关。例如,$BaSO_4$ 的晶核由 8 个构晶离子即 4 个离子对组成。

形成晶核的条件是溶液过饱和,即溶液的浓度或局部浓度 Q 要大于溶解度 $S(Q > S)$,且达到一定程度后才能形成晶核。Q 为与晶核处于平衡状态的饱和溶液的浓度(即均相成核所需浓度);而 S 是大颗粒的溶解度,它比晶核(小颗粒)的溶解度要小。因此,Q/S 必须大于一定值才能产生临界核。产生临界核时的 Q/S 称为临界均相过饱和比。

常见的沉淀的 Q/S 列于表 7-3。

表 7-3　几种沉淀的 Q/S 与晶核的临界半径

沉　淀　物	Q/S	r/nm	沉　淀　物	Q/S	r/nm
$BaSO_4$	1000	0.43	$PbSO_4$	28	0.53
$CaC_2O_4 \cdot H_2O$	31	0.58	$PbCO_3$	106	0.45
$AgCl$	5.5	0.54	$SrCO_3$	30	0.50
$SrSO_4$	39	0.51	CaF_2	21	0.43

进行沉淀操作时,Q/S 越大,越易控制溶液的浓度,使其不至于超过临界均相过饱和比太多,以使形成的晶核数量少,而得到较大的沉淀颗粒。如 $BaSO_4$ 的 $Q/S=1000$,$AgCl$ 的 $Q/S=5.5$,相对而言,$BaSO_4$ 更易形成晶形沉淀,而 $AgCl$ 的沉淀颗粒很细小,具有明显的无定形沉淀特征。

如果溶液中存在外来固体微粒(实际工作中,试剂、水、器皿很难达到绝对纯净,外来固体微粒总是存在的),构晶离子聚集体便围绕着这种固体微粒而很快形成晶核,此过程称为异相成核。Q^*/S 称为临界异相过饱和比。其中,Q^* 为异相成核所需的浓度。当往试液中慢慢加入沉淀剂时,产生晶核的数目与溶液浓度的关系可以图 7-1 表示。

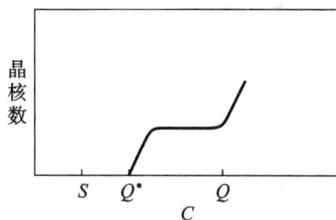

图 7-1　形成晶核的数目与溶液浓度的关系示意图

由图 7-1 可知,溶液浓度(C)和产生晶核的关系如下:

$C < S$	不饱和溶液	无晶核形成
$C = S$	饱和溶液(对于大颗粒)	无晶核形成
$S < C < Q^*$	过饱和溶液	无晶核形成
$Q^* < C < Q$	过饱和溶液	异相成核过程,晶核数量取决于外来固体微粒的多少
$C > Q$	过饱和溶液	均相成核开始,产生的晶核除外来固体微粒之外,又增加均相所形成的晶核,增多的数量由 C 大于 Q 的程度决定。

由上述情况可知,如果控制溶液浓度在 Q^* 和 Q 之间,并使用高纯试剂、洁净器皿,则仅发生异相成核过程且形成的晶核较少。一旦晶核形成,构晶离子便沉积于晶核之上而使晶体生长;溶液浓度迅速降至 S,得到大颗粒的晶体沉淀。如果溶液浓度超过 Q,则均相成核发生并产生大量晶核;此时,将形成小颗粒的无定形沉淀。因此,为了得到较大的沉淀颗粒,应控制溶液的浓度在 Q^* 和 Q 之间。显然沉淀的 Q/S 越大,越容易控制。

2. 晶体的成长过程

晶核形成之后,溶液中的构晶离子不断向晶核表面扩散并聚集其上,逐渐形成大的晶体颗粒(即沉淀颗粒),此过程称为晶体的成长。晶体成长的速率与沉淀物的本性、溶液的过饱和度、温度及晶核的大小形状等因素有关。

不同类型沉淀的颗粒大小不同,直径 $0.1 \sim 1 \ \mu m$ 的颗粒为晶形沉淀,直径 $0.02 \sim 0.1 \ \mu m$ 的为凝乳状沉淀,直径在 $0.02 \ \mu m$ 以下的则为无定形沉淀。沉淀颗粒的大小与生成的晶核的多少有关,如果生成的晶核很多,则必然得到极多的细小结晶而成为无定形沉淀。

冯·韦曼(von Veimarn)根据实验结果提出,初始沉淀速率与溶液的相对过饱和度成正比,即

$$v = k \frac{Q-S}{S}$$

式中,v 为初始沉淀速率;k 为沉淀性质、温度、介质条件等决定的常数;Q 为加入沉淀剂的瞬间沉淀物的浓度;S 为沉淀物的溶解度;$(Q-S)/S$ 为开始沉淀时溶液的相对过饱和度。$(Q-S)/S$ 大,则初始沉淀速率大,形成的晶核数目多,沉淀颗粒小;反之,则初速沉淀速率小,形成晶核数目少,沉淀颗粒大。相关沉淀的实验结果如表 7-4 所示。

表 7-4 沉淀类型与溶解度的关系

$(Q-S)/S$	产生沉淀的速率	沉淀的形状
175000	立即生成	胶状沉淀
25000	很快生成	块状沉淀
1300	缓慢生成	细毛状沉淀
125	徐徐生成	细晶状沉淀
25	$2 \sim 3 \ h$ 生成	大晶状沉淀

沉淀的不同类型与沉淀形成过程中聚集速率和定向速率的相对大小有关。聚集速率为沉淀的构晶离子先聚集为晶核,进一步长大成沉淀颗粒的速率。聚集速率与溶液的相对过饱和度成正比,相对过饱和度越大,聚集速率越大。定向速率为构晶离子按一定的晶格排列于晶体上的速率。其大小取决于沉淀的性质,沉淀的极性越强,定向速率越大。

当聚集速率小于定向速率时,易得到晶形沉淀;当聚集速率大于定向速率时,易得到无定形沉淀。$BaSO_4$ 的极性较强,易得到晶形沉淀;$AgCl$ 的极性较弱,常为凝乳状沉淀;氢氧化物沉淀含有大量的水分子,极性弱,定向速率小,往往形成无定形沉淀。

实验中为得到大颗粒沉淀,常控制溶液浓度以降低相对过饱和度,减小聚集速率。

7.4　影响沉淀纯度的因素

重量分析要求获得纯净的沉淀。但是,当沉淀从溶液中析出时,或多或少地夹杂一些其他组分,从而影响沉淀的纯度。因此,要想获得合乎重量分析要求的沉淀,就必须了解影响沉淀纯度的各种因素,主要有共沉淀和后沉淀,现分别讨论如下。

7.4.1　共沉淀

在一定操作条件下,某些物质本身并不能单独析出沉淀;当溶液中一种物质形成沉淀时,它便随同生成的沉淀一起析出的现象,称为**共沉淀**(coprecipitation)。例如生成沉淀 $BaSO_4$ 时,可溶盐 Na_2SO_4 或 $BaCl_2$ 随 $BaSO_4$ 沉淀夹带而出。发生共沉淀大致有以下几种原因:

(1) 表面吸附。**表面吸附**(surface adsorption)是在沉淀物的表面吸附了杂质的现象,这种现象是由晶体表面上离子电荷的不平衡引起的。表面吸附分为两层:第一吸附层吸附的选择性是构晶离子首先被吸附,其次是与构晶离子大小相近、电荷相等的离子;第二吸附层吸附的选择性是被吸附离子的化合价越高,越容易被吸附,与构晶离子形成难溶化合物或离解度小的化合物的离子易被吸附。

例如在测定含有 Ba^{2+} 、Fe^{3+} 溶液中的 Ba^{2+} 时,加入沉淀剂稀 H_2SO_4 ,则生成 $BaSO_4$ 晶体沉淀,如图 7-2 所示。

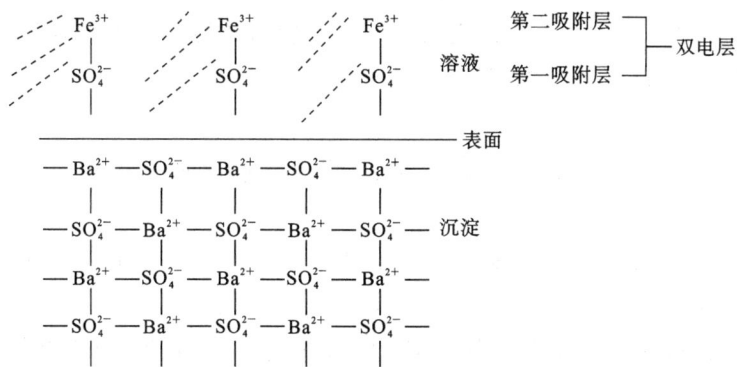

图 7-2　晶体的表面吸附作用示意图

由图 7-2 可以看出,晶体内部的每一个 Ba^{2+} 的上、下、左、右、前、后被 6 个 SO_4^{2-} 包围(与图面垂直的离子未画出),而每一个 SO_4^{2-} 周围也有 6 个 Ba^{2+} ,因此晶体内部处于静电平衡状态。在晶体表面上的离子却只为 5 个带相反电荷的离子所包围,因而其静电引力未平衡,特别是棱、角上的离子更为显著。于是在晶体表面,由于静电引力而吸收溶液中带相反电荷的离子。在过量沉淀剂稀 H_2SO_4 存在下,沉淀表面的 Ba^{2+} 吸附溶液中的 SO_4^{2-} (构晶离子),形成第一吸附层,而使 $BaSO_4$ 沉淀带负电荷。

在沉淀表面的第一吸附层的 SO_4^{2-} ,又吸附溶液中带正电荷的 Fe^{3+} (称为抗衡离子)。形成的第二吸附层,也称抗衡离子层。第一、二吸附层共同构成双电层,双电层中的电荷是平衡的。这样,由于吸附作用,$BaSO_4$ 沉淀的表面吸附一层 $Fe_2(SO_4)_3$ 分子的共沉淀,使得沉淀不纯。第二吸附层的选择性是被吸附离子的化合价越高,越容易被吸附。如 Fe^{3+} 比 Fe^{2+} 易被吸附,与构晶离子生成难溶化合物或离解度较小的化合物的离子也容易被吸附。例如在沉淀 $BaSO_4$ 时,溶液中除 Ba^{2+} 外,若含有 NO_3^-、Cl^-、Na^+,则当加入沉淀剂稀 H_2SO_4 的量不足时, $BaSO_4$ 沉淀首先吸附 Ba^{2+},带正电荷,然后吸附 NO_3^-,而不易吸附 Cl^-,因为 $Ba(NO_3)_2$ 的溶解度小于 $BaCl_2$。

　　吸附杂质量的多少与下列因素有关:①沉淀比表面越大,越易吸附杂质;②杂质离子的浓度越大,吸附杂质的量越多;③溶液的温度越高,吸附杂质的量越少(吸附通常为放热过程)。

　　(2)吸留。在沉淀过程中,如果沉淀生成太快,则表面吸附的杂质离子来不及离开沉淀表面就被后续沉积下来的构晶离子覆盖,这样杂质就被包藏在沉淀内部,由此引起的共沉淀现象称为吸留。吸留造成的沉淀不纯是不能用洗涤等方法除去的。因此在进行沉淀时,应尽量避免此类现象的发生。

　　(3)生成混晶。当杂质离子与构晶离子的半径相近,电子层结构相同,且所形成的晶体结构也相同时,可生成混合晶体(简称混晶),如 $BaSO_4$ 与 $PbSO_4$ 混晶等。

7.4.2　后沉淀

　　当沉淀和溶液一同放置时,溶液中的杂质离子慢慢沉淀到原沉淀物上的现象称为后沉淀。遇到此种情况,应在沉淀完毕之后立即过滤、洗涤。例如,在含有 Cu^{2+}、Zn^{2+} 等离子的酸性溶液中通入 H_2S 时,最初得到的 CuS 沉淀中并不夹杂 ZnS;若将沉淀与溶液长时间接触, CuS 沉淀表面吸附了溶液中的 S^{2-},而使沉淀表面 S^{2-} 浓度增大,致使 S^{2-} 浓度与 Zn^{2+} 浓度的乘积大于 ZnS 的溶度积,从而析出 ZnS 沉淀。

7.5　提高沉淀纯度的措施

　　如上所述,共沉淀及后沉淀等现象使沉淀被污染。为了提高沉淀的纯度,可采取下列措施:

　　(1)选择适当的分析程序。如在分析试液中被测组分含量较少,而杂质含量较多,则应使少量被测组分首先沉淀下来。若先分离杂质,则由于大量沉淀的生成,易使被测组分随之共沉淀,产生较大误差。

　　(2)降低易被吸附杂质离子的浓度。由于吸附作用具有选择性,因此在实际分析工作中,应尽量不使易被吸附的杂质离子存在或设法降低其浓度,以减少吸附共沉淀。例如,生成沉淀 $BaSO_4$ 时,如溶液中含有易被吸附的 Fe^{3+},可将 Fe^{3+} 预先还原成不易被吸附的 Fe^{2+}。

　　(3)选择适当的洗涤剂进行洗涤。由于吸附作用是一种可逆过程,因此可使沉淀上吸附的杂质进入洗涤液,从而达到提高沉淀纯净度的目的。

　　(4)进行再沉淀。沉淀过滤洗涤后将其重新溶解,使沉淀中残留的杂质进入溶液,随后进行二次沉淀,这种操作称为再沉淀。再沉淀对于除去吸留杂质非常有效。

　　(5)选择适当的沉淀条件。沉淀的吸附作用与沉淀颗粒的大小、沉淀的类型、温度和陈化过程都有关系。因此要获得纯净的沉淀,应根据具体情况选择适宜的沉淀条件。

7.6　沉淀条件的选择

为了获得纯净且易于过滤、洗涤的沉淀,对于不同类型的沉淀可采用下列不同的操作条件。

7.6.1　晶形沉淀的沉淀条件

对于晶形沉淀,主要考虑如何获得易于过滤、洗涤的大颗粒的沉淀。其沉淀条件如下:

(1) 沉淀反应应在适当稀的溶液中进行。这样沉淀过程中,溶液的相对过饱和度不大,均相成核作用不显著,容易得到大颗粒的晶形沉淀。但溶液不能太稀,以免沉淀不完全引起的损失超过允许误差范围。

(2) 条件允许时,沉淀反应可在热溶液中进行,以减少杂质吸附,并降低相对过饱和度。

(3) 缓慢加入沉淀剂,尽量避免出现较大的相对过饱和度。

(4) 加入沉淀剂时应快速搅拌,避免局部浓度过大。

(5) 陈化。沉淀完全后,让初生的沉淀与母液一起放置一段时间,该过程称为"陈化"。陈化过程中小晶粒逐渐溶解,大晶粒进一步成长,这是因为在同样条件下,小晶粒的溶解度比大晶粒大。同时,这一过程还可改变初生沉淀的结构,即由亚稳定晶形转变成稳定晶形,从而降低其溶解度。

加热、搅拌可以增加离子在溶液中的扩散速率,缩短陈化时间。有些沉淀需要在室温下陈化几小时或十几小时,而在加热、搅拌的条件下,可以缩短为 $1\sim2$ h。

7.6.2　无定形沉淀的沉淀条件

无定形沉淀如 $Fe_2O_3 \cdot nH_2O$, $Al_2O_3 \cdot nH_2O$ 等,溶解度一般很小。因此在生成沉淀过程中,其溶液的相对过饱和度较大,而难以通过减小溶液浓度等方式改变沉淀的物理性质。无定形沉淀颗粒微小,体积庞大;不仅吸附杂质多,而且难以过滤、洗涤,甚至可形成胶体溶液,无法有效沉降。因此对无定形沉淀来说,主要考虑的是加快沉淀微粒凝聚而获得紧密沉淀,减少杂质吸附,防止形成胶体溶液。至于沉淀的溶解损失,可以忽略不计。常采用的沉淀条件如下:

(1) 沉淀反应应在较高浓度的溶液中进行。快速加入高浓度沉淀剂,由于离子的水合程度小,可获得较为紧密的沉淀。但此时沉淀吸附的杂质也较多。故在沉淀反应完成后,立刻加入大量热水,冲洗、搅拌,使被吸附的杂质转入溶液。

(2) 在热溶液中进行沉淀反应,防止形成胶体,并减少杂质吸附量。

(3) 加入可挥发性强电解质,防止形成胶体(胶体在强电解质作用下可凝聚)。

(4) 不必陈化。沉淀反应完毕后静置数分钟,立即过滤。这是由于这类沉淀一经放置,将会失去水分而聚集得十分紧密,不易洗涤除去所吸附的杂质。

(5) 必要时进行再沉淀。无定形沉淀一般含杂质的量较多,若分析准确度要求较高,可考虑进行再沉淀。

7.6.3　均匀沉淀法

沉淀过程所需沉淀剂通常是由外部加入试液的,尽管是在不断搅拌下并缓慢加入,但沉淀剂在溶液中的局部过浓现象仍难避免。为了克服这一困难,可采用均匀沉淀法。该方法中的沉淀剂是通过化学反应,在溶液中均匀、缓慢产生的,从而可使沉淀在整个溶液中均匀、缓慢地析出,得到纯净的大颗粒沉淀物。

例如,在含 Ca^{2+} 的酸性试液中加入草酸盐,并不析出草酸钙沉淀。随后,加入尿素混合均匀并加热。随着尿素的水解,溶液酸度降低,便慢慢析出颗粒较大的 CaC_2O_4 沉淀。

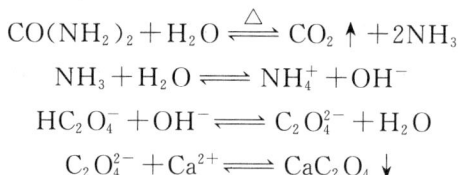

$$CO(NH_2)_2 + H_2O \xrightleftharpoons{\triangle} CO_2 \uparrow + 2NH_3$$
$$NH_3 + H_2O \rightleftharpoons NH_4^+ + OH^-$$
$$HC_2O_4^- + OH^- \rightleftharpoons C_2O_4^{2-} + H_2O$$
$$C_2O_4^{2-} + Ca^{2+} \rightleftharpoons CaC_2O_4 \downarrow$$

运用此方法可以获得颗粒较大,且较为纯净的晶体沉淀。但沉淀时间较长,一般需要 $1 \sim 2$ h 才能完成沉淀过程。

7.7　沉淀滴定法

沉淀滴定(precipitation titration)法又称容量沉淀法,是以沉淀反应为基础的一类滴定分析方法。沉淀反应很多,但能用于滴定分析的沉淀反应必须符合以下条件:

(1) 沉淀反应迅速,并按一定的化学计量关系进行;

(2) 生成的沉淀具有恒定的组成,而且溶解度很小;

(3) 有适当方法,以获得滴定终点;

(4) 沉淀的吸附现象不影响滴定终点的确定。

由于上述条件的限制,能用于沉淀滴定法的反应并不多。目前应用较多的是生成难溶性银盐的反应,例如:

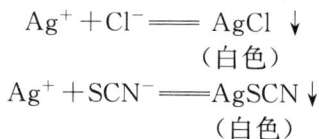

$$Ag^+ + Cl^- \rightleftharpoons AgCl \downarrow$$
$$（白色）$$
$$Ag^+ + SCN^- \rightleftharpoons AgSCN \downarrow$$
$$（白色）$$

以这类反应为基础的沉淀滴定方法称为银量法。银量法主要用于测定 Cl^-、Br^-、I^-、Ag^+、CN^-、SCN^- 等离子及含卤素的有机物。除银量法外,若采用电导等方式确定滴定终点,还可实现其他沉淀滴定法。本章主要讨论银量法。根据滴定方式及确定滴定终点所采用的指示剂不同,按创立者的名字命名,银量法分为莫尔法、佛尔哈德法和法扬司法。

这里,首先以 0.1000 mol·L^{-1} AgNO₃ 标准溶液滴定 20.00 mL 0.1000 mol·L^{-1} NaCl 溶液为例,考察银量法滴定过程中溶液 Cl^- 浓度的变化,并作出其滴定曲线。

滴定反应方程式为

$$Ag^+ + Cl^- \rightleftharpoons AgCl \downarrow \quad K_{sp} = 1.8 \times 10^{-10}$$

(1) 滴定分数达到 99.9%(加入 19.98 mL AgNO₃ 标准溶液)时,溶液中 Cl^- 浓度

$$[Cl^-] = \frac{(20.00 - 19.98) \times 0.1000}{20.00 + 19.98} \text{ mol} \cdot L^{-1} = 5 \times 10^{-5} \text{ mol} \cdot L^{-1}, \quad pCl = 4.3$$

（2）化学计量点时，滴定分数为 100%（加入 20.00 mL AgNO$_3$ 标准溶液），此时溶液中 $[Cl^-] = [Ag^+]$。由溶度积规则 $K_{sp} = [Cl^-] \cdot [Ag^+]$，有

$$[Cl^-] = \sqrt{K_{sp}} = \sqrt{1.8 \times 10^{-10}} \text{ mol} \cdot L^{-1} = 1.3 \times 10^{-5} \text{ mol} \cdot L^{-1}, \quad pCl = 4.9$$

（3）滴定分数达到 100.1%（加入 20.02 mL AgNO$_3$ 标准溶液）时，溶液中过量 Ag$^+$ 浓度

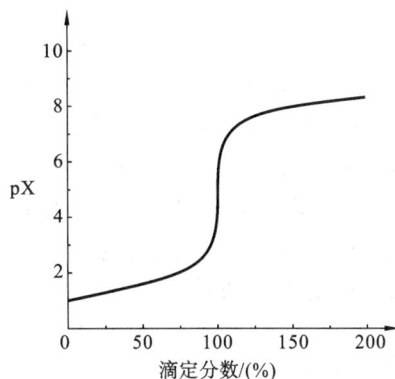

$$[Ag^+] = \frac{(20.02 - 20.00) \times 0.1000}{20.02 + 20.00} \text{ mol} \cdot L^{-1}$$
$$= 5 \times 10^{-5} \text{ mol} \cdot L^{-1}$$

由溶度积规则 $K_{sp} = [Cl^-] \cdot [Ag^+]$，有

$$[Cl^-] = \frac{K_{sp}}{[Ag^+]} = \frac{1.8 \times 10^{-10}}{5 \times 10^{-5}} \text{ mol} \cdot L^{-1}$$
$$= 3.6 \times 10^{-6} \text{ mol} \cdot L^{-1}$$
$$pCl = 5.4$$

由上述计算可知，沉淀滴定突跃范围大小随沉淀物 K_{sp} 减小、反应物浓度增大而增大。如上例中，其滴定突跃范围为 pCl 4.3～5.4。计算所得沉淀滴定曲线如图 7-3 所示。

图 7-3　0.1000 mol·L^{-1} AgNO$_3$ 滴定 0.1000 mol·L^{-1} NaCl 时沉淀滴定曲线

7.7.1　莫尔法（用铬酸钾作指示剂）

莫尔法是以铬酸钾（K$_2$CrO$_4$）为指示剂，在中性或弱碱性介质中用 AgNO$_3$ 标准溶液测定 Cl$^-$、Br$^-$ 含量的方法。

1. 指示剂的工作原理

以测定溶液中 Cl$^-$ 为例（用 K$_2$CrO$_4$ 作指示剂），用 AgNO$_3$ 标准溶液滴定，溶液中可能发生的反应方程式为

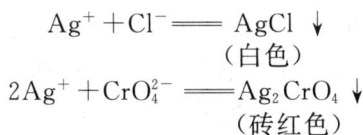

其终点指示原理为分步沉淀。由于 AgCl 的溶解度较 Ag$_2$CrO$_4$ 的溶解度小，在 AgNO$_3$ 标准溶液滴加过程中，待测溶液中首先析出 AgCl 沉淀；当待测 Cl$^-$ 与 AgNO$_3$ 反应到达化学计量点附近时，Cl$^-$ 浓度足够小，而出现 Ag$^+$ 与 CrO$_4^{2-}$ 反应析出的砖红色沉淀（Ag$_2$CrO$_4$），以此指示滴定终点的到达。

2. 滴定条件

1）指示剂作用量

上例中 AgNO$_3$ 标准溶液滴定 Cl$^-$，指示剂 K$_2$CrO$_4$ 的用量对于终点指示有较大的影响，CrO$_4^{2-}$ 浓度过大或过小，Ag$_2$CrO$_4$ 沉淀的析出就会过早或过迟，即可能产生较大的终点误差。因此，要求 Ag$_2$CrO$_4$ 沉淀在滴定反应的化学计量点附近出现。化学计量点时，溶液中 Ag$^+$ 的

平衡浓度

$$[Ag^+]=[Cl^-]=\sqrt{K_{sp}^{\ominus}(AgCl)}=\sqrt{1.8\times10^{-10}}\ mol\cdot L^{-1}$$
$$=1.3\times10^{-5}\ mol\cdot L^{-1}$$

若此时恰有 Ag_2CrO_4 沉淀出现,则

$$[CrO_4^{2-}]=\frac{K_{sp}^{\ominus}(Ag_2CrO_4)}{[Ag^+]^2}=2.0\times10^{-12}/(1.3\times10^{-5})^2\ mol\cdot L^{-1}$$
$$=1.2\times10^{-2}\ mol\cdot L^{-1}$$

　　在滴定时,由于 K_2CrO_4 显黄色,当其浓度较大时颜色较深,不易判断砖红色的出现。为了观察到明显的终点,指示剂的浓度以略小一些为好。实验证明,滴定溶液中 $c(K_2CrO_4)$ 为 $5.0\times10^{-3}\ mol\cdot L^{-1}$ 是确定滴定终点的适宜浓度。

　　显然,K_2CrO_4 浓度降低后,要使 Ag_2CrO_4 析出沉淀,必须多加 $AgNO_3$ 标准溶液。这时滴定剂就过量了,终点将在化学计量点后出现,但由于产生的终点误差一般小于 0.1%,不会影响分析结果的准确度。但是如果溶液较稀,如用 $0.01000\ mol\cdot L^{-1}$ $AgNO_3$ 标准溶液滴定 $0.01000\ mol\cdot L^{-1}$ Cl^- 溶液,滴定误差可达 0.6%,影响分析结果的准确度,应做指示剂空白实验进行校正。

　　2)滴定时的酸度

　　在酸性溶液中,CrO_4^{2-} 发生如下反应:

$$2CrO_4^{2-}+2H^+ \Longrightarrow 2HCrO_4^- \Longrightarrow Cr_2O_7^{2-}+H_2O$$

因而减小了 CrO_4^{2-} 的浓度,使 Ag_2CrO_4 沉淀出现过迟,影响终点的确定。

　　在强碱性溶液中,则会使滴入的 $AgNO_3$ 生成棕黑色 Ag_2O 沉淀。

$$2Ag^++2OH^- \Longrightarrow Ag_2O\downarrow+H_2O$$

　　因此,莫尔法只能在中性或弱碱性(pH=6.5~10.5)溶液中适用。若溶液酸性太强,可用 $Na_2B_4O_7\cdot10H_2O$ 或 $NaHCO_3$ 中和;若溶液碱性太强,可用稀 HNO_3 溶液中和;而在有 NH_4^+ 存在时,滴定的 pH 应控制在 6.5~7.2,以防 $[Ag(NH_3)_2]^+$ 的生成。

　　3)应用范围

　　莫尔法主要用于测定 Cl^-、Br^- 和 Ag^+,如氯化物、溴化物纯度的测定以及天然水中氯含量的检测。当试样中 Cl^- 和 Br^- 共存时,测得的结果是它们的总量。若测定 Ag^+,应采用返滴定法,即向 Ag^+ 的试液中加入过量且定量的 NaCl 标准溶液,随后用 $AgNO_3$ 标准溶液滴定剩余的 Cl^-(若直接滴定,先生成的 Ag_2CrO_4 转化为 AgCl 的速率较小,滴定终点难以确定)。莫尔法不宜用于测定 I^- 和 SCN^-,因为滴定生成的 AgI 和 AgSCN 沉淀表面会强烈吸附 I^- 和 SCN^-,使滴定终点过早出现,造成较大的滴定误差。

　　莫尔法的选择性较差,凡能与 CrO_4^{2-} 或 Ag^+ 生成沉淀的阳、阴离子均干扰滴定。前者如 Ba^{2+}、Pb^{2+}、Hg^{2+} 等,后者如 SO_3^{2-}、PO_4^{3-}、AsO_4^{3-}、S^{2-}、$C_2O_4^{2-}$ 等。

7.7.2　佛尔哈德法(用铁铵矾作指示剂)

　　佛尔哈德法是在酸性介质中,以铁铵矾($NH_4Fe(SO_4)_2\cdot12H_2O$)为指示剂来确定滴定终点的一种银量法。根据滴定方式的不同,佛尔哈德法分为直接滴定法和返滴定法两种。

1. 直接滴定法测定 Ag^+

　　在含有 Ag^+ 的稀 HNO_3 溶液中,以铁铵矾为指示剂,用 NH_4SCN 标准溶液直接滴定。当

滴定到化学计量点时,稍过量的 SCN^- 与 Fe^{3+} 结合生成红色的 $[Fe(SCN)]^{2+}$,即为滴定终点。其终点反应方程式为

$$Ag^+ + SCN^- \Longrightarrow AgSCN\downarrow \quad K_{sp}^{\ominus}(AgSCN) = 2.0 \times 10^{-12}$$
$$(白色)$$
$$Fe^{3+} + SCN^- \Longrightarrow [Fe(SCN)]^{2+} \quad K = 200$$
$$(红色)$$

由于指示剂中的 Fe^{3+} 在中性或碱性溶液中将形成 $[Fe(OH)_2]^+$、$[Fe(OH)]^{2+}$ 等深色配合物,甚至 $Fe(OH)_3$ 沉淀,因此滴定应在酸性($0.3 \sim 1\ mol \cdot L^{-1}\ HNO_3$)溶液中进行。

用 NH_4SCN 溶液滴定 Ag^+ 溶液时,生成的 AgSCN 沉淀能吸附溶液中的 Ag^+,使 Ag^+ 浓度减小,以致红色的出现略早于化学计量点。因此在滴定过程中须剧烈摇动,以减少 Ag^+ 的吸附量。

此法的优点在于可用来直接测定 Ag^+,并可在酸性溶液中进行滴定。

2. 返滴定法测定卤素离子

佛尔哈德法测定卤素离子(如 Cl^-、Br^-、I^- 和 SCN^-)时应采用返滴定法,即在酸性(HNO_3 介质)待测溶液中,先加入已知量过量的 $AgNO_3$ 标准溶液,再用铁铵矾作指示剂,以 NH_4SCN 标准溶液回滴剩余的 Ag^+。其滴定过程反应方程式如下:

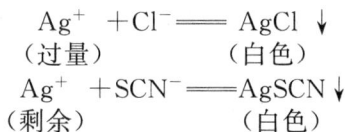

$$Ag^+ + Cl^- \Longrightarrow AgCl\downarrow$$
$$(过量) \qquad (白色)$$
$$Ag^+ + SCN^- \Longrightarrow AgSCN\downarrow$$
$$(剩余) \qquad (白色)$$

终点指示反应方程式为

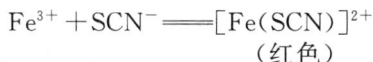

$$Fe^{3+} + SCN^- \Longrightarrow [Fe(SCN)]^{2+}$$
$$(红色)$$

返滴定法测定 Cl^-,滴定到终点附近时,经摇动后形成的红色会退去。这是因为 AgSCN 的溶解度小于 AgCl 的溶解度,加入 NH_4SCN 形成的 $[Fe(SCN)]^{2+}$ 将与 AgCl 发生反应而转化为 AgSCN 沉淀。

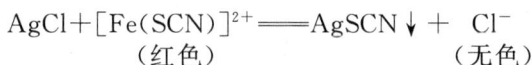

$$AgCl + [Fe(SCN)]^{2+} \Longrightarrow AgSCN\downarrow + Cl^-$$
$$(红色) \qquad\qquad (无色)$$

由于沉淀的转化速率较小,滴加 NH_4SCN 后形成的红色将随着溶液的摇动而消失。这种转化作用将进行到 Cl^- 与 SCN^- 浓度之间建立一定的平衡关系,才会出现持久的红色。这样,滴定将过多消耗 NH_4SCN 标准溶液而影响终点的准确性。为了避免上述现象的发生,通常采用以下措施:

(1) Cl^- 待测溶液中加入已知量过量的 $AgNO_3$ 标准溶液后,将溶液煮沸,使 AgCl 沉淀凝聚,以减少 AgCl 沉淀对 Ag^+ 的吸附量。过滤并用稀 HNO_3 充分洗涤沉淀,收集滤液,以 NH_4SCN 标准溶液滴定滤液中过量的 Ag^+。

(2) 若不经分离,可在加入 $AgNO_3$ 标准溶液形成 AgCl 沉淀后,向待测溶液中添加有机溶剂硝基苯、邻苯二甲酸二丁酯、1,2-二氯乙烷;用力摇动后,添加的有机溶剂将 AgCl 沉淀包裹,使 AgCl 沉淀与外部溶液隔离,从而防止 AgCl 沉淀与 NH_4SCN 发生转化反应。此法操作简便,但硝基苯等试剂有毒。

(3) 增大 Fe^{3+} 的浓度以减小终点显色所需 SCN^- 浓度,从而减小上述转化导致的误差(实验证明,一般溶液中 $c(Fe^{3+}) = 0.2\ mol \cdot L^{-1}$ 时,终点误差将小于 0.1%)。

（4）滴定应尽量在低温下进行。温度过高会促进 Fe^{3+} 的水解，加速转化并使配合物 $[FeSCN]^{2+}$ 褪色。

佛尔哈德法在测定 Br^-、I^- 和 SCN^- 时，滴定终点十分明显，不会发生沉淀转化，因此不必采取上述措施。但是在测定碘化物时，必须加入过量 $AgNO_3$ 溶液之后再加入铁铵矾指示剂，以免因 I^- 对 Fe^{3+} 的还原作用而造成误差。

$$2Fe^{3+} + 2I^- = 2Fe^{2+} + I_2$$

强氧化剂、氮的低价态氧化物以及铜盐、汞盐都与 SCN^- 作用，因而干扰测定，必须预先除去。

7.7.3　法扬司法（吸附指示剂法）

用吸附指示剂确定滴定终点的银量法称为法扬司法。

1. 吸附指示剂的工作原理

吸附指示剂是一类有机染料，其阴离子在溶液中易被带正电荷的胶状沉淀吸附并改变结构，从而引起颜色的变化，以此指示滴定终点的到达。

下面以 $AgNO_3$ 标准溶液滴定 Cl^- 为例，说明吸附指示剂荧光黄的作用原理。

荧光黄是一种有机弱酸，用 HFI 表示，在水溶液中可离解为荧光黄阴离子 FIn^-，呈黄绿色。

$$HFIn = FIn^- + H^+$$

化学计量点前，生成的 AgCl 沉淀在过量的 Cl^- 溶液中吸附 Cl^- 而带负电荷，形成的 $(AgCl) \cdot Cl^-$ 不吸附荧光黄阴离子 FIn^-，溶液呈黄绿色。到达化学计量点时，稍过量的 $AgNO_3$ 可使 AgCl 沉淀吸附 Ag^+ 形成 $(AgCl) \cdot Ag^+$ 而带正电荷，此带正电荷的 $(AgCl) \cdot Ag^+$ 颗粒将吸附荧光黄阴离子 FIn^-，使其结构发生变化而呈现粉红色。因此，当整个溶液由黄绿色变成粉红色，即指示终点的到达。

$$(AgCl) \cdot Ag^+ + FIn^- \xrightarrow{\text{吸附}} (AgCl) \cdot Ag \cdot FIn$$
$$\text{（黄绿色）} \qquad \text{（粉红色）}$$

2. 使用吸附指示剂的注意事项

为了使终点变色敏锐，应用吸附指示剂时需要注意以下几点：

（1）保持沉淀呈胶体状态。由于吸附指示剂的颜色变化发生在沉淀微粒表面，因此，应尽可能使卤化银沉淀呈胶体状态而具有大的比表面积。为此，可在滴定前将溶液稀释并加入糊精、淀粉等高分子化合物作为保护剂，以防止卤化银沉淀凝聚。

（2）控制溶液酸度。常用的吸附指示剂大多为有机弱酸，而起指示剂作用的为其阴离子。酸度大时，H^+ 与指示剂阴离子结合成不被吸附的中性分子，无法指示终点。酸度的大小与指示剂的离解常数有关，离解常数大，酸度可以适当大些。例如：荧光黄的 $pK_a \approx 7$，适用于 pH = 7～10 的条件下进行滴定，若 pH<7，荧光黄主要以 HFIn 形式存在，不被吸附；曙红的 $pK_a \approx 2$，则其适用的 pH 范围可达 2～10。

（3）避免强光照射。卤化银沉淀对光敏感，易分解析出银而使沉淀变为灰黑色，影响滴定终点的观察，因此在滴定过程中应避免强光照射。

（4）选择合适的吸附指示剂。沉淀胶体微粒对指示剂离子的吸附能力应略小于对待测离子的吸附能力,否则指示剂将在化学计量点前变色。但也不能太小,否则终点将延迟出现。卤化银对卤化物和几种吸附指示剂的吸附能力的次序如下:

$$I^- > SCN^- > Br^- > 曙红 > Cl^- > 荧光黄$$

因此,滴定 Cl^- 不能选曙红,而应选荧光黄。

表 7-5 中列出了几种常用的吸附指示剂及其应用范围。

表 7-5　常用的吸附指示剂及其应用范围

指　示　剂	被测离子	滴　定　剂	滴　定　条　件	终点颜色变化
荧光黄	Cl^-	Ag^+	pH 7～10	黄绿→粉红
二氯荧光黄	Cl^-	Ag^+	pH 4～10	黄绿→红
曙红	Br^-、SCN^-、I^-	Ag^+	pH 2～10	橙黄→红紫
溴酚蓝	生物碱盐类	Ag^+	弱酸性	黄绿→灰紫
甲基紫	Ag^+	Cl^-	酸性溶液	黄红→红紫

3. 法扬司法应用范围

法扬司法可用于测定 Cl^-、Br^-、I^-、SCN^- 及生物碱盐类(如盐酸麻黄碱)等。测定 Cl^- 时常用荧光黄或二氯荧光黄作指示剂,而测定 Br^-、I^- 和 SCN^- 时常用曙红作指示剂。此法终点明显,方法简便,但反应条件要求严格,应注意滴定反应液的酸度、浓度及胶体保护等。

阅读材料

侯氏制碱法

第一次世界大战期间,欧亚交通堵塞。由于我国所需纯碱都是从英国进口的,因此国内市场上纯碱非常缺乏,一些以纯碱为原料的民族工业难以生存。1917 年,爱国实业家范旭东在天津塘沽创办了永利碱业公司,决心打破洋人的垄断,生产出中国的纯碱。他聘请正在美国留学的侯德榜(1890—1974)先生出任总工程师。

为了实现这一设计,1941—1943 年在抗日战争的艰苦环境中,侯德榜等人经过了 500 多次循环试验,分析了 2000 多个样品后,才把具体工艺流程定下来,这个新工艺使食盐利用率从 70% 提高到 96%,也使原来无用的氯化钙转化成化肥氯化铵,解决了氯化钙占地毁田、污染环境的难题。此方法将世界制碱技术水平推向了一个新高度,赢得国际化工界的极高评价。1943 年,中国化学工程师学会一致同意将这一新的联合制碱法命名为"侯氏联合制碱法"。所谓"联合",是指该法将合成氨工业与制碱工业组合在一起,利用了生产氨时的副产品 CO_2,革除了用石灰石分解来生产的工艺,简化了生产设备。侯氏联合制碱法避免了氨碱法中用处不大的副产物氯化钙,而用可作化肥的氯化铵来回收,提高了食盐利用率,缩短了生产流程,减少了对环境的污染,降低了纯碱的成本。侯氏联合制碱法很快为世界所采用。

侯氏联合制碱法是依据离子反应发生的原理进行的,离子反应会向着离子浓度减小的方向进行。要制纯碱(Na_2CO_3),利用碳酸氢钠($NaHCO_3$)在溶液中溶解度较小的特性,先制得碳酸氢钠。再利用碳酸氢钠的不稳定性使之分解得到纯碱。要制得碳酸氢钠,就要有大量钠离子和碳酸氢根离子,所以在饱和食盐水中通入氨气,形成饱和氨盐水,再向其中通入二氧化碳,在溶液中就有了大量的钠离子、铵根离子、氯离子和碳酸氢根离子,其中碳酸氢钠溶解度最小,所以析出,其余产品处理后可作为肥料或循环使用。

其化学反应方程式可以归纳为以下两步反应。

(1)将二氧化碳通入饱和氨盐水中,使溶解度较小的碳酸氢钠从溶液中析出。

$$NaCl+NH_3+H_2O+CO_2 \Longrightarrow NH_4Cl+NaHCO_3 \downarrow$$

(2)过滤得到碳酸氢钠晶体,碳酸氢钠热稳定性很差,受热容易分解。

$$2NaHCO_3 \xrightarrow{\triangle} Na_2CO_3+CO_2 \uparrow +H_2O$$

根据 NH_4Cl 在常温下溶解度比 NaCl 大,而在低温下溶解度却比 NaCl 小的原理,在 5~10 ℃下向母液加入 NaCl,则 NH_4Cl 析出,得到化肥,提高了 NaCl 的利用率。

扫码做题

思 考 题

1. 重量分析法对沉淀形式和称量形式的要求分别是什么?

2. 影响沉淀溶解度的因素有哪些?

3. 晶形沉淀与无定形沉淀的形成条件有哪些不同之处?为什么?

4. 要获得纯净且易于过滤、洗涤的沉淀必须采取哪些措施?为什么?

5. 什么是均匀沉淀法?均匀沉淀法与一般沉淀法相比有哪些优点?

6. 在含有等浓度的 Cl^- 和 I^- 的溶液中,逐滴加入 $AgNO_3$ 溶液,哪一种离子先沉淀?第二种离子开始沉淀时,Cl^- 和 I^- 的浓度比为多少?

7. 在下列情况下,分析结果是准确的,还是偏低或偏高?为什么?

(1) pH=4 时用莫尔法滴定 Cl^-。

(2) 试液中含有 NH_4^+,在 pH=10 时,用莫尔法滴定 Cl^-。

(3) 用法扬司法滴定 Cl^- 时,用曙红作指示剂。

(4) 用佛尔哈德法测定 Cl^- 时,未将沉淀过滤,也未加 1,2-二氯乙烷。

(5) 用佛尔哈德法测定 I^- 时,先加入铁铵矾指示剂,再加入过量的 $AgNO_3$。

习 题

1. 20.00 mL NaCl 试液用 0.1023 mol·L^{-1} $AgNO_3$ 标准溶液滴定至终点,消耗了 27.00 mL。求该溶液中 NaCl 含量。

2. 称取 0.3675 g $BaCl_2$·$2H_2O$ 试样,溶于水后,加入稀 H_2SO_4 将 Ba^{2+} 沉淀为 $BaSO_4$。如果加入过量 50% 的沉淀剂,需要 0.50 mol·L^{-1} H_2SO_4 溶液多少毫升?

3. 有 2.212 g 纯 CaO 和 BaO 的混合物,转化为混合硫酸盐后其质量为 5.023 g,计算原混合物中 CaO 和 BaO 的质量分数。

4. 称取 0.3000 g 银合金试样,溶解后制成溶液,加铁铵矾指示剂,用 0.1000 mol·L^{-1} NH_4SCN 标准溶液滴定,用去 23.80 mL。计算合金中银的质量分数。

5. 称取 0.2266 g 可溶性氯化物,加入 30.00 mL 0.1120 mol·L^{-1} $AgNO_3$ 标准溶液,过量的 $AgNO_3$ 用 0.1158 mol·L^{-1} NH_4SCN 标准溶液滴定,用去 6.50 mL。计算试样中氯的质量分数。

6. 称取 0.2522 g 纯度未知的水溶性溴化物,加入 25.00 mL 0.1051 mol·L^{-1} $AgNO_3$ 标准溶液,以 0.1226 mol·L^{-1} NH_4SCN 标准溶液回滴,消耗 9.45 mL。求该溴化物中 Br^- 的质量分数。

7. 将 0.3000 g 纯 KCl 和 KBr 的混合物溶于水后,用 30.85 mL 0.1002 mol·L^{-1} $AgNO_3$ 溶液滴定至终

点。计算混合物中 KCl 和 KBr 的质量分数。

8. 法扬司法测定某试样中 KI 含量时,称样 1.6520 g,溶于水后,用 0.05000 mol·L^{-1} AgNO₃ 标准溶液滴定,消耗 20.00 mL。试计算试样中 KI 的质量分数。

9. 称取 1.000 g 含砷矿试样,溶解并氧化成 AsO_4^{3-},然后沉淀为 Ag₃AsO₄。将沉淀过滤、洗涤,溶于 HNO₃ 中,用 25.00 mL 0.1100 mol·L^{-1} NH₄SCN 溶液滴定至终点,计算矿样中砷的质量分数。

10. 溶解 0.5000 g 不纯的 SrCl₂,其中除 Cl⁻ 外不含其他能与 Ag⁺ 产生沉淀的物质。溶解后,加入1.7840 g 纯的 AgNO₃(固体),过量的 AgNO₃ 用 0.2800 mol·L^{-1} KSCN 标准溶液滴定,耗去 25.00 mL。求试样中 SrCl₂ 的质量分数。

第8章 吸光光度法

基本要求

- 了解吸光光度法的特点。
- 掌握光吸收定律的基本内容。
- 理解显色反应的特点及显色条件的选择。
- 熟悉吸光光度法的误差来源及消除方法。
- 掌握吸光光度法定量测定的原理及应用。

光学性质是物质的一大属性,而基于物质的光学性质进行测试,则诞生了分析化学中的光学分析法。**吸光光度法**(absorptiometry)就是建立在物质对光的选择性吸收基础上的一类分析测试方法,包括目视比色法、光电比色法、紫外-可见分光光度法、红外分光光度法等。本章将介绍最为常用的紫外-可见分光光度法的基本原理及其应用。

8.1 吸光光度法的基本原理

8.1.1 光的基本性质

光具有波粒二象性(wave-particle duality),电磁波理论认为光是一种电磁辐射(electromagnetic radiation)。可以根据波长或频率将电磁波进行分类(表8-1)。

表8-1 电磁波谱及相关分析方法

波谱名称	波长范围	跃迁类型	辐射源	分析方法
X射线	0.1~10 nm	内层电子	X射线管	X射线光谱法
远紫外	10~200 nm	中层电子	氢、氘、氙灯	真空紫外分光光度法
近紫外	200~400 nm	价电子	氢、氘、氙灯	紫外分光光度法
可见光	400~760 nm	价电子	钨灯	比色及可见分光光度法
近红外	0.76~2.5 μm	分子振动	碳化硅热棒	近红外分光光度法
中红外	2.5~5.0 μm	分子振动	碳化硅热棒	中红外分光光度法
远红外	5.0~1000 μm	分子振动和转动	碳化硅热棒	远红外分光光度法
微波	0.1~100 cm	分子转动	电磁波发生器	微波光谱法
无线电波	1~1000 m			核磁共振光谱法

电磁波是有能量的,其能量与波长、频率的关系式如下:

$$E = h\nu = hc/\lambda \tag{8-1}$$

式中,E 为能量(J);h 为普朗克常量(J·s);ν 为频率(Hz);c 为光速(cm·s^{-1});λ 为波长(cm)。

由式(8-1)可知,波长越大,频率越小,能量越小,因此长波能量低,短波能量高。

8.1.2　物质对光的选择性吸收

光的性质及其与物质间相互作用的规律可由光的电磁波理论加以说明。电磁波具有的能量可以和电子的能量(电子的特定能量状态称为能级)相互传递和转换。当这种传递、转换发生于原子态物质时,便得到原子光谱(atomic spectrum)。这种光谱是线性光谱(line spectrum),即由一些特定波长的谱线组成,如人们较为熟悉的氢原子光谱(图8-1)。但在绝大多数情况下,物质是以较为复杂的分子(或其聚合物)形式存在的,因此吸收光谱不再是数条简单的谱线,而是有一定宽度和特征形态的吸收带,称为带状光谱(band spectrum)(图8-2)。

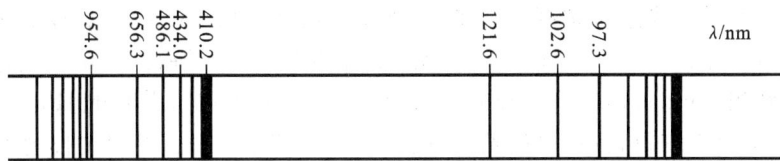

图 8-1　氢原子光谱

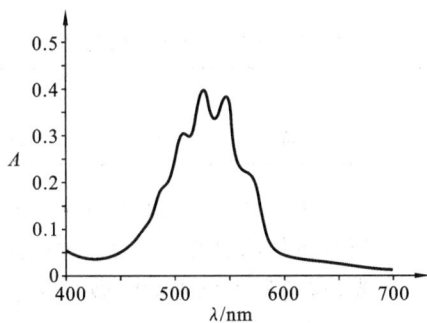

图 8-2　KMnO$_4$ 溶液吸收曲线(分子的带状光谱)

本章讨论的吸光光度法,将主要研究紫外-可见光区内的分子光谱(molecular spectrum)。分子内部的能量状态是复杂的,一般将其归结为三类:电子在分子轨道中具有的能量(电子能级)、分子的振动具有的能量(振动能级)和分子的转动具有的能量(转动能级)。由于振动能级、转动能级的存在,分子光谱成为复杂的带状光谱,其能级如图8-3所示。

当物质与光相互作用时,只有和物质分子能带相一致的光子才能被吸收,其余的光子将穿透物质或被反射出去。因此,物质的内部结构决定了其对光的选择性吸收。

这里有两点需要特别说明。

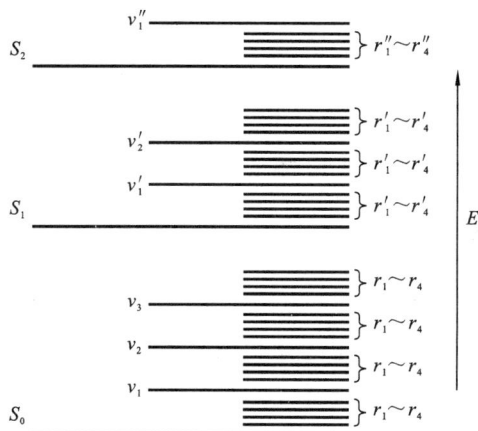

图 8-3　分子能级示意图

S—电子能级；v—振动能级；r—转动能级

1. 物质的颜色

物质的颜色是其对光进行选择性吸收后剩余的互补色（complementary color）。可见光（visible light）区的范围为 $400\sim760$ nm，除此之外的光波，人类的眼睛无法直接感知。单一波长的光称为**单色光**（monochromatic light，如 $\lambda=525$ nm 的光波），单色光只是一种理想的状态，绝对的单色光难以获得，各种单色光之间也无严格的界限；而由不同波长的光复合在一起得到的光束，称为**复合光**（multiplex light）。天然的白光，就是由可见光区内的光波复合而成的。如果让一束白光通过三棱镜，将分解为红、橙、黄、绿、青、蓝、紫七种颜色的光，每种颜色的光具有一定的波长范围，见表 8-2。

表 8-2　不同波长光的颜色

波长/nm	$650\sim760$	$600\sim650$	$580\sim600$	$500\sim580$	$480\sim500$	$450\sim480$	$400\sim450$
颜色	红	橙	黄	绿	青	蓝	紫

图 8-4　光的互补色示意图

实验证明，不仅七种单色光可以混合成白光，如果把适当颜色的两种单色光按一定强度比例混合，也可以得到白光，这两种单色光就叫做互补色光。图 8-4 中处于直线两端的两种单色光为互补色光，如绿光和紫光互补，蓝光和黄光互补等。

物质呈现出特定的颜色，是由于物质选择性吸收了一定波长的光。例如：白光照射溶液时，只有特定波长范围的光被吸收，其余波长的光则透过溶液而被观察到，人们看到的颜色是透过的（未被吸收的）光的颜色，即呈现被吸收光的互补色光的颜色。例如，$KMnO_4$ 溶液之所以呈紫红色，就是由于它主要吸收了绿色光而透过紫红色光。$CuSO_4$ 溶液吸收了黄光，透过了蓝色光，溶液呈现出蓝色。$NaCl$ 溶液对各种颜色的光都透过，所以是无色的。各种有色溶液及其选择性吸收光的规律参见表 8-3。

表 8-3　溶液颜色与吸收光颜色

溶 液 颜 色	选择性吸收光的波长/nm	吸收光的颜色
黄绿	400~450	紫
黄	450~480	蓝
橙	480~490	绿蓝
红	490~500	蓝绿
紫红	500~560	绿
紫	560~580	黄绿
蓝	580~600	黄
绿蓝	600~650	橙
蓝绿	650~760	红

　　进行光度分析时,为了正确选择溶液的吸收光,除了可参考表 8-3,通常是测量该溶液对不同波长光的吸收情况,以波长为横坐标,吸光度为纵坐标作图,得到一条曲线,称为**光吸收曲线**(absorption curve)或**吸收光谱**(absorption spectrum),用以描述溶液对不同波长光的吸收情况。

2. 物质对光的选择性吸收

　　图 8-5 给出了三种不同浓度 $KMnO_4$ 溶液的光吸收曲线。由图中可看出:①当 $KMnO_4$ 溶液浓度一定时,吸光度随波长的变化而改变,在507 nm、525 nm、545 nm 处形成三个特征峰。其中 525 nm 处吸光度最大,称为最大吸收波长,用 λ_{max} 表示。$KMnO_4$ 溶液主要选择性吸收525 nm 左右(450~600 nm)的光,因而呈现紫红色。②同一种物质不同浓度溶液的吸收曲线形状相似,且随着溶液浓度增大曲线会上移,反之则下移。这个特性可作为物质定量分析的依据。③同一种物质不同浓度溶液的吸收曲线上特征吸收峰的位置及 λ_{max} 不变,只是对应的吸光度不同。不同物质由于其结构不同,其光吸收曲线和最大吸收波长(λ_{max})也不同,这可作为定性分析的依据。吸光光度法中,常以光吸收曲线中的 λ_{max} 作为测量波长,在此波长下测定吸光度,灵敏度最高,且一般具有较好的稳定性。

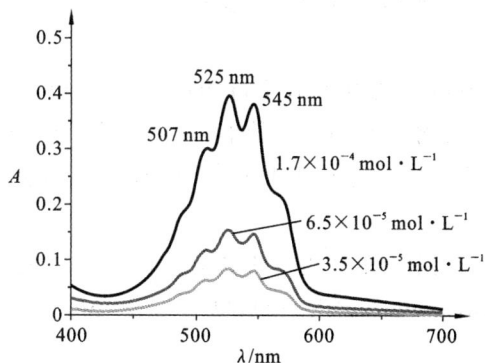

图 8-5　不同浓度 $KMnO_4$ 溶液吸收曲线

8.2　光吸收的基本定律

8.2.1　朗伯-比尔定律

　　当一束平行的单色光照射溶液,其发生的情形如图 8-6 所示。

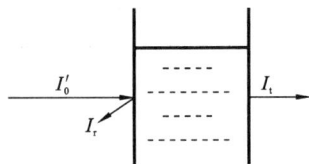

图 8-6　溶液对光的反射、
吸收与透过

$$I_a = I'_0 - I_r - I_t$$

式中，I'_0 为入射光强度；I_a 为溶液吸收光强度；I_r 为溶液界面（或容器界面）反射光强度；I_t 为透射光强度。实际测量过程中，由于使用相同的容器（比色皿）及空白参比，溶液的反射光强度 I_r 为常数，可将 $I'_0 - I_r$ 替换为 I_0。于是，有

$$I_0 = I_a + I_t$$

为了研究溶液对光的吸收规律，引入两个概念：

（1）透射比或透光率（transmittance）：

$$T = \frac{I_t}{I_0} \tag{8-2}$$

（2）吸光度（absorbance）：

$$A = \lg \frac{I_0}{I_t} = \lg \frac{1}{T} = -\lg T \tag{8-3}$$

朗伯（Johann Heinrich Lambert）、比尔（August Beer）分别于 1760 年和 1852 年研究了溶液对光的吸收规律。这个规律称为朗伯-比尔定律（Lambert-Beer law），也称光的吸收定律，是吸光光度法的基本定律。这个定律是以大量实验数据为依据得出的，随后从数学上给出了理论证明。具体描述如下：溶液对单色光的吸收程度与溶液的浓度、光线在溶液中经过的长度（光程，通常为比色皿宽度）成正比，即

$$A = Kbc \tag{8-4}$$

式中，b 为光程（path length），单位为 cm。

当溶液的浓度 c 的单位为 $g \cdot L^{-1}$ 时，比例常数 K 以 a 表示，称为**吸光系数**（absorption coefficient），单位为 $L \cdot g^{-1} \cdot cm^{-1}$，此时有

$$A = abc \tag{8-5}$$

当溶液的浓度 c 的单位为 $mol \cdot L^{-1}$ 时，比例常数 K 以 ε 表示，称为**摩尔吸光系数**（molar absorption coefficient），单位为 $L \cdot mol^{-1} \cdot cm^{-1}$，此时有

$$A = \varepsilon bc \tag{8-6}$$

摩尔吸光系数表示单位浓度（$mol \cdot L^{-1}$）、单位光程下，物质对一定波长的单色光的吸收程度。在实际工作中，不能直接取 1 $mol \cdot L^{-1}$ 这样高浓度的溶液测定 ε，往往是在合适的低浓度时测量其吸光度 A，再根据 $\varepsilon = A/(bc)$ 求得。ε 越大，表示该物质对此波长的光线吸收越强烈；反之，则吸收越弱。ε 反映的是特定波长的光与物质间的相互作用程度，仅取决于物质的结构、单色光波长、溶液温度，而与其他因素（如浓度等）无关。ε 越大，则灵敏度越高。因此为了提高分析方法的灵敏度，应选择 ε 大的化合物，以最大吸收波长的光为入射光进行检测。通常所说的 ε，指的是该物质在最大吸收波长处的摩尔吸光系数，以 ε_{max} 表示。

测量时通常让光束垂直于比色皿侧壁进行，因此光程与比色皿宽度相同，所以 b 一般为比色皿宽度。

例8.1　邻二氮菲法测定 1.0×10^{-6} $mol \cdot L^{-1}$ Fe^{2+}，其显色产物的 $\varepsilon = 1.1 \times 10^4$ $L \cdot mol^{-1} \cdot cm^{-1}$（$\lambda_{max} = 508$ nm）。若测定 1.0×10^{-5} $mol \cdot L^{-1}$ Fe^{2+}，求其显色产物在 508 nm 处的 ε'。

解 摩尔吸光系数 ε 仅由物质的结构、入射光波长等决定,可以认为是物质的固有属性,因此浓度的改变不会影响 ε 的大小。

$$\varepsilon' = \varepsilon = 1.1 \times 10^4 \text{ L} \cdot \text{mol}^{-1} \cdot \text{cm}^{-1}$$

例 8.2 例 8.1 中,若 $c(\text{Fe}^{2+}) = 4.7 \times 10^{-6} \text{ mol} \cdot \text{L}^{-1}$,比色皿宽度($b$)为 1.0 cm,则在 $\lambda_{\max}$(508 nm)处的吸光度 A 为多少?

解 根据朗伯-比尔定律,有

$$A = \varepsilon bc = 1.1 \times 10^4 \times 1.0 \times 4.7 \times 10^{-6} = 0.052$$

摩尔吸光系数 ε 表示物质对光的吸收能力,也反映了光度法检测该物质的灵敏度。光度法检测物质的灵敏度,常用的还有一类表示方法,称为桑德尔灵敏度(Sandell sensitivity),即

$$S = \frac{M}{\varepsilon} \tag{8-7}$$

式中,S 表示当光度计的测量下限为 $A = 0.001$ 时,单位截面积(1 cm^2)光程内所能检测到的吸光物质的最低含量,单位为 $\mu\text{g} \cdot \text{cm}^{-2}$;$M$ 为吸光物质的摩尔质量。

例 8.3 已知邻二氮菲与 Fe^{2+} 显色后的配合物,其 $\varepsilon = 1.1 \times 10^4 \text{ L} \cdot \text{mol}^{-1} \cdot \text{cm}^{-1}$,求其 S。

解

$$S = \frac{M}{\varepsilon} = \frac{55.85}{1.1 \times 10^4} \mu\text{g} \cdot \text{cm}^{-2} = 0.0051 \mu\text{g} \cdot \text{cm}^{-2}$$

8.2.2 导致偏离朗伯-比尔定律的因素

朗伯-比尔定律是建立在大量实验事实的基础之上的,但同时又是一种理论升华。朗伯-比尔定律是光吸收的基本定律,适用于所有的电磁辐射和所有的吸光物质。其描述的是理想状态下,溶液中的吸光质点对光的吸收行为。而实际测定的过程是复杂的,测定溶液的性质也是多样的,因此,难免出现实际测量结果与朗伯-比尔定律不一致的情况,称为对朗伯-比尔定律的偏离,如图 8-7 所示。

导致偏离朗伯-比尔定律的因素在实际工作中是很复杂的。常见的可归纳为以下几类。

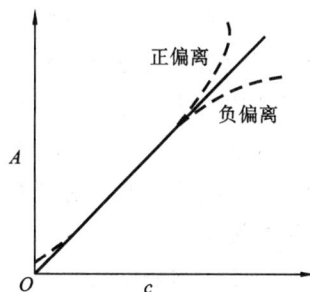

图 8-7 对朗伯-比尔定律的偏离

1. 非单色光引起的偏离

朗伯-比尔定律是在单色光的情况下导出的,因此复合光不符合上述规律。目前用各种方法得到的入射光并非纯的单色光,而是具有一定带宽的复合光(当然随着仪器的改进,这种带宽也会随之减小)。在这种情况下,吸光度与浓度并不完全呈线性关系,因而导致了对朗伯-比尔定律的偏离。

2. 吸光物质在溶液中参与某类化学平衡

当溶液浓度变化时,其实际存在形式发生变化,从而表现为吸光度的非线性改变,如离解、配位、缔合等。

(1)离解:溶液的酸度不同,酸碱离解程度不同,导致大部分有机酸的酸式型体与碱式型体比例改变,使溶液吸光度发生改变。

（2）配位：有的显色剂与金属离子生成的是多级配合物，其颜色有区别。如 Fe^{3+} 与 SCN^- 的配合物中，$Fe(SCN)_3$ 颜色最深，$[Fe(SCN)]^{2+}$ 颜色最浅，SCN^- 浓度越大，溶液颜色越深。

（3）缔合：在酸性条件下，CrO_4^{2-} 会缔合为 $Cr_2O_7^{2-}$，导致吸光度发生改变。

上述改变，有时可通过控制溶液条件加以克服（即控制平衡的移动）。

3. 浓度

实际溶液中吸光物质浓度过大时，会引起分子的统计截面积减小（即对光子的俘获面积减小），导致吸光度减小。因此，浓度大时一般表现为对朗伯-比尔定律的负偏离。

8.3 吸光光度分析及仪器

8.3.1 吸光光度法的分类与对比

1. 目视比色法

用眼睛比较待测溶液与标准溶液颜色深浅的比色方法，称为**目视比色法**（visual colorimetry）。最常用的是标准系列法。在一套比色管中逐一加入体积逐渐增加的标准溶液，并加入相同体积的试剂（显色剂、掩蔽剂等），然后稀释到相同体积，即形成颜色由浅到深的标准色阶。另取一支同一型号的比色管，在其中加入被测溶液和与标准色阶相同体积的试剂（显色剂、掩蔽剂等），并稀释到相同体积。然后从该比色管管口垂直向下观察并与标准色阶比较，若试液与色阶中某一溶液颜色相同，则两者浓度相等；如被测溶液颜色介于两标准溶液之间，则被测溶液浓度约为两标准溶液浓度的平均值。

目视比色法的优点是仪器简单、操作方便；所用比色管较长，对浓度很小的溶液（显色后溶液颜色很淡）也能进行比较、测定，因而测定的灵敏度较高。目视比色法对样品的测定并不依据朗伯-比尔定律（仅通过颜色对比实现），因而偏离朗伯-比尔定律的显色反应，也可用目视比色法进行测定。

这一方法的缺点是由于许多溶液显色后不够稳定，因此标准系列不能久存，经常要在测定时现配现用。此外，由于标准色阶的数目有限、不同观察者对颜色的辨别存在差异等，方法的准确度不高。

2. 光电比色法

利用光电比色计（由光源、滤光片、比色皿（又叫吸收池）架、光电池等构成，如图 8-8 所示）测定溶液的吸光度，进行定量分析的方法称为**光电比色法**（photoelectric colorimetry）。用光电池代替人眼进行测量，消除了主观误差，也提高了方法的准确度和重现性。但因仅有少量滤光片可供使用，测量波长无法自由选择且滤光后提供的单色光纯度不高，该方法的应用受到限制。

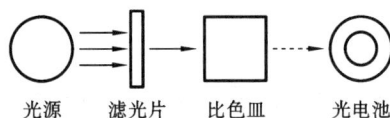

图 8-8 光电比色计示意图

光源　滤光片　比色皿　光电池

光电比色法与目视比色法在原理上不尽相同。光电比色法是比较有色溶液对单色光的吸收情况,而目视比色法是比较白光(复合光)透过有色溶液后的剩余光强度。如测定 $KMnO_4$ 溶液浓度时,光电比色法测定的是 $KMnO_4$ 溶液对单色光($\lambda_{max}=525$ nm)的吸收情况,而目视比色法是比较 $KMnO_4$ 溶液吸收 $450 \sim 600$ nm 区带宽度的光线后,白光所剩余的复合光(紫红色)强度。

3. 分光光度法

利用分光光度计测定溶液吸光度进行定量分析的方法,称为**分光光度法**(spectrophotometry)。分光光度法与光电比色法在原理上是一致的,都是基于溶液对单色光的吸收,由检测系统输出信号(吸光度 A),依据朗伯-比尔定律,吸光度与溶液浓度成正比,即可获得溶液的浓度。两种方法的不同点主要在于获取单色光的方法:光电比色法采用固定波长范围的滤光片;分光光度法则使用棱镜或光栅组成的单色器。后者较前者可获得更纯的单色光(带宽可达 1 nm 以下),因而具有更高的准确度;同时,分光光度计可自由选择单色光波长,使其广泛应用于吸光度的测量。目前分光光度法是最为常用的吸光度检测方法。

8.3.2　分光光度法的测定方法

分光光度法是测定微量组分的常用方法之一,可以对大量的无机离子进行简单、快速而准确的检测。使用分光光度法在对物质进行光度测定前,必须先确定测量波长。测量波长一般可通过扫描待测组分吸收光谱得到,通常取其最大吸收波长 λ_{max}(如对于 $KMnO_4$,可选取 $\lambda_{max}=525$ nm 作为测量波长)。

铁的比色测定

实验室中常用的分光光度法的主要测定方法如下。

1. 标准曲线法

标准曲线(standard curve)是由吸光度 A 和浓度 c 的线性关系曲线。按一定浓度梯度配制标准溶液并显色后,分别测出其吸光度;以 A 为纵坐标、c 为横坐标作图,所得直线即为标准曲线。

以 $KMnO_4$(测量波长 525 nm)为例,配制 5 份不同浓度的 $KMnO_4$ 标准溶液,并分别测定其吸光度,所得数据如表 8-4 所示。

表 8-4　不同浓度 $KMnO_4$ 的吸光度

$c(KMnO_4)/(mol \cdot L^{-1})$	1.0×10^{-7}	2.0×10^{-7}	3.0×10^{-7}	4.0×10^{-7}	5.0×10^{-7}
A	0.021	0.038	0.064	0.081	0.101

据此,得标准曲线,如图 8-9 所示。

取待测试样,在相同条件下显色后,测定其吸光度 $A_x=0.056$。则可由标准曲线得其对应浓度

$$c_x = 2.8 \times 10^{-7} \text{ mol} \cdot L^{-1}$$

借助数学方法及相关数据处理软件,也可获得具体的线性方程。

标准曲线法不仅是分光光度法的常用测定方法,也广泛应用于其他分析测试领域,成为实验室中分析工作的基本方法之一。

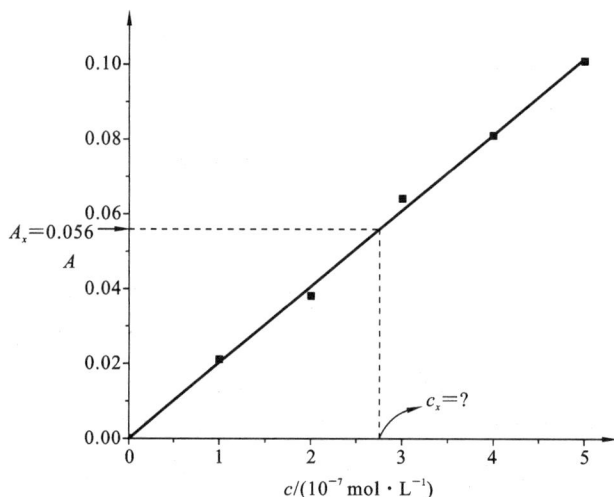

图 8-9　KMnO₄ 的标准曲线

2. 比较法

对于严格遵守朗伯-比尔定律的溶液,可采用一种较为简单的方法进行测定。

设标准溶液浓度为 c_s,测得吸光度为 A_s;待测溶液浓度为 c_x,测得其吸光度为 A_x。

由朗伯-比尔定律得

$$\frac{A_s}{A_x} = \frac{\varepsilon b c_s}{\varepsilon b c_x}$$

则

$$c_x = c_s \frac{A_x}{A_s} \qquad\qquad (8\text{-}8)$$

该方法通过比较标准溶液与待测溶液的吸光度即可完成测定,简便快捷,但误差相对较大,结果的可靠性不如标准曲线法。

8.3.3　分光光度计简介

紫外-可见分光光度计(UV/VIS spectrophotometer)的种类较多,但基本构造是相同或相似的,包括光源、单色器、比色皿及检测系统,如图 8-10 所示。

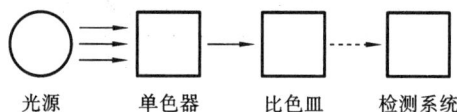

光源　　　单色器　　　比色皿　　　检测系统

图 8-10　紫外-可见分光光度计的基本构造

1. 光源

光源(light source)的作用是提供具有稳定强度的连续光。通常,氢灯、氘灯用来提供紫外光区(180~375 nm)的连续光,钨灯、碘钨灯用以提供可见及近红外光区(320~2500 nm)的连续光。目前主流的紫外-可见分光光度计,其测定波长范围为 190~1000 nm;在不同的测量区间,仪器可根据需要自行选择光源进行工作。同时由于光源提供的光强度受工作电压影响较大,因此一般配有稳压装置。

2. 单色器

单色器（monochro mator）的作用是将光源提供的连续光通过分光元件转换为一系列单色光，并选择特定波长的光作为最终的入射光，以完成对试样的吸光度测量。单色器的分辨率越高，得到的单色光纯度就越高。单色器一般由狭缝、分光元件及相关光学部件等构成。常用的分光元件有棱镜、光栅。

棱镜有玻璃和石英两种。其中玻璃棱镜用于可见光区，而石英棱镜则可拓展至紫外光区，可用于紫外-可见分光光度计中。棱镜的分光原理如图 8-11 所示，棱镜对光的分散能力有限，高分辨率的棱镜由于体积过大而没有实际的应用。

目前，光谱仪器中多采用平面闪烁光栅。它由高度抛光的表面（如铝）上刻画许多根平行线槽而制成，每毫米范围有 600 条平行线槽，多的可达 1200 条平行线槽，甚至更多。它是利用光通过光栅时发生衍射和干涉的现象进行分光的，有透射和反射两种，常用的是反射光栅。通常光栅的分辨率较棱镜高很多，因此可获得纯度更高的单色光，从而提高光度法测定的准确性；中高档的分光光度计基本都采用光栅单色器。反射光栅的分光原理如图 8-12 所示。

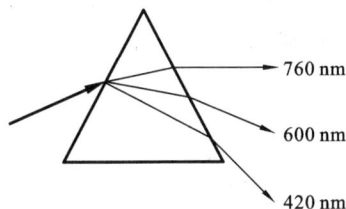

图 8-11　棱镜分光示意图　　　　　　　　　　图 8-12　反射光栅分光示意图

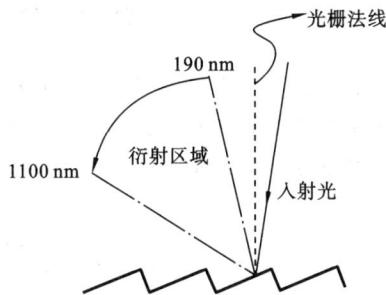

3. 比色皿

比色皿的作用是盛放溶液以进行光度检测。分光光度计中常用的比色皿，分石英、玻璃两种材质。其中，石英比色皿可用于紫外-可见光区；玻璃由于对紫外光有吸收，故仅用于可见光区，但其价格相对低些。比色皿按规格（宽度）分为 0.5 cm、1.0 cm、2.0 cm 等，最常使用的是 1 cm 的比色皿。

4. 检测系统

检测系统（detecting system）的作用是测定溶液对光的吸收，将光信号转换为电信号，并加以记录。现代分光光度计多以光电管或光电倍增管作为光敏元件，将光强度转换为电流强度；后续电路可对所得检测电流进行放大、记录等处理；配合单片机或微型计算机的应用，可实现对测量数据的自动化处理。检测系统的核心部件光电管是利用光电效应记录光强度的元件，其工作原理如图 8-13 所示。

较早期的分光光度计有 721 型等。目前，实验室中常规配制的主要有 722S、722N 等型号的可见分光光度计，751、754、UV-2550、UV-2600、Cary 50 等紫外-可见分光光度计等。其种类繁多，但基本可分为两类：

（1）单光束分光光度计，如 722、754、Cary 50 等型号。其光路原理如图 8-14 所示。

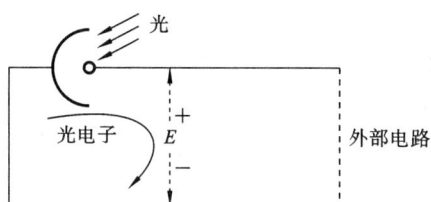

图 8-13　光电管工作原理

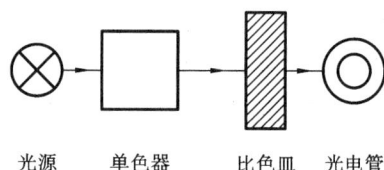

图 8-14　单光束分光光度计光路原理图

（2）双光束分光光度计，如 UV-2550 型。其光路原理如图 8-15 所示。

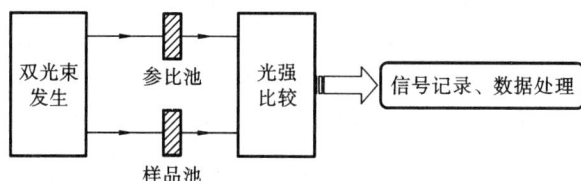

图 8-15　双光束分光光度计光路原理图

双光束一般见于大型紫外-可见分光光度计中，其光路系统复杂，但测定数据的准确度高。双光束分光光度计利用双光路系统可以很好地消除不同比色皿间的差异，扣除背景空白，适用于高精度测量和光谱扫描。

8.4　显色反应与反应条件的选择

8.4.1　对显色反应的要求

为了提高测定的灵敏度、选择性，无机离子的测定通常采用显色反应处理后，测定吸光度。所谓**显色反应**（color reaction），就是选用适当的试剂与被测离子（多为金属离子）反应生成有色化合物，以便于吸光度的测定。用于显色的试剂称为**显色剂**（color reagent），通常为配位剂。

显色反应的目的主要有两个：一是获得更大的 ε，以提高测定的灵敏度；二是可以使待测组分显色后的测量波长 λ_{max} 不受干扰组分影响，以提高选择性。

吸光光度法中，对显色反应的主要要求如下：

（1）显色反应的产物，其 ε 一般应大于 10^4 L·mol^{-1}·cm^{-1}。

（2）显色反应的产物具有一定的稳定性，即在测量过程中，显色产物组成恒定、显色稳定时间较长等。

（3）显色反应具有良好的选择性。显色剂最好仅和待测组分发生显色反应；同时显色反应的产物，其 λ_{max} 与溶液中其他组分（包括过量的显色剂）的最大吸收波长之差 $\Delta\lambda > 60$ nm，以减小测定波长下其他组分的干扰。

8.4.2　显色反应的条件

为使显色反应满足测定的要求，除了选择合适的显色剂外，还要严格控制显色反应的条

件,以获得准确的测定结果。通常显色条件的控制包括四个方面:

(1) 显色剂的用量。为了使待测离子显色完全,一般加入的显色剂都是过量的。但这种过量应是有一定限度的,否则不仅浪费试剂,还可能带来副反应。

(2) 溶液的酸度。显色反应多为配位反应,且许多显色剂都是有机弱酸(或碱),溶液中的 H^+ 对显色剂的离解和显色反应影响很大。例如磺基水杨酸与 Fe^{3+} 的显色反应,pH 为 2～3 时,生成配位比为 1∶1 的紫红色配合物;pH 为 4～7 时,生成配位比为 1∶2 的橙色配合物;pH 为 8～10 时,生成配位比为 1∶3 的黄色配合物。因此实验操作时,需严格控制反应体系的 pH。

(3) 显色反应的温度。通常显色反应在室温下进行,但有些显色反应必须加热至一定温度才能完成,有些显色产物在温度较高时极易分解。

(4) 显色反应的时间。由于不同反应的反应速率不同,因此完成显色反应的时间也不一致。所以应根据具体情况掌握适当的显色时间,在颜色稳定的时间范围内进行测定。在一定的温度条件下,可通过实验的方法确定显色反应完成的时间。一些显色产物存在分解、氧化等后续反应,因而不能长时间稳定存在。一般在显色反应发生后 20～30 min 测定吸光度较好。

8.4.3　共存离子干扰的消除

共存离子的干扰,指的是溶液中的其他离子由于自身有色或可与显色剂显色,从而干扰一定波长下对待测离子显色后的光度检测。其常见的消除方法有以下几种:

(1) 调节溶液酸度。大多数显色反应为配位反应,由于溶液的酸度对配合物的条件稳定常数的影响,可通过调节溶液的 pH,达到消除其他金属离子干扰的目的。如双硫腙可与 Hg^{2+}、Cu^{2+}、Ni^{2+} 等生成有色配合物,光度法测定 Hg^{2+} 时,通过加入大量 H^+(显色体系中,H_2SO_4 为 0.5 mol·L^{-1}),可消除 Cu^{2+}、Ni^{2+} 等的干扰。该方法要求:待测离子与显色剂生成的配合物的稳定性远大于干扰离子与显色剂生成的配合物的稳定性。

(2) 加入掩蔽剂。所谓掩蔽剂,是指可与干扰离子作用,使其生成无色配合物的一类试剂。如用硫氰酸盐测 Co^{2+} 时,Fe^{3+} 的存在对测定有干扰(生成血红色的 $[Fe(SCN)]^{2+}$ 等)。通过向待测溶液中加入掩蔽剂 NaF,使 Fe^{3+} 生成无色的 $[FeF_6]^{3-}$,从而消除干扰。

(3) 对一些特殊的测定体系,可通过选用合适的参比液、改变测量波长(避开干扰组分吸收区域)等方法进行干扰的消除。

(4) 分离干扰离子。若上述方法均不理想,可采用沉淀、萃取、色谱等方法除去干扰离子,而后进行测定。

8.5　仪器测量误差及测量条件的选择

8.5.1　仪器测量误差

实验结果的准确性总是关注的焦点,但其影响因素也是多方面的。下面结合分光光度法的特点,主要介绍仪器测量误差。

所谓仪器测量误差,指由于仪器自身的特性而引起的测量数据的不准确性。对于分光光度法而言,就是由分光光度计导致的测定结果的误差。光源的不稳定、光电管灵敏度的改变、数据读取和处理过程的不准确等,造成分光光度计测量误差的存在。

现代分光光度计的透光率读数误差(ΔT)通常在 0.5% 以下。根据朗伯-比尔定律,浓度 c 与吸光度 A 成正比,而 A 与 T 之间为非线性关系,故其误差的传导亦非线性,推导如下:

$$\frac{\Delta c}{c} = \frac{\Delta A}{A}$$

以微分形式表示为

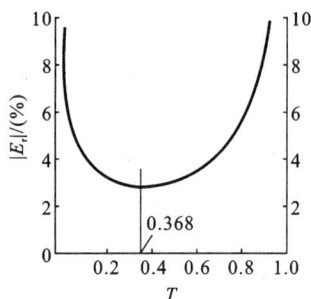

图 8-16　透光率与测定相对
　　　　误差的关系

$$\frac{\mathrm{d}A}{A} = \frac{\mathrm{d}(-\lg T)}{-\lg T} = \frac{-0.434\mathrm{d}(\ln T)}{-\lg T} = \frac{0.434\mathrm{d}T}{T\lg T}$$

可见,光度法测量结果的相对误差 $\frac{\Delta c}{c}$ 与 $T\lg T$ 成反比($\mathrm{d}T$ 为常数)。

假定仪器的精密度为 $\Delta T = 0.5\%$,代入不同的 T,即可求出各自对应的 $\frac{\Delta c}{c}$,如以测定相对误差为纵坐标,以透光率为横坐标作图,即可得图 8-16。

对 $T\lg T$ 求极值可得

$$\lg T = -0.434$$

显然,此极值点即为 $T\lg T$ 最大值点。此时 $T = 0.368$,$A = -\lg T = 0.434$,所得测量结果误差最小。在工作中,没必要去寻求这一最小误差点,吸光度在 $0.2\sim0.8$ 范围内较为理想。实际上,上述推导结果未考虑 ΔT 的大小变化。在高精密度的分光光度计上可根据仪器性能说明和实际测量结果确定适宜的测量范围。

8.5.2　测量条件的选择

溶液的前期处理(显色、掩蔽杂质离子、定容等)完成后,就可取适量溶液置于比色皿中进行吸光度测定。测定时需选择合适的条件,包括入射波长、参比液、比色皿宽度、狭缝宽度等,以使实验结果准确、可靠。

1. 入射波长的选择

为使测定结果有较高的灵敏度,通常选取显色后物质的最大吸收波长 $\lambda_{\max}$ 为入射光的波长。$\lambda_{\max}$ 可通过查阅文献获得,有条件的应当扫描吸收光谱,由吸收曲线进行选择。选择 $\lambda_{\max}$ 的理由有两个方面:一是此时物质的摩尔吸光系数最大,可以得到最大的灵敏度;二是一般而言,此时的吸收曲线最平缓,由单色光的不纯(仪器提供的单色光存在一定的带宽)导致的误差最小。

2. 参比液的选择

参比液(reference solution)常称为空白参比,是用来扣除溶液中除待测组分外,其他所有物质在测量中对光的干扰性吸收,参比液中除待测组分外其余组分都与待测溶液含量一致。实际上参比液的选择常根据溶液情况,采用下述两种方式:

(1) 当溶液在入射波长范围内,除待测组分外,无其他组分产生干扰性吸收时,可用蒸馏水作为参比液;

（2）当待测溶液中的共存离子无吸收，而显色剂或其他辅助试剂有干扰性吸收时，可用不加待测溶液而其他试剂照样加入的"试剂空白"为参比液。

3. 比色皿宽度

通常选用 1 cm 比色皿，对于稀溶液，可通过选取更宽的比色皿提高灵敏度。但这种提高是很有限的，仅为数倍。

4. 狭缝宽度

这里主要指单色器的出射狭缝宽度。增大狭缝宽度可增加入射光强度，但通常以单色光谱带宽度的增大为代价；相反，减小狭缝宽度可得到更好的单色光，但入射光强度相对减小。在没有特殊需要时，一般不调节此项参数，而采用仪器默认值。

8.6　吸光光度法的应用

吸光光度法作为一种成熟的检测方法，已广泛应用于教学、科研、生产等领域。

8.6.1　示差分光光度法

一般分光光度法不适用于含量过高（$A > 0.8$）或过低（$A < 0.2$）的物质的测量，因为引入的测量误差较大，而利用示差分光光度法，就可克服这一缺点。

示差分光光度法是用比待测溶液浓度稍小的标准溶液（c_s）作参比液，与待测溶液（c_x）进行比较。根据朗伯-比尔定律，得

$$A_s = \varepsilon b c_s$$
$$A_x = \varepsilon b c_x$$

因 $c_x > c_s$，两相相减，得

$$A_x - A_s = \varepsilon b(c_x - c_s) = \varepsilon b \Delta c \tag{8-9}$$

如果用标准溶液（c_s）作参比液调仪器工作零点（即透光率 100%），测得的待测溶液（c_x）吸光度是待测溶液与参比液的吸光度差值（ΔA）。上式可叙述为：两溶液吸光度之差与两溶液浓度之差成正比。这就是示差分光光度法的原理。用 ΔA 对 Δc 作图，可得一条标准曲线。

示差分光光度法能提高测量的准确度，一般情况下，示差分光光度法测定误差可达0.3%，在某些情况下可降低到 0.1% 左右，这是由于吸光度的读数准确度提高了。从图（8-17）可以看出，在普通分光光度法中，用空白液作参比液，测得 c_s 对应的透光率为 10%，c_x 对应的透光率为 7%。用示差分光光度法，用标准溶液（c_s）作参比液，调节其透光率为 100%，测得待测溶

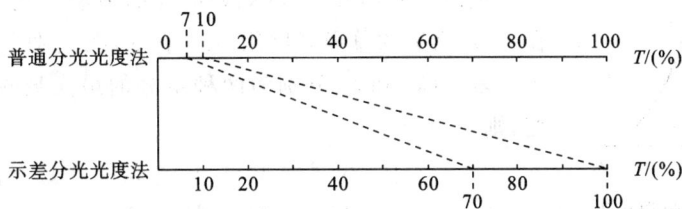

图 8-17　示差分光光度法标尺扩展原理

液(c_x)的透光率为 70％。10％→100％，7％→70％，这相当于把仪器的读数标尺扩展了 10 倍，使读数误差降低至原来的 $\frac{1}{10}$。当 T 为 36.8％时，测得的相对误差 $\frac{\Delta c}{c}$ 为 2.72％，降低至原来的 $\frac{1}{10}$ 后，就为 0.3％。

例 8.4 用示差分光光度法测定 Fe^{2+}，标准溶液和未知液的显色反应按表 8-5 进行，用 1 cm 比色皿，在 508 nm 波长处，以 1 号溶液为参比液调节仪器工作零点($A=0$)，分别测定各溶液的吸光度，结果列于表 8-5 中。求未知液中 Fe^{2+} 浓度($mg \cdot mL^{-1}$)。

表 8-5　不同浓度溶液的吸光度

溶 液 序 号	1	2	3	4	5	未知液
$0.1\ mg \cdot mL^{-1}$ Fe^{2+} 溶液移取体积/mL	2.00	2.25	2.50	2.75	3.00	
1％盐酸羟胺溶液加入体积/mL	0.5	0.5	0.5	0.5	0.5	0.5
25％NaAc 溶液加入体积/mL	2.5	2.5	2.5	2.5	2.5	2.5
0.2％邻菲罗啉溶液加入体积/mL	2.50	2.50	2.50	2.50	2.50	2.50
用蒸馏水稀释至 25.00 mL 摇匀 $C(Fe^{2+})/(mg \cdot (25\ mL)^{-1})$	0.200	0.225	0.250	0.275	0.300	
吸光度(ΔA)	0.000	0.207	0.366	0.528	0.749	0.500
$\Delta C/(mg \cdot (25\ mL)^{-1})$	0.000	0.025	0.050	0.075	0.100	

解　对测得的 ΔA 与 ΔC 数据进行回归分析计算，得
$$a=-0.001718, \quad b=0.13855, \quad r=0.9965$$

未知液 Fe^{2+} 浓度
$$C(Fe^{2+})=b\Delta A+a+c_s$$
$$=(0.13855 \times 0.500-0.001718+0.200)\ mg \cdot (25\ mL)^{-1}$$
$$=0.2676\ mg \cdot (25\ mL)^{-1}=0.0107\ mg \cdot mL^{-1}$$

8.6.2　多组分分析

一个样品多种组分的同时测定，是建立在吸光度具有加和性的基础上，即总吸光度为各种组分吸光度的总和。
$$A_{总}=A_1+A_2+\cdots+A_n=\varepsilon_1 b_1 c_1+\varepsilon_2 b_2 c_2+\cdots+\varepsilon_n b_n c_n$$

现以含有两种组分(x、y)的样品溶液为例，如图 8-18 所示。在 λ_1 处测量的总吸光度用 $A_{\lambda_1}^{x+y}$ 表示，在 λ_2 处测量的总吸光度用 $A_{\lambda_2}^{x+y}$ 表示(λ_1 和 λ_2 分别为两种组分的最大吸收波长)，b 固定不变，则

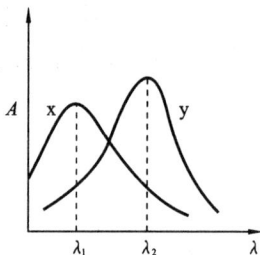

图 8-18　两种组分混合液吸收曲线

$$A_{\lambda_1}^{x+y}=A_{\lambda_1}^x+A_{\lambda_1}^y=\varepsilon_{\lambda_1}^x bc_x+\varepsilon_{\lambda_1}^y bc_y$$
$$A_{\lambda_2}^{x+y}=A_{\lambda_2}^x+A_{\lambda_2}^y=\varepsilon_{\lambda_2}^x bc_x+\varepsilon_{\lambda_2}^y bc_y$$

以上两式分别乘以 $\varepsilon_{\lambda_2}^y$、$\varepsilon_{\lambda_1}^y$ 并相减后得

$$c_x = \frac{A_{\lambda_1}^{x+y} \varepsilon_{\lambda_2}^y - A_{\lambda_2}^{x+y} \varepsilon_{\lambda_1}^y}{\varepsilon_{\lambda_1}^x \varepsilon_{\lambda_2}^y - \varepsilon_{\lambda_2}^x \varepsilon_{\lambda_1}^y}$$

$$c_y = \frac{A_{\lambda_1}^{x+y} - \varepsilon_{\lambda_1}^x c_x}{\varepsilon_{\lambda_1}^y}$$

式中 $\varepsilon_{\lambda_1}^x$、$\varepsilon_{\lambda_2}^x$、$\varepsilon_{\lambda_1}^y$、$\varepsilon_{\lambda_2}^y$ 四个摩尔吸光系数可从 x、y 组分的标准溶液中求得。

例 8.5　有 $Cr(NO_3)_3$ 和 $Co(NO_3)_2$ 混合液,在可见光区 Cr^{3+} 和 Co^{2+} 是吸光组分,它们的吸收曲线相互重叠,在任一波长下溶液的吸光度都是两者吸光度之和。在 400 nm 和 505 nm 波长处有两个吸收峰,其吸光度之和为

$$A_{400}^{Cr^{3+}+Co^{2+}} = 0.400, \quad A_{505}^{Cr^{3+}+Co^{2+}} = 0.530$$

经过实验测得 $\varepsilon_{400}^{Cr^{3+}} = 0.533 \text{ L} \cdot mol^{-1} \cdot cm^{-1}$,$\varepsilon_{505}^{Cr^{3+}} = 5.07 \text{ L} \cdot mol^{-1} \cdot cm^{-1}$,$\varepsilon_{400}^{Co^{2+}} = 15.20 \text{ L} \cdot mol^{-1} \cdot cm^{-1}$,$\varepsilon_{505}^{Co^{2+}} = 5.60 \text{ L} \cdot mol^{-1} \cdot cm^{-1}$。混合液中 Cr^{3+} 和 Co^{2+} 的浓度分别为多少?

解　根据公式

$$c(Cr^{3+}) = \frac{\varepsilon_{505}^{Co^{2+}} A_{400}^{Cr^{3+}+Co^{2+}} - A_{505}^{Cr^{3+}+Co^{2+}} \varepsilon_{400}^{Co^{2+}}}{\varepsilon_{505}^{Co^{2+}} \varepsilon_{400}^{Cr^{3+}} - \varepsilon_{505}^{Cr^{3+}} \varepsilon_{400}^{Co^{2+}}}$$

和

$$c(Co^{2+}) = \frac{A_{400}^{Cr^{3+}+Co^{2+}} - \varepsilon_{400}^{Cr^{3+}} c(Cr^{3+})}{\varepsilon_{400}^{Co^{2+}}}$$

代入数据得

$$c(Cr^{3+}) = \frac{5.60 \times 0.400 - 0.530 \times 15.20}{5.60 \times 0.533 - 5.07 \times 15.20} \text{ mol} \cdot L^{-1} = 0.0785 \text{ mol} \cdot L^{-1}$$

$$c(Co^{2+}) = \frac{0.400 - 0.533 \times 0.0785}{15.20} \text{ mol} \cdot L^{-1} = 0.0236 \text{ mol} \cdot L^{-1}$$

8.6.3　双波长分光光度法

用经典的单波长分光光度法进行定量分析时,常遇到以下问题难以解决:多组分吸收重叠,试样背景吸收较大或比色皿差异所引起的误差不能消除等。采用双波长分光光度法可达到消除上述误差的目的。

由光源发出的光,分别经过两个单色器,得到两束具有不同波长的单色光,这两束光经过切光器后交替照射于装有同一试液的比色皿,然后测量和记录试液对波长 λ_1 和 λ_2 的吸光度差值 ΔA,由此求出待测组分的含量。

对于波长为 λ_1 的单色光,根据朗伯-比尔定律,有

$$A_{\lambda_1} = \varepsilon_{\lambda_1} bc + A_s$$

对于波长为 λ_2 的单色光,有

$$A_{\lambda_2} = \varepsilon_{\lambda_2} bc + A_s$$

式中,A_s 为背景吸收或光散射。将两式相减,得

$$\Delta A = A_{\lambda_2} - A_{\lambda_1} = (\varepsilon_{\lambda_2} - \varepsilon_{\lambda_1}) bc$$

该式说明试样溶液对波长为 λ_1 和 λ_2 的两束光的吸光度差值与待测物质的浓度成正比,这就是应用双波长分光光度法进行定量分析的依据。

阅读材料

吸光光度法在农业方面的应用

吸光光度法具有灵敏度高,操作简便,快速等特点,广泛应用于科研、教学和生产中,是冶金、材料、化工、环境、医学及农业等领域的常用分析方法。农业部门常使用该方法进行食品品质分析、动植物生理生化分析和土壤分析等。

1. 检测农药

农药的检测在农业生产、环境检测、食品安全等领域都是人们关注的焦点。由于农药成分结构的复杂性、品种的多样性,对其进行定性、定量测定是较为困难的任务。目前多采用色谱(气相色谱、液相色谱)技术与其他检测技术联用,即将分离、检测结合在一起,实现对复杂试样的测定。紫外-可见分光光度法作为一种简便、快捷、廉价的检测技术,可与高效液相色谱(HPLC)结合起来,实现对农药的分离、检测。

甲萘威(1-萘基-N-甲基氨基甲酸酯,又名西维因)是一种氨基甲酸酯杀虫剂。GB/T 5009.21—2003《粮、油、菜中甲萘威残留量的测定》确定的标准检测方法有两类。一是高效液相色谱法,含有甲萘威的试样经提取、净化、浓缩、定容后作为待测溶液,取一定量注入高效液相色谱仪,分离后,柱端采用紫外检测器检测(即紫外分光光度法,测定波长为 280 nm);采用标准曲线法处理数据,获得测定结果(检出限为 0.5 mg·kg^{-1})。二是比色法(分光光度法),在碱性条件下,甲萘威水解成 1-萘酚、二氧化碳、甲胺;在酸性条件下,1-萘酚和对硝基偶氮氟硼酸盐显色;475 nm 波长处,用可见分光光度计测定其吸光度 A,通过标准曲线法,获得测定结果(检出限为 5 mg·kg^{-1})。

2. 检测农产品

农产品的检测指标较多,常见的对各种有益元素的检测,可帮助人们更好地认识其品质、营养价值。分光光度法对其中金属元素的分析有着较为广泛的应用,如水果、蔬菜及制品铁含量的测定方法为有机物分解后,用盐酸羟胺还原 Fe^{3+} 为 Fe^{2+},加入显色剂邻菲罗啉形成稳定的红色配合物;在 508 nm 波长处测定其吸光度 A,由标准曲线法确定其含量。在实验室中该方法也广泛用于其他各类样品中铁的测定,测定原理如下:pH 为 3~9 时,Fe^{2+} 与邻菲罗啉生成稳定的橘红色配合物,$\lambda_{max}=508$ nm,$\varepsilon=1.1\times10^{4}$ L·mol^{-1}·cm^{-1}。

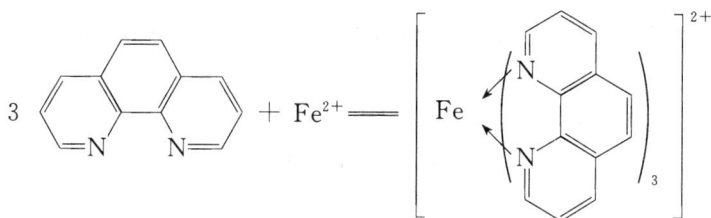

3. 检测土壤、肥料、饲料

土壤、肥料、饲料等是农业生产的物质基础,其组分含量、质量好坏的监测、检验关系到国计民生。这里就分光光度法在相关方面的应用作简单介绍。

(1) GB/T 14540—2003《复混肥料中铜、铁、锰、锌、硼、钼含量的测定》。试样经王水提取后,调至微酸,Zn^{2+} 与双硫腙显色(酮式配合物);用四氯化碳萃取该配合物,得紫红色溶液,在

530 nm 波长处测定吸光度;用标准曲线法处理数据,获得测试结果。

　　(2) GB/T 6437—2018《饲料中总磷的测定——分光光度法》。试样中的有机物被破坏后,在酸性溶液中,用钒钼酸铵与游离的磷元素结合(显色),生成黄色的配合物($(NH_4)_3PO_4 \cdot NH_4VO_3 \cdot 16MoO_3$);在 400 nm 波长处测定吸光度,用标准曲线法处理数据,获得测试结果。

思 考 题

扫码做题

1. 可见光的波长范围是多少? 我们看到的溶液的颜色是如何形成的?

2. 分子光谱是如何产生的? 为何是带状光谱而非线状光谱?

3. 吸收曲线是如何获得的? 有何作用?

4. 分光光度法中,常取物质的最大吸收波长 λ_{max} 为测量波长,为什么?

5. 举例说明何谓显色反应? 何谓掩蔽反应?

6. 摩尔吸光系数 ε,其数值大小表示什么?

7. 在吸光光度法中,何谓标准曲线? 它是如何获得的?

8. 目视比色法、光电比色法、分光光度法,三者在测定原理、仪器、测定准确度方面有何异同?

9. 参比液选择的原则是什么? 实践中常用的几种参比液是如何获得的?

10. 在对农药等有机物进行分析时,紫外-可见分光光度法虽也有应用,但大多与高效液相色谱(HPLC)联用来实现对样品的检测,为何不直接以这些有机物在紫外区的 λ_{max} 测定其在样品中的含量?

习 题

1. 用分光光度法测定某溶液,用 2.00 cm 比色皿测得 $T=60.0\%$。若改用 1.00 cm 或 3.00 cm 的比色皿进行测量,则 T、A 分别为多少?

2. 某有机物,其水溶液在 260 nm 波长处有最大吸收。已知 $b=1$ cm,$\varepsilon=1.6\times10^4$ L·mol^{-1}·cm^{-1},则用分光光度法测定其吸光度 A 时,溶液浓度控制在什么范围较为合理?

3. 用邻二氮菲法测定 Fe^{2+}。称取试样 0.450 g,溶解、显色,定容至 50.00 mL,以 1 cm 比色皿于 508 nm 波长处测得吸光度 $A=0.342$($\varepsilon=1.1\times10^4$ L·mol^{-1}·cm^{-1}),求试样中铁的质量分数(%)。

4. 某有色配合物,其 0.0010% 水溶液在 640 nm 波长处,用 2 cm 比色皿测得透光率 $T=42.0\%$。已知其 $\varepsilon=5.6\times10^3$ L·mol^{-1}·cm^{-1},求该配合物的摩尔质量。

5. 浓度为 25.5 μg·mL^{-1} 的 Cu^{2+} 溶液,用双环己酮草酰二腙显色后测定。在 600 nm 波长处用 1 cm 比色皿测得 $A=0.151$,求吸光系数 a、摩尔吸光系数 ε、桑德尔灵敏度 S。

6. 用磺基水杨酸法测定微量铁。标准溶液由 0.215 8 g NH$_4$Fe(SO$_4$)$_2$·12H$_2$O 溶解后定容至 500 mL 配成。按浓度梯度,依次取一定体积标准溶液在 50 mL 容量瓶中显色、定容,一定波长下测得吸光度(A)数据如下:

标准溶液体积/mL	0.0	2.0	4.0	6.0	8.0	10.0
吸光度 A	0.0	0.165	0.320	0.480	0.630	0.790

　　取 5.00 mL 待测试液,稀释至 100 mL,再取 2.50 mL 稀释后的溶液,用与标准溶液相同的方法显色、定容后,测定其吸光度 $A_x=0.412$,则待测溶液中铁的含量是多少克?

7. 以示差光度法测定某含铁试液,用 6.4×10^{-4} mol·L^{-1} Fe^{3+} 标准溶液作参比液,在相同条件下显色、测定,测得样品溶液的吸光度为 0.412。已知比色皿宽度为 1 cm,显色配合物 $\varepsilon=2.8\times10^3$ L·mol^{-1}·cm^{-1},则样品中 Fe^{3+} 的浓度为多少?

附　　录

附录 A　常用浓酸、浓碱的密度和浓度

试 剂 名 称	密度 $\rho/(g \cdot mL^{-1})$	溶质的质量分数/(％)	$c/(mol \cdot L^{-1})$
盐酸	1.18～1.19	36～38	11.6～12.4
硝酸	1.39～1.40	65.0～68.0	14.4～15.2
硫酸	1.83～1.84	95～98	17.8～18.4
磷酸	1.69	85	14.6
高氯酸	1.68	70.0～72.0	11.7～12.0
冰乙酸	1.05	99.0（AR、CP）	17.4
氢氟酸	1.13	40	22.5
氢溴酸	1.49	47.0	8.6
氯水	0.88～0.90	25.0～28.0	13.3～14.8

附录 B　常用基准物质的干燥条件和应用

基准物质		干燥后的组成	干燥条件	标 定 对 象
名　称	分　子　式			
碳酸氢钠	$NaHCO_3$	Na_2CO_3	270～300 ℃	酸
碳酸钠	$Na_2CO_3 \cdot 10H_2O$	Na_2CO_3	270～300 ℃	酸
硼砂	$Na_2B_4O_7 \cdot 10H_2O$	$Na_2B_4O_7 \cdot 10H_2O$	放在含 NaCl 和蔗糖饱和溶液的干燥器中	酸
碳酸氢钾	$KHCO_3$	K_2CO_3	270～300 ℃	酸
草酸	$H_2C_2O_4 \cdot 2H_2O$	$H_2C_2O_4 \cdot 2H_2O$	室温,空气干燥	碱或 $KMnO_4$
邻苯二甲酸氢钾	$KHC_8H_4O_4$	$KHC_8H_4O_4$	110～120 ℃	碱
重铬酸钾	$K_2Cr_2O_7$	$K_2Cr_2O_7$	140～150 ℃	还原剂
溴酸钾	$KBrO_3$	$KBrO_3$	130 ℃	还原剂
碘酸钾	KIO_3	KIO_3	130 ℃	还原剂
铜	Cu	Cu	室温,干燥器中保存	还原剂
三氧化二砷	As_2O_3	As_2O_3	同上	氧化剂
草酸钠	$Na_2C_2O_4$	$Na_2C_2O_4$	130 ℃	氧化剂
碳酸钙	$CaCO_3$	$CaCO_3$	110 ℃	EDTA
锌	Zn	Zn	室温,干燥器中保存	EDTA

基 准 物 质		干燥后的组成	干 燥 条 件	标 定 对 象
名　称	分 子 式			
氧化锌	ZnO	ZnO	900～1000 ℃	EDTA
氯化钠	NaCl	NaCl	500～600 ℃	$AgNO_3$
氯化钾	KCl	KCl	500～600 ℃	$AgNO_3$
硝酸银	$AgNO_3$	$AgNO_3$	220～250 ℃	氯化物

附录 C　常用弱酸、弱碱在水中的离解常数
（25 ℃, $I=0$）

名　称	分 子 式	$K_a^\ominus$ 或 $K_b^\ominus$	$pK_a^\ominus$ 或 $pK_b^\ominus$
砷酸	H_3AsO_4	6.3×10^{-3}	2.2
		1.0×10^{-7}	7.00
		3.2×10^{-12}	11.5
亚砷酸	$HAsO_2$	6.0×10^{-10}	9.22
硼酸	H_3BO_3	5.8×10^{-10}	9.24
焦硼酸	$H_2B_4O_7$	1×10^{-4}	4
		1×10^{-9}	9
碳酸	$H_2CO_3(CO_2+H_2O)$	4.2×10^{-7}	6.38
		5.6×10^{-11}	10.25
氢氰酸	HCN	6.2×10^{-10}	9.21
铬酸	H_2CrO_4	0.18	0.74
		3.2×10^{-7}	6.50
氢氟酸	HF	6.6×10^{-4}	3.18
亚硝酸	HNO_2	5.1×10^{-4}	3.29
过氧化氢	H_2O_2	1.8×10^{-12}	11.75
磷酸	H_3PO_4	7.6×10^{-3}	2.12
		6.3×10^{-8}	7.20
		4.4×10^{-13}	12.36
焦磷酸	$H_4P_2P_7$	3.0×10^{-2}	1.52
		4.4×10^{-3}	2.36
		2.5×10^{-7}	6.60
		5.6×10^{-10}	9.25
亚磷酸	H_3PO_3	$5.0\times10^{-2}(K_{a1})$	1.30
		$2.5\times10^{-7}(K_{a2})$	6.60
氢硫酸	H_2S	1.3×10^{-7}	6.88
		7.1×10^{-15}	14.15

名　　称	分　子　式	$K_a^\ominus$ 或 $K_b^\ominus$	$pK_a^\ominus$ 或 $pK_b^\ominus$
硫酸	H_2SO_4	1.0×10^{-2}（K_{a2}）	1.99
亚硫酸	H_2SO_3（SO_2+H_2O）	1.3×10^{-2}	1.90
		6.3×10^{-8}	7.20
偏硅酸	H_2SiO_3	1.7×10^{-10}	9.77
		1.6×10^{-12}	11.8
甲酸	$HCOOH$	1.8×10^{-4}	3.74
乙酸	CH_3COOH	1.8×10^{-5}	4.74
一氯乙酸	$CH_2ClCOOH$	1.4×10^{-3}	2.86
二氯乙酸	$CHCl_2COOH$	5.0×10^{-2}	1.30
三氯乙酸	CCl_3COOH	0.23	0.64
氨基乙酸盐	$^+NH_3CH_2COOH$	4.5×10^{-3}	2.35
	$^+NH_3CH_2COO^-$	2.5×10^{-10}	9.60
抗坏血酸	$C_6H_8O_6$	6.8×10^{-5}	4.17
		2.8×10^{-12}	11.57
乳酸	$CH_3CHOHCOOH$	1.4×10^{-4}	3.86
苯甲酸	C_6H_5COOH	6.2×10^{-5}	4.21
草酸	$H_2C_2O_4$	5.9×10^{-2}	1.22
		6.4×10^{-5}	4.19
D-酒石酸	$(CHOHCOOH)_2$	9.1×10^{-4}	3.04
		4.3×10^{-5}	4.37
邻苯二甲酸	$C_6H_4(COOH)_2$	1.1×10^{-3}	2.95
		3.9×10^{-6}	5.41
柠檬酸	$C_3H_4OH(COOH)_3$	7.4×10^{-4}	3.13
		1.7×10^{-5}	4.76
		4.0×10^{-7}	6.40
苯酚	C_6H_5OH	1.1×10^{-10}	9.95
乙二胺四乙酸（EDTA）	H_6Y^{2+}	0.13	0.9
	H_5Y^+	3×10^{-2}	1.6
	H_4Y	1.0×10^{-2}	2.0
	H_3Y^-	2.1×10^{-3}	2.67
	H_2Y^{2-}	6.9×10^{-7}	6.16
	HY^{3-}	5.5×10^{-11}	10.26
氨水（一水合氨）	$NH_3\cdot H_2O$	1.8×10^{-5}	4.74
联氨	H_2NNH_2	3.0×10^{-6}	5.52
		7.6×10^{-15}	14.12

续表

名　称	分　子　式	$K_a^\ominus$ 或 $K_b^\ominus$	$pK_a^\ominus$ 或 $pK_b^\ominus$
羟胺	NH_2OH	9.1×10^{-9}	8.04
甲胺	CH_3NH_2	4.2×10^{-4}	3.38
乙胺	$C_2H_5NH_2$	5.6×10^{-4}	3.25
二甲胺	$(CH_3)_2NH$	1.2×10^{-4}	3.93
二乙胺	$(C_2H_5)_2NH$	1.3×10^{-3}	2.89
乙醇胺	$HOCH_2CH_2NH_2$	3.2×10^{-5}	4.50
三乙醇胺	$(HOCH_2CH_2)_3N$	5.8×10^{-7}	6.24
六亚甲基四胺	$(CH_2)_6N_4$	1.4×10^{-9}	8.85
乙二胺	$H_2NCH_2CH_2NH_2$	8.5×10^{-5}	4.07
		7.1×10^{-8}	7.15
吡啶	C_5H_5N	1.7×10^{-9}	8.77

附录 D　配合物的稳定常数

（18～25 ℃）

金属配合物	离子强度 $I/(mol \cdot L^{-1})$	n	$lg\beta_n$
氨配合物			
Ag^+	0.5	1,2	3.24,7.05
Cd^{2+}	2	1,2,…,6	2.65,4.75,6.19,7.12,6.80,5.14
Co^{2+}	2	1,2,…,6	2.11,3.74,4.79,5.55,5.73,5.11
Co^{3+}	2	1,2,…,6	6.7,14.0,20.1,25.7,30.8,35.0
Cu^+	2	1,2	5.93,10.86
Cu^{2+}	2	1,2,…,5	4.31,7.98,11.02,13.32,12.86
Ni^{2+}	2	1,2,…,6	2.80,5.04,6.77,7.96,8.71,8.74
Zn^{2+}	2	1,2,3,4	2.37,4.81,7.31,9.46
溴配合物			
Ag^+	0	1,2,3,4	4.38,7.33,8.00,8.73
Bi^{3+}	2.3	1,2,…,6	4.30,5.55,5.89,7.82,—,9.70
Cd^{2+}	3	1,2,3,4	1.75,2.34,3.32,3.70
Cu^+	0	2	5.89
Hg^{2+}	0.5	1,2,3,4	9.05,17.32,19.74,21.00
氯配合物			
Ag^+	0	1,2,3,4	3.04,5.04,5.04,5.30

金属配合物	离子强度 $I/(\mathrm{mol \cdot L^{-1}})$	n	$\lg\beta_n$
Hg^{2+}	0.5	1,2,3,4	6.74,13.22,14.07,15.07
Sn^{2+}	0	1,2,3,4	1.51,2.24,2.03,1.48
Sb^{3+}	4	1,2,…,6	2.26,3.49,4.18,4.72,4.72,4.11
氰配合物			
Ag^+	0	1,2,3,4	—,21.1,21.7,20.6
Cd^{2+}	3	1,2,3,4	5.48,10.60,15.23,18.78
Co^{2+}		6	19.09
Cu^+	0	1,2,3,4	—,24.0,28.59,30.3
Fe^{2+}	0	6	35
Fe^{3+}	0	6	42
Hg^{2+}	0	4	41.4
Ni^{2+}	0.1	4	31.3
Zn^{2+}	0.1	4	16.7
氟配合物			
Al^{3+}	0.5	1,2,…,6	6.13,11.15,15.00,17.75,19.37,19.80
Fe^{3+}	0.5	1,2,…,6	5.28,9.30,12.06,—,15.77,—
Th^{4+}	0.5	1,2,3	7.65,13.46,17.97
TiO_2^{2+}	3	1,2,3,4	5.4,9.8,13.7,18.0
ZrO_2^{2+}	2	1,2,3	8.80,16.12,21.94
碘配合物			
Ag^+	0	1,2,3	6.58,11.74,13.68
Bi^{3+}	2	1,2,…,6	3.63,—,—,14.95,16.80,18.80
Cd^{2+}	0	1,2,3,4	2.10,3.43,4.49,5.41
Pb^{2+}	0	1,2,3,4	2.00,3.15,3.92,4.47
Hg^{2+}	0.5	1,2,3,4	12.87,23.82,27.60,29.83
磷酸配合物			
Ca^{2+}	0.2	CaHL	1.7
Mg^{2+}	0.2	MgHL	1.9
Mn^{2+}	0.2	MnHL	2.6
Fe^{3+}	0.66	FeHL	9.35
硫氰酸配合物			
Ag^+	2.2	1,2,3,4	—,7.57,9.08,10.08

金属配合物	离子强度 $I/(\mathrm{mol \cdot L^{-1}})$	n	$\lg\beta_n$
Au^+	0	1,2,3,4	$-$,23,$-$,42
Co^{2+}	1	1	1.0
Cu^+	5	1,2,3,4	$-$,11.00,10.90,10.48
Fe^{3+}	0.5	1,2	2.95,3.36
Hg^{2+}	1	1,2,3,4	$-$,17.47,$-$,21.23
硫代硫酸配合物			
Ag^+	0	1,2,3	8.82,13.46,14.15
Cu^+	0.8	1,2,3	10.35,12.27,13.71
Hg^{2+}	0	1,2,3,4	$-$,29.86,32.26,33.61
Pb^{2+}	0	1,3	5.1,6.4
乙酰丙酮配合物			
Al^{3+}	0	1,2,3	8.60,15.5,21.30
Cu^{2+}	0	1,2	8.27,16.34
Fe^{2+}	0	1,2	5.07,8.67
Fe^{3+}	0	1,2,3	11.4,22.1,26.7
Ni^{2+}	0	1,2,3	6.06,10.77,13.09
Zn^{2+}	0	1,2	4.98,8.81
柠檬酸配合物			
Ag^+	0	AgHL	7.1
Al^{3+}	0.5	AlHL	7.0
		AlL	20.0
	0.5	Al(OH)L	30.6
Ca^{2+}	0.5	CaH_3L	10.9
		CaH_2L	8.4
		CaHL	3.5
Cd^{2+}	0.5	CdH_2L	7.9
		CdHL	4.0
		CdL	11.3
Co^{2+}	0.5	CoH_2L	8.9
		CoHL	4.4
		CoL	12.5
Cu^{2+}	0.5	CuH_3L	12.0
	0	CuHL	6.1
	0.5	CuL	18.0

金属配合物	离子强度 $I/(\text{mol} \cdot \text{L}^{-1})$	n	$\lg\beta_n$
Fe^{2+}	0.5	FeH_3L	7.3
		FeH_2L	3.1
		FeL	15.5
Fe^{3+}	0.5	FeH_2L	12.2
		$FeHL$	10.9
		FeL	25.0
Ni^{2+}	0.5	NiH_2L	9.0
		$NiHL$	4.8
		NiL	14.3
Pb^{2+}	0.5	PbH_2L	11.2
		$PbHL$	5.2
		PbL	12.3
Zn^{2+}	0.5	ZnH_2L	8.7
		$ZnHL$	4.5
		ZnL	11.4
草酸配合物			
Ai^{3+}	0	1,2,3	7.26,13.0,16.3
Cd^{2+}	0.5	1,2	2.9,4.7
Co^{2+}	0.5	CoH_2L	10.6
		$CoHL$	5.5
Co^{3+}	0	1,2,3	4.79,6.7,9.7
Cu^{2+}	0.5	$CuHL$	6.25
		1,2	4.5,8.9
Fe^{2+}	0.5~1	1,2,3	2.9,4.52,5.22
Fe^{3+}	0	1,2,3	9.4,16.2,20.2
Mg^{2+}	0.1	1,2	2.76,4.38
$Mn(\text{Ⅲ})$	2	1,2,3	9.98,16.57,19.42
Ni^{2+}	0.1	1,2,3	5.3,7.64,8.5
$Th(\text{Ⅳ})$	2	4	24.5
TiO^{2+}	2	1,2	6.6,9.9
Zn^{2+}	0.5	ZnH_2L	5.6
		1,2,3	4.89,7.60,8.15
磺基水杨酸配合物			
Al^{3+}	0.1	1,2,3	13.20,22.83,28.89

金属配合物	离子强度 $I/(mol \cdot L^{-1})$	n	$\lg\beta_n$
Cd^{2+}	0.25	1,2	16.68,29.08
Co^{2+}	0.1	1,2	6.13,9.82
Cr^{3+}	0.1	1	9.56
Cu^{2+}	0.1	1,2	9.52,16.45
Fe^{2+}	0.1~0.5	1,2	5.90,9.90
Fe^{3+}	0.25	1,2,3	14.46,25.18,32.12
Mn^{2+}	0.1	1,2	5.24,8.24
Ni^{2+}	0.1	1,2	6.42,10.24
Zn^{2+}	0.1	1,2	6.05,10.65
酒石酸配合物			
Bi^{3+}	0	3	8.30
Ca^{2+}	0.5	CaHL	4.85
	0	1,2	2.98,9.01
Cd^{2+}	0.5	1	2.8
Cu^{2+}	1	1,2,3,4	3.2,5.11,4.78,6.51
Fe^{3+}	0	3	7.49
Mg^{2+}	0.5	MgHL	4.65
		1	1.2
Pb^{2+}	0	1,2,3	3.78,—,4.7
Zn^{2+}	0.5	ZnHL	4.5
		1,2	2.4,8.32
乙二胺配合物			
Ag^+	0.1	1,2	4.70,7.70
Cd^{2+}	0.5	1,2,3	5.47,10.09,12.09
Co^{2+}	1	1,2,3	5.91,10.64,13.94
Co^{3+}	1	1,2,3	18.70,34.90,48.69
Cu^+		2	10.8
Cu^{2+}	1	1,2,3	10.67,20.00,21.00
Fe^{2+}	11.4	1,2,3	4.34,7.65,9.70
Hg^{2+}	0.1	1,2	14.30,23.3
Mn^{2+}	1	1,2,3	2.73,4.79,5.67
Ni^{2+}	1	1,2,3	7.52,13.80,18.06

金属配合物	离子强度 $I/(\text{mol} \cdot \text{L}^{-1})$	n	$\lg\beta_n$
Zn^{2+}	1	1,2,3	5.77,10.83,14.11
硫脲配合物			
Ag^+	0.03	1,2	7.41,13.1
Bi^{3+}		6	11.9
Cu^+	0.1	3,4	13,15.4
Hg^{2+}		2,3,4	22.1,24.7,26.8
氢氧基配合物			
Al^{3+}	2	4	33.3
		$[Al_6(OH)_{15}]^{3+}$	163
Bi^{3+}	3	1	12.4
		$[Bi_6(OH)_{12}]^{6+}$	168.3
Cd^{2+}	3	1,2,3,4	4.3,7.7,10.3,12.0
Co^{2+}	0.1	1,2,3	5.1,—,10.2
Cr^{3+}	0.1	1,2	10.2,18.3
Fe^{2+}	1	1	4.5
Fe^{3+}	3	1,2	11.0,21.7
		$[Fe_2(OH)_2]^{4+}$	25.1
Hg^{2+}	0.5	2	21.7
Mg^{2+}	0	1	2.6
Mn^{2+}	0.1	1	3.4
Ni^{2+}	0.1	1	4.6
Pb^{2+}	0.3	1,2,3	6.2,10.3,13.3
		$[Pb_2(OH)]^{3+}$	7.6
Sn^{2+}	3	1	10.1
Th^{4+}	1	1	9.7
Ti^{3+}	0.5	1	11.8
TiO^{2+}	1	1	13.7
VO^{2+}	3	1	8.0
Zn^{2+}	0	1,2,3,4	4.4,10.1,14.2,15.5

注:表中 L 代表酸根,忽略电荷。

附录 E　氨羧配位剂类配合物的稳定常数

（18～25 ℃，$I=0.1$ mol·L^{-1}）

金属离子	$\lg K_f^{\ominus\prime}$					NTA	
	EDTA	DCyTA	DTPA	EGTA	HEDTA	$\lg\beta_1$	$\lg\beta_2$
Ag$^+$	7.32			6.88	6.71	5.16	
Al^{3+}	16.3	19.5	18.6	13.9	14.3	11.4	
Ba^{2+}	7.86	8.69	8.87	8.41	6.3	4.82	
Be^{2+}	9.2	11.5				7.11	
Bi^{3+}	27.94	32.3	35.6		22.3	17.5	
Ca^{2+}	10.69	13.20	10.83	10.97	8.3	6.41	
Cd^{2+}	16.46	19.93	19.2	16.7	13.3	9.83	14.61
Co^{2+}	16.31	19.62	19.27	12.39	14.6	10.38	14.39
Co^{3+}	36				37.4	6.84	
Cr^{3+}	23.4					6.23	
Cu^{2+}	18.80	22.00	21.55	17.71	17.6	12.96	
Fe^{2+}	14.32	19.0	16.5	11.87	12.3	8.33	
Fe^{3+}	25.1	30.1	28.0	20.5	19.8	15.9	
Ga^{3+}	20.3	23.2	25.54		16.9	13.6	
Hg^{2+}	21.7	25.00	26.70	23.2	20.30	14.6	
In^{3+}	25.0	28.8	29.0		20.2	16.9	
Li$^+$	2.79					2.51	
Mg^{2+}	8.7	11.02	9.30	5.21	7.0	5.41	
Mn^{2+}	13.87	17.48	15.60	12.28	10.9	7.44	
Mo(Ⅴ)	约28						
Na$^+$	1.66						1.22
Ni^{2+}	18.62	20.3	20.32	13.55	17.3	11.53	16.42
Pb^{2+}	18.04	20.38	18.80	14.71	15.7	11.39	
Pd^{2+}	18.5						
Sc^{3+}	23.1	26.1	24.5	18.2			24.1
Sn^{2+}	22.1						
Sr^{2+}	8.73	10.59	9.77	8.50	6.9	4.98	
Th^{4+}	23.2	25.6	28.78				
TiO^{2+}	17.3						

金属离子	$\lg K_f^{\ominus\prime}$						
	EDTA	DCyTA	DTPA	EGTA	HEDTA	NTA	
						$\lg\beta_1$	$\lg\beta_2$
Tl^{3+}	37.8	38.3				20.9	32.5
U^{4+}	25.8	27.6	7.69				
VO^{2+}	18.8	20.1					
Y^{3+}	18.09	19.85	22.13	17.16	14.78	11.41	20.43
Zn^{2+}	16.50	19.37	18.40	12.7	14.7	10.67	14.29
Zr^{4+}	29.50		35.8			20.8	
稀土元素	16~20	17~22	19		13~16	10~12	

注:EDTA 为乙二胺四乙酸;DCyTA(或 DCTA、CyDTA)为 1,2-二氨基环己烷四乙酸;DTPA 为二乙基三胺五乙酸;
　　EGTA 为乙二醇二乙醚二胺四乙酸;HEDTA 为 N-β-羟基乙基乙二胺三乙酸;NTA 为氨三乙酸。

附录 F　标准电极电势

(18~25 ℃)

半电池反应	$\varphi^{\ominus}/V$
$F_2 + 2H^+ + 2e^- \Longrightarrow 2HF$	3.06
$O_3 + 2H^+ + 2e^- \Longrightarrow O_2 + H_2O$	2.07
$S_2O_8^{2-} + 2e^- \Longrightarrow 2SO_4^{2-}$	2.01
$H_2O_2 + 2H^+ + 2e^- \Longrightarrow 2H_2O$	1.77
$MnO_4^- + 4H^+ + 3e^- \Longrightarrow MnO_2 + 2H_2O$	1.695
$PbO_2 + SO_4^{2-} + 4H^+ + 2e^- \Longrightarrow PbSO_4 + 2H_2O$	1.685
$HClO_2 + 2H^+ + 2e^- \Longrightarrow HClO + H_2O$	1.64
$HClO + H^+ + e^- \Longrightarrow \frac{1}{2}Cl_2 + H_2O$	1.63
$Ce^{4+} + e^- \Longrightarrow Ce^{3+}$	1.61
$H_5IO_6 + H^+ + 2e^- \Longrightarrow IO_3^- + 3H_2O$	1.60
$HBrO + H^+ + e^- \Longrightarrow \frac{1}{2}Br_2 + H_2O$	1.59
$BrO_3^- + 6H^+ + 5e^- \Longrightarrow \frac{1}{2}Br_2 + 3H_2O$	1.52
$MnO_4^- + 8H^+ + 5e^- \Longrightarrow Mn^{2+} + 4H_2O$	1.51
$Au(\mathrm{III}) + 3e^- \Longrightarrow Au$	1.50
$HClO + H^+ + 2e^- \Longrightarrow Cl^- + H_2O$	1.49
$ClO_3^- + 6H^+ + 5e^- \Longrightarrow \frac{1}{2}Cl_2 + 3H_2O$	1.47
$PbO_2 + 4H^+ + 2e^- \Longrightarrow Pb^{2+} + 2H_2O$	1.455

续表

半电池反应	$\varphi^{\ominus}/V$
$HIO+H^++e^-\Longrightarrow\dfrac{1}{2}I_2+H_2O$	1.45
$ClO_3^-+6H^++6e^-\Longrightarrow Cl^-+3H_2O$	1.45
$BrO_3^-+6H^++6e^-\Longrightarrow Br^-+3H_2O$	1.44
$Au(\mathrm{III})+2e^-\Longrightarrow Au(\mathrm{I})$	1.41
$Cl_2+2e^-\Longrightarrow 2Cl^-$	1.3595
$ClO_4^-+8H^++7e^-\Longrightarrow\dfrac{1}{2}Cl_2+4H_2O$	1.34
$Cr_2O_7^{2-}+14H^++6e^-\Longrightarrow 2Cr^{3+}+7H_2O$	1.33
$MnO_2+4H^++2e^-\Longrightarrow Mn^{2+}+2H_2O$	1.23
$O_2+4H^++4e^-\Longrightarrow 2H_2O$	1.229
$IO_3^-+6H^++5e^-\Longrightarrow\dfrac{1}{2}I_2+3H_2O$	1.20
$ClO_4^-+2H^++2e^-\Longrightarrow ClO_3^-+H_2O$	1.19
$Br_2(水)+2e^-\Longrightarrow 2Br^-$	1.087
$NO_2+H^++e^-\Longrightarrow HNO_2$	1.07
$Br_3^-+2e^-\Longrightarrow 3Br^-$	1.05
$HNO_2+H^++e^-\Longrightarrow NO+H_2O$	1.00
$VO_2^++2H^++e^-\Longrightarrow VO^{2+}+H_2O$	1.00
$HIO+H^++e^-\Longrightarrow I^-+H_2O$	0.99
$NO_3^-+3H^++2e^-\Longrightarrow HNO_2+H_2O$	0.94
$ClO^-+H_2O+2e^-\Longrightarrow Cl^-+2OH^-$	0.89
$H_2O_2+2e^-\Longrightarrow 2OH^-$	0.88
$Cu^{2+}+I^-+e^-\Longrightarrow CuI$	0.86
$Hg^{2+}+2e^-\Longrightarrow Hg$	0.845
$NO_3^-+2H^++e^-\Longrightarrow NO_2+H_2O$	0.80
$Ag^++e^-\Longrightarrow Ag$	0.7995
$Hg_2^{2+}+2e^-\Longrightarrow 2Hg$	0.793
$Fe^{3+}+e^-\Longrightarrow Fe^{2+}$	0.771
$BrO^-+H_2O+2e^-\Longrightarrow Br^-+2OH^-$	0.76
$O_2+2H^++2e^-\Longrightarrow H_2O_2$	0.682
$AsO_2^-+2H_2O+3e^-\Longrightarrow As+4OH^-$	0.68
$2HgCl_2+2e^-\Longrightarrow Hg_2Cl_2+2Cl^-$	0.63
$Hg_2SO_4+2e^-\Longrightarrow 2Hg+SO_4^{2-}$	0.6151

半电池反应	$\varphi^{\ominus}/\text{V}$
$MnO_4^- + 2H_2O + 3e^- \Longrightarrow MnO_2 + 4OH^-$	0.588
$MnO_4^- + e^- \Longrightarrow MnO_4^{2-}$	0.564
$H_3AsO_4 + 2H^+ + 2e^- \Longrightarrow HAsO_2 + 2H_2O$	0.559
$I_3^- + 2e^- \Longrightarrow 3I^-$	0.545
$I_2 + 2e^- \Longrightarrow 2I^-$	0.5345
$Mo(\text{Ⅵ}) + e^- \Longrightarrow Mo(\text{Ⅴ})$	0.53
$Cu^+ + e^- \Longrightarrow Cu$	0.52
$4SO_2(水) + 4H^+ + 6e^- \Longrightarrow S_4O_6^{2-} + 2H_2O$	0.51
$[HgCl_4]^{2-} + 2e^- \Longrightarrow Hg + 4Cl^-$	0.48
$2SO_2(水) + 2H^+ + 4e^- \Longrightarrow S_2O_3^{2-} + H_2O$	0.40
$[Fe(CN)_6]^{3-} + e^- \Longrightarrow [Fe(CN)_6]^{4-}$	0.36
$Cu^{2+} + 2e^- \Longrightarrow Cu$	0.337
$VO^{2+} + 2H^+ + e^- \Longrightarrow V^{3+} + H_2O$	0.337
$BiO^+ + 2H^+ + 3e^- \Longrightarrow Bi + H_2O$	0.32
$Hg_2Cl_2 + 2e^- \Longrightarrow 2Hg + 2Cl^-$	0.2676
$HAsO_2 + 3H^+ + 3e^- \Longrightarrow As + 2H_2O$	0.248
$AgCl + e^- \Longrightarrow Ag + Cl^-$	0.2223
$SbO^+ + 2H^+ + 3e^- \Longrightarrow Sb + H_2O$	0.212
$SO_4^{2-} + 4H^+ + 2e^- \Longrightarrow SO_2(水) + 2H_2O$	0.17
$Cu^{2+} + e^- \Longrightarrow Cu^+$	0.159
$Sn^{4+} + 2e^- \Longrightarrow Sn^{2+}$	0.154
$S + 2H^+ + 2e^- \Longrightarrow H_2S(气)$	0.141
$Hg_2Br_2 + 2e^- \Longrightarrow 2Hg + 2Br^-$	0.1395
$TiO^{2+} + 2H^+ + e^- \Longrightarrow Ti^{3+} + H_2O$	0.1
$S_4O_6^{2-} + 2e^- \Longrightarrow 2S_2O_3^{2-}$	0.08
$AgBr + e^- \Longrightarrow Ag + Br^-$	0.071
$2H^+ + 2e^- \Longrightarrow H_2$	0.000
$O_2 + H_2O + 2e^- \Longrightarrow HO_2^- + OH^-$	-0.067
$TiOCl^+ + 2H^+ + 3Cl^- + e^- \Longrightarrow [TiCl_4]^- + H_2O$	-0.09
$Pb^{2+} + 2e^- \Longrightarrow Pb$	-0.126
$Sn^{2+} + 2e^- \Longrightarrow Sn$	-0.136
$AgI + e^- \Longrightarrow Ag + I^-$	-0.152

半电池反应	$\varphi^{\ominus}/V$
$Ni^{2+}+2e^-\!\!=\!\!=\!\!Ni$	-0.246
$H_3PO_4+2H^++2e^-\!\!=\!\!=\!\!H_3PO_3+H_2O$	-0.276
$Co^{2+}+2e^-\!\!=\!\!=\!\!Co$	-0.277
$Tl^++e^-\!\!=\!\!=\!\!Tl$	-0.3360
$In^{3+}+3e^-\!\!=\!\!=\!\!In$	-0.345
$PbSO_4+2e^-\!\!=\!\!=\!\!Pb+SO_4^{2-}$	-0.3553
$SeO_3^{2-}+3H_2O+4e^-\!\!=\!\!=\!\!Se+6OH^-$	-0.366
$As+3H^++3e^-\!\!=\!\!=\!\!AsH_3$	-0.38
$Se+2H^++2e^-\!\!=\!\!=\!\!H_2Se$	-0.40
$Cd^{2+}+2e^-\!\!=\!\!=\!\!Cd$	-0.403
$Cr^{3+}+e^-\!\!=\!\!=\!\!Cr^{2+}$	-0.41
$Fe^{2+}+2e^-\!\!=\!\!=\!\!Fe$	-0.440
$S+2e^-\!\!=\!\!=\!\!S^{2-}$	-0.48
$2CO_2+2H^++2e^-\!\!=\!\!=\!\!H_2C_2O_4$	-0.49
$H_3PO_3+2H^++2e^-\!\!=\!\!=\!\!H_3PO_2+H_2O$	-0.50
$Sb+3H^++3e^-\!\!=\!\!=\!\!SbH_3$	-0.51
$HPbO_2^-+H_2O+2e^-\!\!=\!\!=\!\!Pb+3OH^-$	-0.54
$Ga^{3+}+3e^-\!\!=\!\!=\!\!Ga$	-0.56
$TeO_3^{2-}+3H_2O+4e^-\!\!=\!\!=\!\!Te+6OH^-$	-0.57
$2SO_3^{2-}+3H_2O+4e^-\!\!=\!\!=\!\!S_2O_3^{2-}+6OH^-$	-0.58
$SO_3^{2-}+3H_2O+4e^-\!\!=\!\!=\!\!S+6OH^-$	-0.66
$AsO_4^{3-}+2H_2O+2e^-\!\!=\!\!=\!\!AsO_2^-+4OH^-$	-0.67
$Ag_2S+2e^-\!\!=\!\!=\!\!2Ag+S^{2-}$	-0.69
$Zn^{2+}+2e^-\!\!=\!\!=\!\!Zn$	-0.763
$2H_2O+2e^-\!\!=\!\!=\!\!H_2+2OH^-$	-0.828
$Cr^{2+}+2e^-\!\!=\!\!=\!\!Cr$	-0.91
$HSnO_2^-+H_2O+2e^-\!\!=\!\!=\!\!Sn+3OH^-$	-0.91
$Se+2e^-\!\!=\!\!=\!\!Se^{2-}$	-0.92
$[Sn(OH)_6]^{2-}+2e^-\!\!=\!\!=\!\!HSnO_2^-+H_2O+3OH^-$	-0.93
$CNO^-+H_2O+2e^-\!\!=\!\!=\!\!CN^-+2OH^-$	-0.97
$Mn^{2+}+2e^-\!\!=\!\!=\!\!Mn$	-1.182
$ZnO_2^{2-}+2H_2O+2e^-\!\!=\!\!=\!\!Zn+4OH^-$	-1.216
$Al^{3+}+3e^-\!\!=\!\!=\!\!Al$	-1.66

续表

半电池反应	$\varphi^{\ominus}/V$
$H_2AlO_3^- + H_2O + 2e^- = Al + 4OH^-$	-2.35
$Mg^{2+} + 2e^- = Mg$	-2.37
$Na^+ + e^- = Na$	-2.714
$Ca^{2+} + 2e^- = Ca$	-2.87
$Sr^{2+} + 2e^- = Sr$	-2.89
$Ba^{2+} + 2e^- = Ba$	-2.90
$K^+ + e^- = K$	-2.925
$Li^+ + e^- = Li$	-3.042

附录 G　部分氧化还原电对的条件电势

半电池反应	条件电势 $\varphi^{\ominus}$ /V	介　　质
$Ag(II) + e^- = Ag^+$	1.927	$4\ mol \cdot L^{-1} HNO_3$
$Ce(IV) + e^- = Ce(III)$	1.74	$1\ mol \cdot L^{-1} HClO_4$
	1.44	$0.5\ mol \cdot L^{-1} H_2SO_4$
	1.28	$1\ mol \cdot L^{-1} HCl$
$Co^{3+} + e^- = Co^{2+}$	1.84	$3\ mol \cdot L^{-1} HNO_3$
$[Co(en)_3]^{3+} + e^- = [Co(en)_3]^{2+}$	-0.2	$0.1\ mol \cdot L^{-1} KNO_3 + 0.1\ mol \cdot L^{-1}$ 乙二胺
$Cr(III) + e^- = Cr(II)$	-0.40	$5\ mol \cdot L^{-1} HCl$
	1.08	$3\ mol \cdot L^{-1} HCl$
$Cr_2O_7^{2-} + 14H^+ + 6e^- = 2Cr^{3+} + 7H_2O$	1.15	$4\ mol \cdot L^{-1} HClO_4$
	1.025	$1\ mol \cdot L^{-1} HClO_4$
$CrO_4^{2-} + 2H_2O + 3e^- = CrO_2^- + 4OH^-$	-0.12	$1\ mol \cdot L^{-1} NaOH$
$Fe^{3+} + e^- = Fe^{2+}$	0.767	$1\ mol \cdot L^{-1} HClO_4$
	0.71	$0.5\ mol \cdot L^{-1} HCl$
	0.68	$1\ mol \cdot L^{-1} H_2SO_4$
	0.68	$1\ mol \cdot L^{-1} HCl$
	0.46	$2\ mol \cdot L^{-1} H_3PO_4$
	0.51	$1\ mol \cdot L^{-1} HCl + 0.25\ mol \cdot L^{-1} H_3PO_4$
$FeY^- + e^- = FeY^{2-}$	0.12	$0.1\ mol \cdot L^{-1} EDTA, pH = 4 \sim 6$
$[Fe(CN)_6]^{3-} + e^- = [Fe(CN)_6]^{4-}$	0.56	$0.1\ mol \cdot L^{-1} HCl$
$FeO_4^{2-} + 2H_2O + 3e^- = FeO_2^- + 4OH^-$	0.55	$10\ mol \cdot L^{-1} NaOH$
$I_3^- + 2e^- = 3I^-$	0.5446	$0.5\ mol \cdot L^{-1} H_2SO_4$
$I_2(H_2O) + 2e^- = 2I^-$	0.6276	$0.5\ mol \cdot L^{-1} H_2SO_4$

半电池反应	条件电势 $\varphi^{\ominus}$ /V	介　　质
$MnO_4^- + 8H^+ + 5e^- \Longrightarrow Mn^{2+} + 4H_2O$	1.45	$1 \ mol \cdot L^{-1} \ HClO_4$
$[SnCl_6]^{2-} + 2e^- \Longrightarrow [SnCl_4]^{2-} + 2Cl^-$	0.14	$1 \ mol \cdot L^{-1} \ HCl$
$Sb(V) + 2e^- \Longrightarrow Sb(III)$	0.75	$3.5 \ mol \cdot L^{-1} \ HCl$
$[Sb(OH)_6]^- + 2e^- \Longrightarrow SbO_2^- + 2OH^- + 2H_2O$	-0.428	$3 \ mol \cdot L^{-1} \ NaOH$
$SbO_2^- + 2H_2O + 3e^- \Longrightarrow Sb + 4OH^-$	-0.675	$10 \ mol \cdot L^{-1} \ H_2SO_4$
$Ti^{4+} + e^- \Longrightarrow Ti^{3+}$	-0.01	$0.2 \ mol \cdot L^{-1} \ H_2SO_4$
	0.12	$2 \ mol \cdot L^{-1} \ H_2SO_4$
	-0.04	$1 \ mol \cdot L^{-1} \ HCl$
	-0.05	$1 \ mol \cdot L^{-1} \ H_3PO_4$
$Pb^{2+} + 2e^- \Longrightarrow Pb$	-0.32	$1 \ mol \cdot L^{-1} \ NaAc$

附录 H　微溶化合物的溶度积

（18～25℃，$I=0$）

微溶化合物	$K_{sp}^{\ominus}$	$pK_{sp}^{\ominus}$	微溶化合物	$K_{sp}^{\ominus}$	$pK_{sp}^{\ominus}$
AgAc	2×10^{-3}	2.7	BaF_2	1×10^{-6}	6.0
Ag_3AsO_4	1×10^{-22}	22.0	$BaC_2O_4 \cdot H_2O$	2.3×10^{-8}	7.64
AgBr	5×10^{-13}	12.30	$BaSO_4$	1.1×10^{-10}	9.96
Ag_2CO_3	8.1×10^{-12}	11.09	$Bi(OH)_3$	4×10^{-31}	30.4
AgCl	1.8×10^{-10}	9.75	BiOOH	4×10^{-10}	9.4
Ag_2CrO_4	2.0×10^{-12}	11.71	BiI_3	8.1×10^{-19}	18.09
AgCN	1.2×10^{-16}	15.92	BiOCl	1.8×10^{-31}	30.75
AgOH	2.0×10^{-8}	7.71	$BiPO_4$	1.3×10^{-23}	22.89
AgI	9.3×10^{-17}	16.03	Bi_2S_3	1×10^{-97}	97.0
$Ag_2C_2O_4$	3.5×10^{-11}	10.46	$CaCO_3$	2.9×10^{-9}	8.54
Ag_3PO_4	1.4×10^{-16}	15.84	CaF_2	2.7×10^{-11}	10.57
Ag_2SO_4	1.4×10^{-5}	4.84	$CaC_2O_4 \cdot H_2O$	2.0×10^{-9}	8.70
Ag_2S	2×10^{-49}	48.7	$Ca_3(PO_4)_2$	2.0×10^{-29}	28.70
AgSCN	1.0×10^{-12}	12.00	$CaSO_4$	9.1×10^{-6}	5.04
$Al(OH)_3$（无定形）	1.3×10^{-33}	32.9	$CaWO_4$	8.7×10^{-9}	8.06
As_2S_3	2.1×10^{-22}	21.68	$CdCO_3$	5.2×10^{-12}	11.28
$BaCO_3$	5.1×10^{-9}	8.29	$Cd_2[Fe(CN)_6]$	3.2×10^{-17}	16.49
$BaCrO_4$	1.2×10^{-10}	9.93	$Cd(OH)_2$（新析出）	2.5×10^{-14}	13.60

微溶化合物	$K_{sp}^{\ominus}$	$pK_{sp}^{\ominus}$	微溶化合物	$K_{sp}^{\ominus}$	$pK_{sp}^{\ominus}$
$CdC_2O_4 \cdot 3H_2O$	9.1×10^{-8}	7.04	Hg_2S	1×10^{-47}	47.0
CdS	8×10^{-27}	26.1	$Hg(OH)_2$	3.0×10^{-26}	25.52
$CoCO_3$	1.4×10^{-13}	12.84	$HgS(红色)$	4×10^{-53}	52.4
$CO_2[Fe(CN)_6]$	1.8×10^{-15}	14.74	$HgS(黑色)$	2×10^{-52}	51.7
$Co(OH)_2(新析出)$	2×10^{-15}	14.7	$MgNH_4PO_4$	2×10^{-13}	12.7
$Co(OH)_3$	2×10^{-44}	43.7	MgF_2	6.4×10^{-9}	8.19
$Co[Hg(SCN)_4]$	1.5×10^{-6}	5.82	$Mg(OH)_2$	1.8×10^{-11}	10.74
$\alpha\text{-}CoS$	4×10^{-21}	20.4	$MnCO_3$	1.8×10^{-11}	10.74
$\beta\text{-}CoS$	2×10^{-25}	24.7	$Mn(OH)_2$	1.9×10^{-13}	12.72
$Co_3(PO_4)_2$	2×10^{-35}	34.7	$MnS(无定形)$	2×10^{-10}	9.7
$Cr(OH)_3$	6×10^{-31}	30.2	$MnS(晶形)$	23×10^{-13}	12.7
$CuBr$	5.2×10^{-9}	8.28	$NiCO_3$	6.6×10^{-9}	8.18
$CuCl$	1.2×10^{-6}	5.92	$Ni(OH)_2(新析出)$	2×10^{-15}	14.7
$CuCN$	3.2×10^{-20}	19.49	$Ni_3(PO_4)_2$	5×10^{-31}	30.3
CuI	1.1×10^{-12}	11.96	$\alpha\text{-}NiS$	3×10^{-19}	18.5
$CuOH$	1×10^{-14}	14.0	$\beta\text{-}NiS$	1×10^{-24}	24.0
Cu_2S	2×10^{-48}	47.7	$\gamma\text{-}NiS$	2×10^{-26}	25.7
$CuSCN$	4.8×10^{-15}	14.32	$PbCO_3$	7.4×10^{-14}	13.13
$CuCO_3$	1.4×10^{-10}	9.86	$PbCl_2$	1.6×10^{-5}	4.79
$Cu(OH)_2$	2.2×10^{-20}	19.66	$PbClF$	2.4×10^{-9}	8.62
CuS	6×10^{-36}	35.2	$PbCrO_4$	2.8×10^{-13}	12.55
$FeCO_3$	3.2×10^{-11}	10.50	PbF_2	2.7×10^{-8}	7.57
$Fe(OH)_2$	8×10^{-16}	15.1	$Pb(OH)_2$	1.2×10^{-15}	14.93
FeS	6×10^{-18}	17.2	PbI_2	7.1×10^{-9}	8.15
$Fe(OH)_3$	4×10^{-38}	37.4	$PbMoO_4$	1×10^{-13}	13.0
$FePO_4$	1.3×10^{-22}	21.89	$Pb_3(PO_4)_2$	8.0×10^{-43}	42.10
Hg_2Br_2	5.8×10^{-23}	22.24	$PbSO_4$	1.6×10^{-8}	7.79
Hg_2CO_3	8.9×10^{-17}	16.05	PbS	8×10^{-28}	27.9
Hg_2Cl_2	1.3×10^{-18}	17.88	$Pb(OH)_4$	3×10^{-66}	65.5
$Hg_2(OH)_2$	2×10^{-24}	23.7	$Sb(OH)_3$	4×10^{-42}	41.4
Hg_2I_2	4.5×10^{-29}	28.35	Sb_2S_3	3×10^{-93}	92.8
Hg_2SO_4	7.4×10^{-7}	6.13	$Sn(OH)_2$	1.4×10^{-28}	27.85

微溶化合物	$K_{sp}^{\ominus}$	$pK_{sp}^{\ominus}$	微溶化合物	$K_{sp}^{\ominus}$	$pK_{sp}^{\ominus}$
SnS	1×10^{-25}	25.0	$Ti(OH)_3$	1×10^{-40}	40.0
SnS_2	2×10^{-27}	26.7	$Ti(OH)_2$	1×10^{-29}	29.0
$SrCO_3$	1.1×10^{-10}	9.96	$ZnCO_3$	1.4×10^{-11}	10.84
$SrCrO_4$	2.2×10^{-5}	4.65	$Zn_2[Fe(CN)_6]$	4.1×10^{-16}	15.39
SrF_2	2.4×10^{-9}	8.61	$Zn(OH)_2$	1.2×10^{-17}	16.92
$SrC_2O_4 \cdot H_2O$	1.6×10^{-7}	6.80	$Zn_3(PO_4)_2$	9.1×10^{-33}	32.04
$Sr_3(PO_4)_2$	4.1×10^{-28}	27.39	ZnS	23×10^{-22}	21.7
$SrSO_4$	3.2×10^{-7}	6.49	Zn-8-羟基喹啉	5×10^{-25}	24.3

附录 I　化合物的摩尔质量

化　学　式	$M/(g \cdot mol^{-1})$	化　学　式	$M/(g \cdot mol^{-1})$
Ag_3AsO_4	462.52	$BaCrO_4$	253.32
AgBr	187.77	BaO	153.33
AgCl	143.32	$Ba(OH)_2$	171.34
AgCN	133.89	$BaSO_4$	233.39
AgSCN	165.95	$BiCl_3$	315.34
Ag_2CrO_4	331.73	BiOCl	260.43
AgI	234.77	$Bi(NO_3) \cdot 5H_2O$	485.07
$AgNO_3$	169.87	Bi_2O_3	465.959
$AlCl_3$	133.34	CO_2	44.01
$AlCl_3 \cdot 6H_2O$	241.43	$CaCl_2$	110.99
$Al(NO_3)_3$	213.00	$CaCO_3$	100.09
$Al(NO_3)_3 \cdot 9H_2O$	375.13	CaC_2O_4	128.10
Al_2O_3	101.96	$CaSO_4$	136.14
$Al(OH)_3$	78.00	$CaSO_4 \cdot 2H_2O$	172.17
$Al_2(SO_4)_3$	342.14	$Cd(NO_3)_2 \cdot 4H_2O$	308.48
$Al_2(SO_4)_3 \cdot 18H_2O$	666.41	CdO	128.41
As_2O_3	197.84	$CdSO_4$	208.47
As_2O_5	229.84	CH_3COOH	60.05
As_2S_3	246.02	CaO	56.08
$BaCO_3$	197.34	CH_2O	30.03
$BaCl_2 \cdot 2H_2O$	244.27	$C_4H_8N_2O_2$（丁二酮）	116.12

化 学 式	$M/(\text{g} \cdot \text{mol}^{-1})$	化 学 式	$M/(\text{g} \cdot \text{mol}^{-1})$
$(CH_2)_6N_4$（六亚甲基四胺）	140.19	H_2SO_4	98.08
$C_7H_6O_6S \cdot 2H_2O$（磺基水杨酸）	254.22	H_3PO_4	97.995
C_9H_7NO（8-羟基喹啉）	145.16	KBr	119.00
$C_{12}H_8N_2 \cdot H_2O$（邻二氮菲）	198.22	$KBrO_3$	167.00
$C_2H_5NO_2$（氨基乙酸，甘氨酸）	75.07	KCl	74.55
$C_6H_{12}N_2O_4S_2$（L-胱氨酸）	240.30	$KClO_3$	122.55
$CoCl_2 \cdot 6H_2O$	237.93	K_2CrO_4	194.19
CuI	190.45	$K_2Cr_2O_7$	294.18
$Cu(NO_3)_2 \cdot 3H_2O$	241.60	$K_3Fe(CN)_6$	329.25
CuO	79.55	$K_4Fe(CN)_6$	368.35
$CuSCN$	121.62	$KHC_4H_4O_6$（酒石酸氢钾）	188.18
$CuSO_4 \cdot 5H_2O$	249.68	$KHC_8H_4O_4$（苯二甲酸氢钾）	204.22
$FeCl_3 \cdot 6H_2O$	270.30	KH_2PO_4	136.09
$Fe(NO_3)_3 \cdot 9H_2O$	404.00	KI	166.00
FeO	71.85	KIO_3	214.00
Fe_2O_3	159.69	$KMnO_4$	158.03
Fe_3O_4	231.54	KNO_3	101.10
$FeSO_4 \cdot 7H_2O$	278.01	KOH	56.06
Hg_2Cl_2	472.09	K_2PtCl_6	485.99
$HgCl_2$	271.50	$KSCN$	97.18
$HCOOH$	46.03	K_2SO_4	174.25
$H_2C_2O_4 \cdot 2H_2O$（草酸）	126.07	$K_2S_2O_7$	254.33
$H_2C_4H_4O_4$（丁二酸，琥珀酸）	118.09	$KClO_4$	138.55
$H_2C_4H_4O_6$（酒石酸）	150.09	KCN	65.12
$H_3C_6H_5O_7 \cdot H_2O$（柠檬酸）	210.14	K_2CO_3	138.21
$H_2C_4H_4O_5$（苹果酸）	134.09	$Mg(C_9H_6ON)_2$（8-羟基喹啉镁）	312.61
$HC_3H_6NO_2$（丙氨酸）	89.10	$MgNH_4PO_4 \cdot 6H_2O$	245.41
HCl	36.46	MgO	40.304
$HClO_4$	100.46	$Mg_2P_2O_7$	222.55
HNO_3	63.01	$MgSO_4 \cdot 7H_2O$	246.47
H_2O	18.02	MnO_2	86.94
H_2O_2	34.01	$MnSO_4$	151.00
H_2S	34.08	$Na_2B_4O_7 \cdot 10H_2O$（硼砂）	381.37
H_2SO_3	82.07	Na_2BiO_3	279.97

续表

化 学 式	$M/(g \cdot mol^{-1})$	化 学 式	$M/(g \cdot mol^{-1})$
$NaC_2H_3O_2$（无水乙酸钠）	82.03	$(NH_4)_3PO_4 \cdot 12MoO_3$	1876.58
$Na_3C_6H_5O_7$（柠檬酸钠）	258.07	NH_4SCN	76.12
$NaC_5H_8NO_4 \cdot H_2O$（谷氨酸钠）	187.13	$NiCl_2 \cdot 6H_2O$	237.69
$Na_2C_2O_4$（草酸钠）	134.00	$NiSO_4 \cdot 7H_2O$	280.85
Na_2CO_3	105.99	$Ni(C_4H_7N_2O_2)_2$（丁二酮肟镍）	288.91
$NaCl$	58.44	PbO	223.2
$NaClO_4$	122.44	PbO_2	239.2
NaF	41.99	$Pb(C_2H_3O_2)_2 \cdot 3H_2O$	379.3
$NaHCO_3$	84.01	$PbCl_2$	278.1
$NaHSO_4$	120.06	$PbCrO_4$	323.2
$Na_2H_2C_{10}H_{12}O_8N_2 \cdot 2H_2O$（乙二胺四乙酸二钠）	372.24	$Pb(NO_3)_2$	331.2
		PbS	239.3
Na_2HPO_4	141.96	$PbSO_4$	303.3
$Na_2HPO_4 \cdot 12H_2O$	358.14	SO_2	64.06
$NaNO_2$	69.00	SO_3	80.06
Na_2O	61.98	SiF_4	104.08
$NaOH$	40.00	SiO_2	60.08
Na_2SO_3	126.04	$SnCl_2 \cdot 2H_2O$	225.65
Na_2SO_4	142.04	$SnCl_4$	260.52
$Na_2S_2O_3 \cdot 5H_2O$	248.17	SnO	134.71
NH_3	17.03	SnO_2	150.71
$NH_4C_2H_3O_2$（乙酸铵）	77.08	$SrCO_3$	147.63
$(NH_4)_2C_2O_4 \cdot H_2O$	142.11	$Sr(NO_3)_2$	211.63
NH_4Cl	53.49	$SrSO_4$	183.68
NH_4F	37.04	$TiCl_3$	154.229
$NH_4Fe(SO_4)_2 \cdot 12H_2O$	482.19	TiO_2	79.8688
$BH(NH_4)_2Fe(SO_4)_2 \cdot 6H_2O$	392.14	$Zn(NO_3)_2 \cdot 4H_2O$	261.46
NH_4HF_2	57.04	$Zn(NO_3)_2 \cdot 6H_2O$	297.49
NH_4NO_3	80.04	ZnO	81.39
$NH_2OH \cdot HCl$（盐酸羟胺）	69.49		

附录 J 相对原子质量

元素	符号	相对原子质量	元素	符号	相对原子质量	元素	符号	相对原子质量
银	Ag	107.8682	铪	Hf	178.94	铷	Rb	85.4678
铝	Al	26.98154	汞	Hg	200.59	铼	Re	186.207
氩	Ar	39.948	钬	Ho	164.9303	铑	Rb	102.9055
砷	As	74.9216	碘	I	126.9045	钌	Ru	101.07
金	Au	196.9665	铟	In	114.82	硫	S	32.066
硼	B	10.81	铱	Ir	192.22	锑	Sb	121.76
钡	Ba	137.33	钾	K	39.0983	钪	Sc	44.9559
铍	Be	9.01218	氪	Kr	83.8	硒	Se	78.96
铋	Bi	208.9804	镧	La	138.9055	硅	Si	28.0855
溴	Br	79.904	锂	Li	6.941	钐	Sm	150.36
碳	C	12.011	镥	Lu	174.967	锡	Sn	118.71
钙	Ca	40.08	镁	Mg	24.305	锶	Sr	87.62
镉	Cd	112.411	锰	Mn	54.9380	钽	Ta	180.9479
铈	Ce	140.12	钼	Mo	95.96	铽	Tb	158.9253
氯	Cl	35.453	氮	N	14.0067	碲	Te	127.60
钴	Co	58.9332	钠	Na	22.98977	钍	Th	232.0381
铬	Cr	51.996	铌	Nb	92.9064	钛	Ti	47.87
铯	Cs	132.905	钕	Nd	144.24	铊	Tl	204.383
铜	Cu	63.546	氖	Ne	20.179	铥	Tm	168.9342
镝	Dy	162.50	镍	Ni	58.69	铀	U	238.0289
铒	Er	167.26	镎	Np	237.0482	钒	V	50.9415
铕	Eu	151.96	氧	O	15.9994	钨	W	183.84
氟	F	18.998403	锇	Os	190.23	氙	Xe	131.29
铁	Fe	55.845	磷	P	30.97376	钇	Y	88.9059
镓	Ga	69.72	铅	Pb	207.2	镱	Yb	173.04
钆	Gd	157.25	钯	Pd	106.42	锌	Zn	65.39
锗	Ge	72.64	镨	Pr	140.9077	锆	Zr	91.22
氢	H	1.00794	铂	Pt	195.08			
氦	He	4.00260	镭	Ra	226.0254			

附录 K　几种常用缓冲溶液的配制

缓冲溶液的组成	$pK_a^\ominus$	缓冲溶液pH	缓冲溶液的配制方法
氨基乙酸-HCl	2.35 ($pK_{a1}^\ominus$)	2.3	取 150 g 氨基乙酸,溶于 500 mL 水中后,加 80 mL 浓盐酸,用水稀释至 1 L
H_3PO_4-柠檬酸盐		2.5	取 113 g $Na_2HPO_4 \cdot 12H_2O$,溶于 200 mL 水后,加 387 g 柠檬酸,溶解、过滤后,稀释至 1 L
一氯乙酸-NaOH	2.86	2.8	取 200 g 一氯乙酸,溶于 200 mL 水中,加 40 g NaOH,稀释至 1 L
邻苯二甲酸氢钾-HCl	2.95 ($pK_{a1}^\ominus$)	2.9	取 500 g 邻苯二甲酸氢钾,溶于 500 mL 水中,加 80 mL 浓盐酸,稀释至 1 L
甲酸-NaOH	3.76	3.7	取 95 g 甲酸和 40 g NaOH,溶于 500 mL 水中,稀释至 1 L
NaAc-HAc	4.74	4.7	取 83 g 无水 NaAc,溶于水中,加 60 mL 乙酸,稀释至 1 L
六亚甲基四胺-HCl	5.15	5.4	取 40 g 六亚甲基四胺,溶于 200 mL 水中,加 10 mL 浓盐酸,稀释至 1 L
Tris-HCl	8.21	8.2	取 25 g Tris 试剂,溶于水中,加 8 mL 浓盐酸,稀释至 1 L
NH_3-NH_4Cl	9.26	9.2	取 54 g NH_4Cl,溶于水中,加 63 mL 浓氨水,稀释至 1 L

注:(1) 缓冲溶液配制后可用 pH 试纸检查。如 pH 不对,可用共轭酸或共轭碱调节。欲对 pH 调节至精确值时,可用 pH 计调节。

(2) 若增加或减少缓冲溶液的缓冲容量,可相应增加或减少共轭酸碱对物质的量,再调节。

(3) Tris 为三(羟甲基)氨基甲烷。

附录 L　符号与缩写

符号与缩写	英 文 含 义	中 文 含 义
a	(1) activity	活度
	(2) absorption coefficient	吸光系数
a	acid	酸
A	absorbance	吸光度
b	base	碱
$c_e(B)$	equilibrium concentration of species B	型体 B 的平衡浓度
$c(B)$	analytical concerntration of substance B	物质 B 的分析浓度
$c_r(B)$	$c(B)/(mol \cdot L^{-1})$	物质 B 的相对浓度
CV	coefficient of variation	变异系数(相对平均偏差)
d	mean deviation	平均偏差
e^-	electron	电子
E	extraction rate	萃取度
φ	electrode potential	电极电势
$\varphi^\ominus$	standard electrode potential	标准电极电势

符号与缩写	英 文 含 义	中 文 含 义
$\varphi^{\ominus\prime}$	conditional electrode potential	条件电势
E_a	absolute error	绝对误差
E_r	relative error	相对误差
ep	end point	终点
f	degree of freedom	自由度
F	stoichiometric factor	化学因数（换算因子）
I	(1) ionic strength	离子强度
	(2) luminous intensity	光强度
In	indicator	指示剂
$K^{\ominus}$	standard equilibrium constant	标准平衡常数
$K^{\ominus\prime}$	conditional equilibrium constant	条件平衡常数
K_D	distribution coefficient	分配系数
M	molar mass	摩尔质量
$m(B)$	mass of substance B	物质 B 的质量
n	(1) amount of substance	物质的量
	(2) sample capacity	样本容量
R	range	极差
Red	reduced state	还原态
Redox	reduction oxidation	氧化还原
RSD	relative standard deviation	相对标准偏差
RMD	relative mean deviation	相对平均偏差
s	sample	试样
s	standard deviation	标准偏差
S	solubility	溶解度
sp	stoichiometric point	化学计量点
t	(1) time	时间
	(2) student distribution	t 分布
T	(1) thermodynamic temperature	热力学温度
	(2) transmittance	透光率
	(3) titer	滴定度
	(4) titration fraction	滴定分数
E_t	end point error	终点误差
TE	titration error	滴定误差
V	volt	伏特
V	volume	体积

续表

符号与缩写	英 文 含 义	中 文 含 义
w	mass fraction	质量分数
$\bar{x}$	mean(average)	平均值
x_T	true value	真值
x_M	median	中位数
α	side reaction coefficient	副反应系数
β	cululative stability constant	累积稳定常数
γ	activity coefficient	活度系数
δ	(1) distribution fraction (2) population mean deviation	分布分数 总体平均偏差
ε	molar absorption coefficient	摩尔吸光系数
λ	wavelength	波长
μ	population mean	总体平均值
ρ	mass density	质量浓度
σ	population standard deviation	总体标准偏差

参 考 文 献

[1] 华东理工大学,四川大学.分析化学[M].7 版.北京:高等教育出版社,2018.

[2] 武汉大学.分析化学[M].6 版.北京:高等教育出版社,2016.

[3] 华中师范大学,东北师范大学,陕西师范大学,等.分析化学[M].5 版.北京:高等教育出版社,2024.

[4] 吴性良,孔继烈.分析化学原理[M].2 版.北京:化学工业出版社,2018.

[5] 邱德仁.工业分析化学[M].北京:复旦大学出版社,2003.

[6] 罗明标,张燮.工业分析化学[M].3 版.北京:化学工业出版社,2018.

[7] 汪尔康.21 世纪的分析化学[M].北京:科学出版社,1999.

[8] 王玉枝,张正奇.分析化学[M].3 版.北京:科学出版社,2022.

[9] R Kellner,J M Mermet,M Otto,等.分析化学[M].李克安,金钦汉,等,译.北京:北京大学出版社,2001.

[10] 宫为民.分析化学[M].大连:大连理工大学出版社,2000.

[11] 邹明珠,许宏鼎,于桂荣,等.化学分析[M].2 版.长春:吉林大学出版社,2001.

[12] 林邦 A.分析化学中的络合作用[M].戴明,译.北京:高等教育出版社,1987.

[13] 李龙泉,朱玉瑞,金谷,等.定量化学分析[M].2 版.合肥:中国科学技术大学出版社,2005.

[14] 胡乃非,欧阳津,晋卫军,等.分析化学:化学分析部分[M].3 版.北京:高等教育出版社,2010.

[15] 彭崇慧,冯建章,张锡瑜,等.分析化学:定量化学分析简明教程[M].4 版.北京:北京大学出版社,2020.

[16] 许晓文,杨万龙,李一峻,等.定量化学分析[M].3 版.天津:南开大学出版社,2016.

[17] 肖锡林,刘晓庚,邱凤仙.分析化学[M].3 版.武汉:华中科技大学出版社,2024.